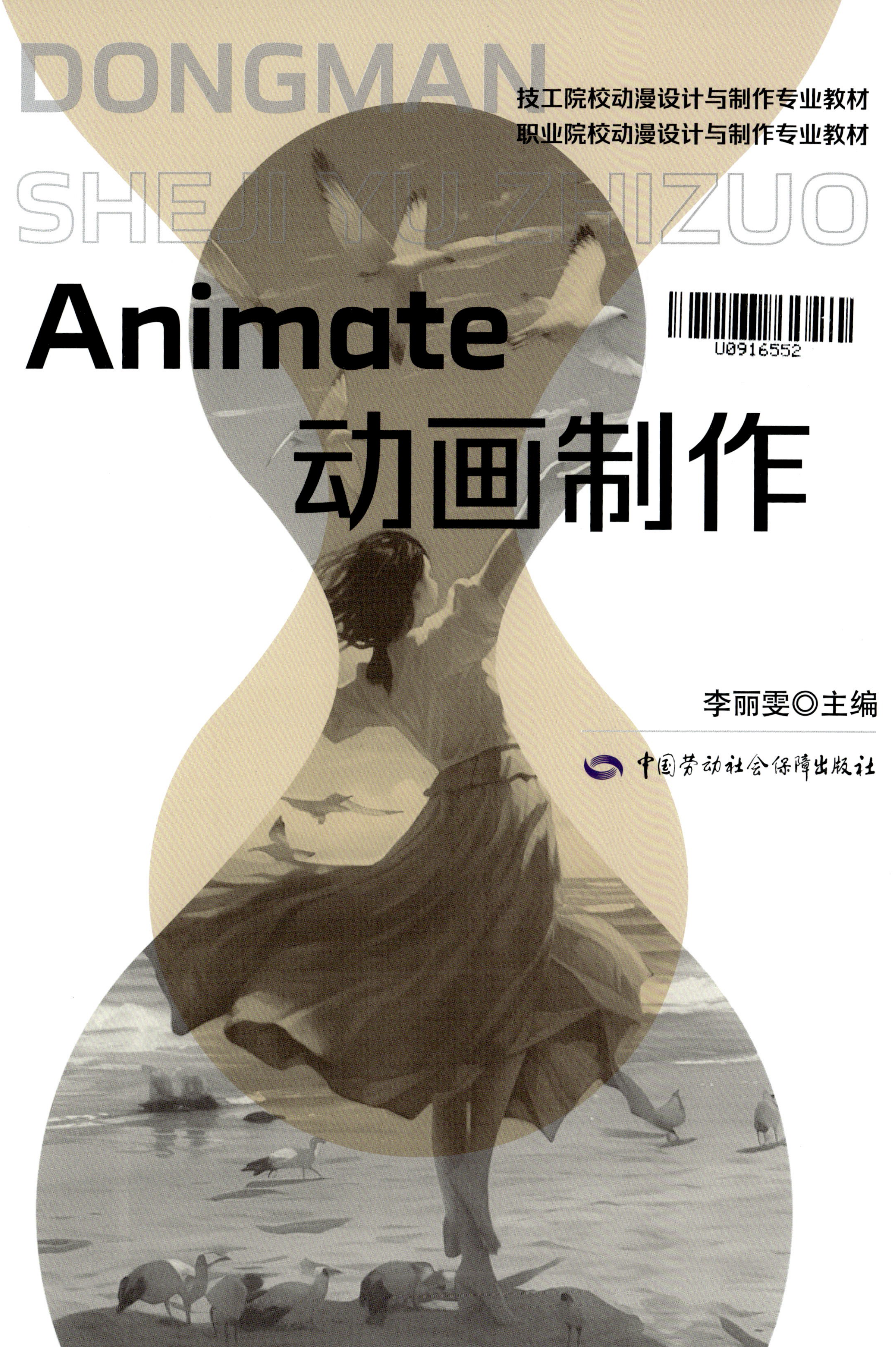

DONGMAN

技工院校动漫设计与制作专业教材
职业院校动漫设计与制作专业教材

SHEJI YU ZHIZUO

U0916552

# Animate 动画制作

李丽雯◎主编

中国劳动社会保障出版社

**内容简介**

本书以 Adobe Animate 为核心工具，从软件的基本界面与工具讲起，系统地讲解了图画绘制、动画制作、视频导入与音频编辑等核心技术内容，并通过典型工作任务的实施，有效强化学生的技能迁移能力。教材中还包括该软件在交互动画、微游戏开发等新兴领域的应用等延伸内容，这部分内容紧密对接数字创意产业的前沿需求，为职业院校学生搭建了从课堂到职场的技能直通车。

本书由李丽雯任主编，马燕青、肖伟冰、杨嘉群任副主编，关仕杰参与编写。

**图书在版编目（CIP）数据**

Animate 动画制作 / 李丽雯主编. -- 北京：中国劳动社会保障出版社，2025. --（技工院校动漫设计与制作专业教材）（职业院校动漫设计与制作专业教材）.

ISBN 978-7-5167-6843-3

Ⅰ. TP391.414

中国国家版本馆 CIP 数据核字第 2025WY8370 号

Animate 动画制作

Animate DONGHUA ZHIZUO

中国劳动社会保障出版社出版发行

（北京市惠新东街 1 号　邮政编码：100029）

*

北京市艺辉印刷有限公司印刷装订　　新华书店经销

880 毫米 ×1230 毫米　16 开本　14.75 印张　360 千字

2025 年 6 月第 1 版　　2025 年 6 月第 1 次印刷

**定价：49.00 元**

营销中心电话：400-606-6496

出版社网址：https://www.class.com.cn

https://jg.class.com.cn

# 前 言

近年来，随着动画制作技术的持续进步和功能的日益丰富，动漫设计与制作领域已经历了翻天覆地的变革。为了顺应这一变化，满足动漫设计与制作专业的教学需求，我社组织了一批富有教学经验和实践能力的教师及行业内的专家，经过深入的市场调研和课程方案探讨，对“动漫设计与制作专业教材”进行了改版。

新版教材展现了以下几个亮点：

第一，内容更加浅显易懂。整套教材以学生为中心，在帮助他们掌握动漫制作的基本概念和整体流程的基础上，着重培养学生在动漫绘制、设计、后期制作等各个环节的实操能力，并进一步拓宽他们的行业视野。

第二，更加重视实践操作。多数教材采用了任务驱动的教学模式，以实际工作场景为学习背景。每一个学习任务，无论是绘制、设计还是后期制作，都旨在让学生通过实践来加深对专业知识和技能的理解与掌握。学习任务相关素材及电子课件可登录技工教育网（https://jg.class.com.cn），搜索相应的书目，在相关资源中下载。

第三，教材内容与时俱进。在此次改版中，我们的编写团队紧密结合动漫设计与制作行业的最新发展动态，对教材中的图片、案例和学习任务等进行了更新，以更好地适应当前学生的学习需求。同时，对于涉及软件操作的部分，我们以最新版本的软件为蓝本进行了重新编写，确保教学与行业需求的紧密结合。

第四，图文并茂，更易于理解。我们配备了丰富的图片，以帮助学生和教师更好地理解教学内容。同时，每一个学习任务的完成过程都以图文并茂的方式呈现，按照实际的操作步骤进行详细的讲解，使得学习过程更加清晰、完整和易于掌握。同时，我们还为部分学习任务配备了视频资源，以提供更为丰富多样的学习材料。

在本套教材的编写过程中，我们得到了众多动漫相关专业教师的大力支持，编审人员都付出了巨大的努力。在此，我们表示衷心的感谢！同时，我们也诚挚地邀请广大读者提供宝贵的意见和建议，以便在未来的修订中不断完善。

编者

# 目 录

# 项目一

# 认识软件 Animate

# 任务　了解 Animate 及其工具

任务目标

1. 能熟悉 Adobe Animate 的界面构成。
2. 能新建、打开、保存和关闭 Adobe Animate 文档以及设置文档属性。
3. 能正确导出不同格式的文件。

## 知识学习

### 一、软件概述

Adobe Animate（以下简称 Animate）软件的由来可以追溯到 Adobe Flash Professional CC 的更名。在 2015 年 12 月 2 日，Adobe 公司宣布将 Adobe Flash Professional 更名为 Adobe Animate CC。这一更名不仅代表了软件本身的升级和改进，也反映了 Adobe 公司对于动画制作和 Web 设计领域的持续投入和创新。

Animate 在支持原有的 Flash SWF 文件的基础上，增加了对 HTML5 的支持，使得动画和交互式内容可以在更多的平台和设备上运行和展示。这一举措为创作者提供了更广泛的创作空间，也让 Animate 成为了市场上备受瞩目的动画制作软件之一。

### 二、Animate 应用领域

Animate 应用领域非常广泛，主要包括以下几个方面。

#### 1. 二维动画制作

Animate 在动画制作方面表现出色，它助力创作者将静态图像与创意构想转化为生动活泼的动画作品。在二维动画制作过程中，Animate 能提供一套全面而强大的制作工具，充分满足创作者的创意需求，让他们的想象力得以淋漓尽致地展现。图 1-1-1、图 1-1-2 所示是使用 Animate 制作的动画短片。

图 1-1-1　动画短片 1

图 1-1-2　动画短片 2

### 2. 交互动画制作

利用 Animate，可以创建出各种吸引人的动画效果和交互元素，让网页和广告更加生动有趣，提升用户的体验和吸引力。图 1-1-3、图 1-1-4 所示是利用 Animate 制作的交互动画。

图 1-1-3　交互动画 1

图 1-1-4　交互动画 2

### 3. 游戏设计和开发

利用 Animate，可以制作游戏的各种动画效果，如角色动画、场景动画等，为游戏增添更多的趣味和动态感，如图 1-1-5、图 1-1-6 所示。

图 1-1-5　游戏界面 1

图 1-1-6　游戏界面 2

总之，Animate 的应用领域非常广泛，几乎涵盖了所有需要动画和交互效果的领域。无论是动画创作者、网页设计师、广告制作人还是游戏开发者，都可以通过 Animate 实现自己的创意和想法。

## 三、Animate 功能特点

首先，它支持矢量图形处理，这意味着用户可以在不损失图像质量的情况下，自由地进行图形的放大或缩小操作；其次，Animate 引入了时间轴和帧的概念，使得用户能够灵活地创建逐帧动画或补间动画，从而满足多样化的动画制作需求。

此外，Animate 还支持 ActionScript 脚本编程，用户借助这一功能可为动画增添交互功能，创建出更加生动、有趣的动画作品。在发布方面，Animate 提供了多种格式选项，包括 HTML5 Canvas、JavaScript 以及 Flash/AIR 等，以确保动画能够在不同平台上流畅播放，满足广泛的应用需求。

值得一提的是，Animate 与 Adobe Creative Cloud 紧密集成，这一特性使得用户能够方便地协同应用其他 Adobe 应用程序（如 Photoshop 和 Illustrator），从而大大提升工作效率和创作灵活性。最后，Animate 还配备了丰富的工具和面板，全面支持动画的制作和编辑过程，确保用户能够轻松上手并快速完成高质量的动画制作。

## 四、Animate 创作流程

1. 项目规划：确定动画的目标、受众和内容。
2. 设计：设计动画的视觉元素，包括角色、背景和界面等。
3. 画面制作：使用 Animate 的工具和面板创建动画元素和场景。
4. 动画制作：在时间轴上制作动画，包括关键帧和补间动画等。
5. 添加交互功能：使用 ActionScript 或 JavaScript 添加动画的交互功能。
6. 测试：在 Animate 内部测试播放动画，确保功能和效果符合预期。
7. 发布设置：根据需要选择合适的发布格式并设置相关参数。
8. 发布和导出：将动画发布为 SWF、HTML5 或其他格式。
9. 集成：将动画集成到网站、应用程序或其他媒体中。
10. 优化和调整：根据反馈进行优化和调整，提升动画性能和用户体验。

## 五、Animate 文档的新建与保存

### 1. 文档的新建

打开 Animate 后，在菜单栏选择【文件】>【新建】或按“Ctrl+N”快捷键，可打开【新建文档】对话框，设置适当的参数后，单击“创建”按钮新建文档，如图 1-1-7 所示。

### 2. 文档的保存

动画制作完成后，在菜单栏选择【文件】>【保存】或【文件】>【另存为】，系统弹出【另存为】对话框，如图 1-1-8 所示。

在保存类型选项的下拉列表中有 2 个选项，如果选择“Animate 文档（*.fla）”，则只能用 Animate 打开保存的文档；如果选择“Animate 未压缩文档（*.xfl）”，系统会继续提供相应选项，可选择是保存为“Animate 文档（*.fla）”或“Animate 未压缩文档（*.xfl）”，生成的 XFL 格式文件的内部将带上 Animate 文件版本的标记。CS5.5 及后续版本均能打开后续版本的 XFL 格式文件，CS5.5 和 CS6 也均能打开 Animate 文件。

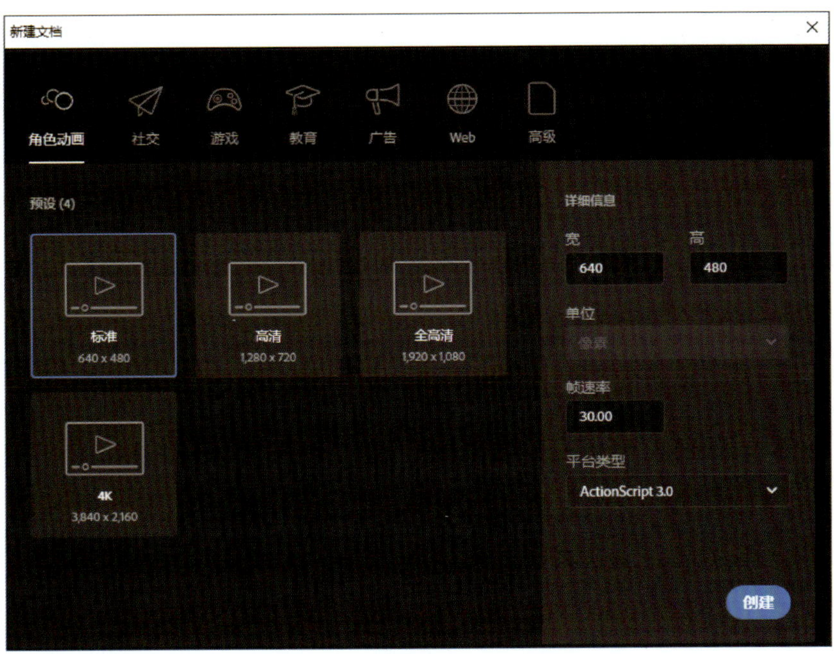


图 1–1–7 【新建文档】对话框

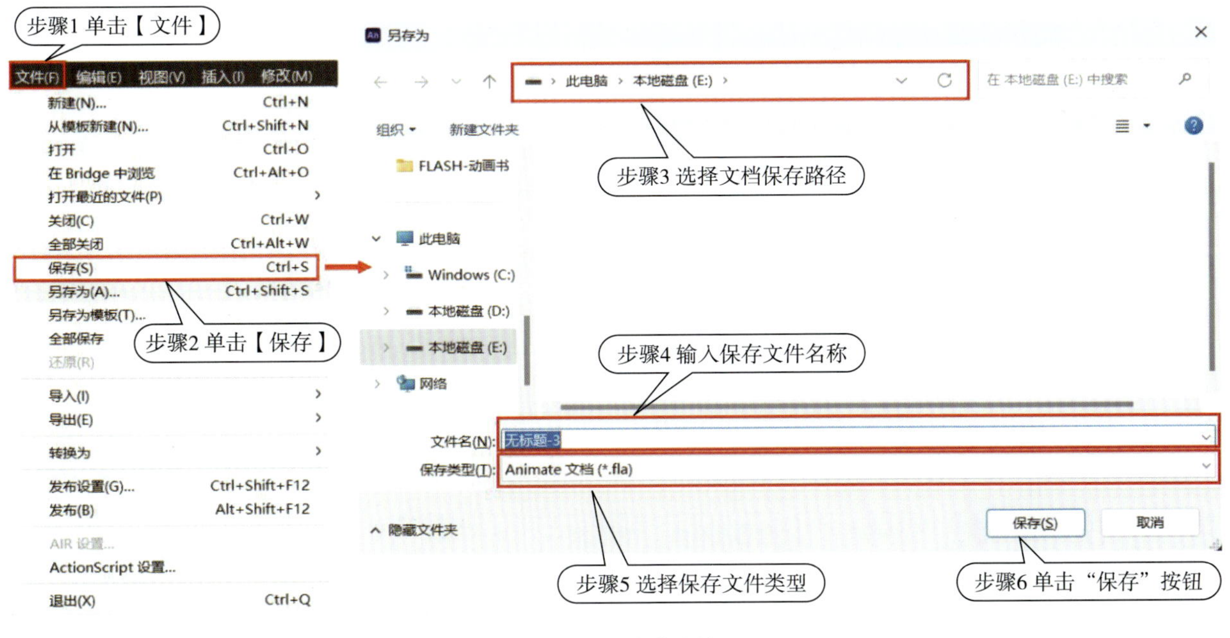


图 1–1–8　保存文档

## 六、Animate 的工作界面

创建新文档后，即可进入工作界面，如图 1-1-9 所示。

Animate 的工作界面包含菜单栏、工具箱、场景和舞台、【属性】面板、时间轴及其他浮动面板等。

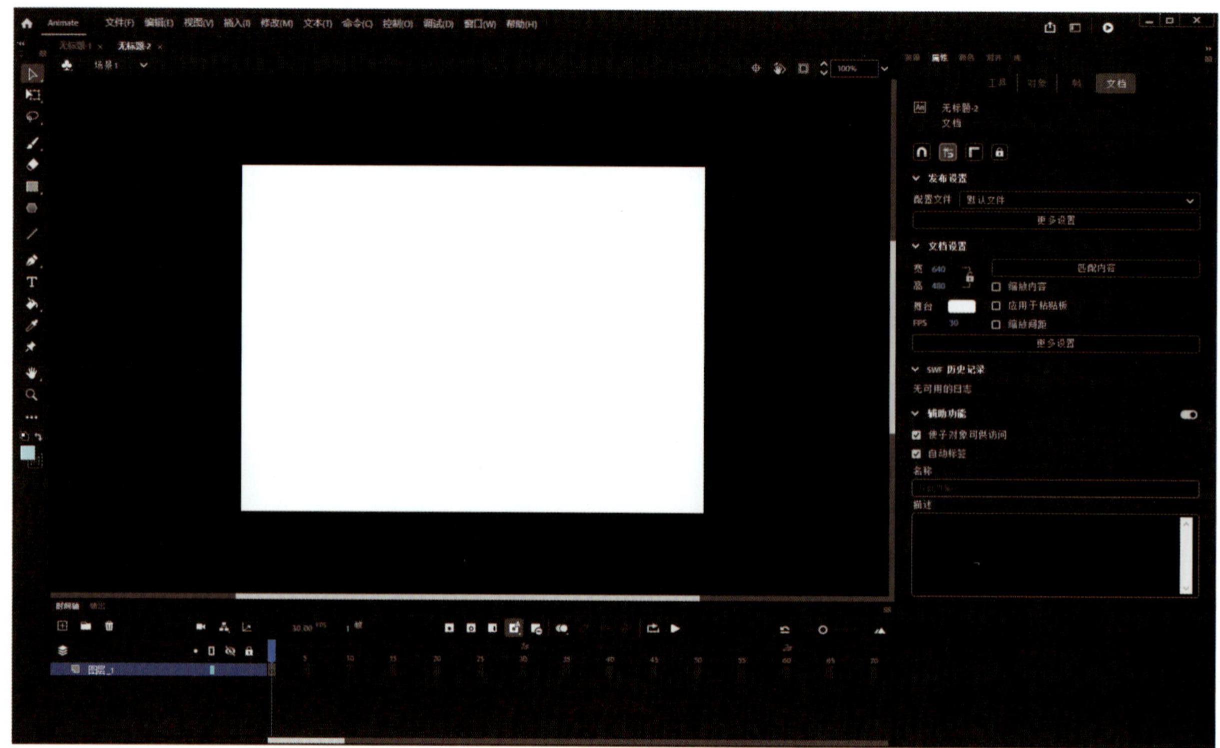

图 1-1-9　Animate 的工作界面

## 1. 菜单栏

菜单栏位于工作界面顶部，包含文件、编辑、视图、插入、修改、文本、命令、控制、调试、窗口、帮助等菜单项，如图 1-1-10 所示。利用每个菜单项中的命令可完成相应的一些操作。菜单栏右侧还有“快速共享和发布”“工作区”“测试影片”3 个快捷方式的按钮。

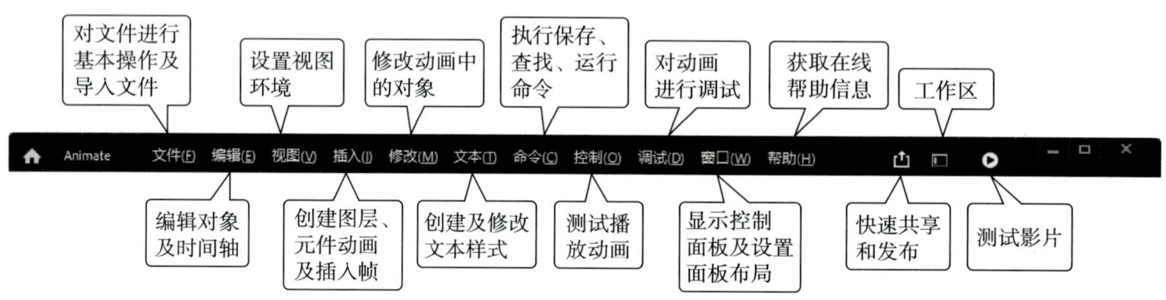


图 1-1-10　菜单栏

## 2. 工具箱

【工具箱】位于工作界面的左侧，提供了绘制和编辑图形的工具，分为工具区、查看区、颜色区、选项区 4 个功能区，如图 1-1-11 所示。用户可通过拖动【工具箱】的标题栏来轻松移动其位置。单击工具箱顶部的折叠图标 «，可以将【工具箱】折叠为图标 ；单击 » 图标即可还原回工具展开的模式。

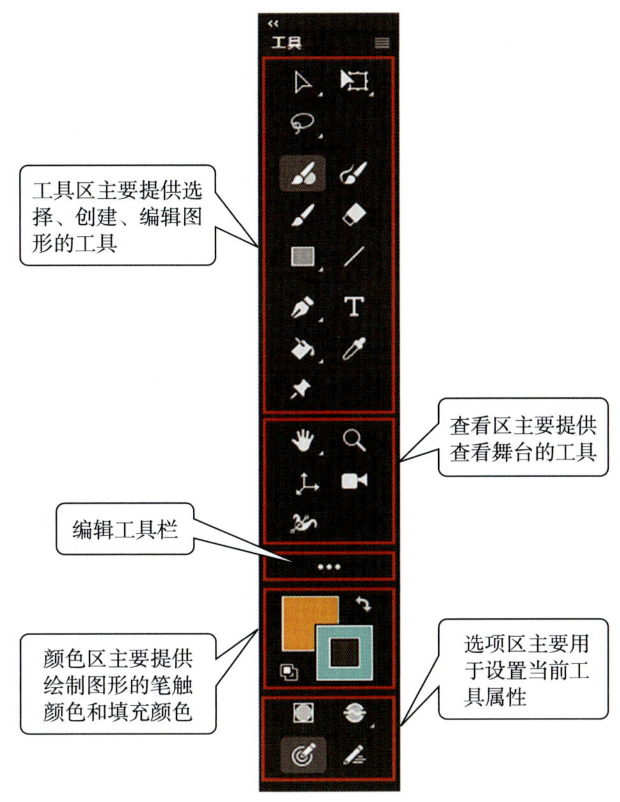


图 1-1-11　工具箱

### 3. 场景和舞台

场景是 Animate 中所有动画元素展现与互动的活动空间，如图 1-1-12 所示。Animate 允许多场景同时存在，若要查看某一特定场景，可通过在菜单栏选择【视图】>【转到】，并在弹出的子菜单中选择相应场景名称来实现。舞台是场景中的工作区，实际上就是专门用于编辑与播放动画的工作区域。

在舞台中，用户可以先在【工具箱】中选取所需的绘图或编辑工具，然后在时间轴中定位要处理的特定帧。完成这些准备步骤后，即可在该帧舞台上进行绘图或编辑操作。需要注意的是，任何位于舞台之外的内容，在动画播放时将不会被显示出来。

### 4.【属性】面板

在默认情况下，【属性】面板位于工作界面的右侧，利用它可以方便地查看或更改当前选定对象的属性。当前选定的对象不同，【属性】面板中的参数也会不同。

### 5. 时间轴

在默认情况下，时间轴位于舞台下方，用于组织控制动画内容，它主要包含图层控制区和时间线控制区两部分，如图 1-1-13 所示。

（1）图层控制区。图层就像堆叠在一起的多张幻灯片一样，每个图层都包含一个显示在舞台中的不同图像。图层控制区可以显示当前场景中正在编辑作品的所有图层的名称、类型和状态，借助便捷的工具按钮，用户可以轻松地对图层进行各种操作。

图 1-1-12　场景

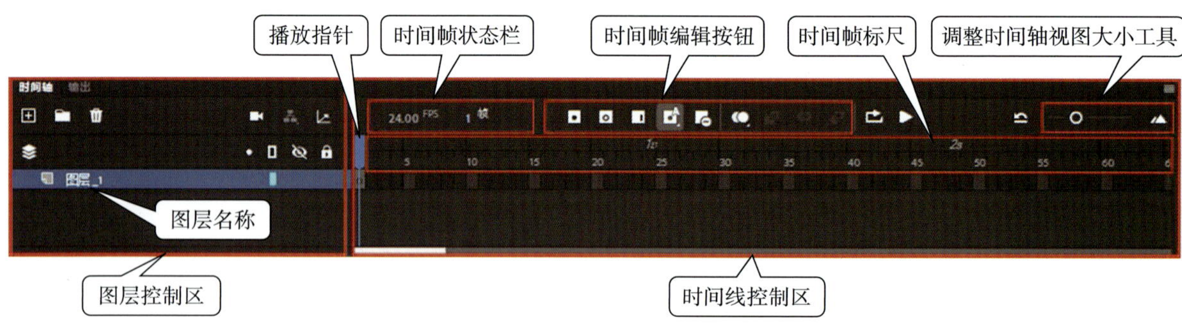


图 1-1-13　时间轴

（2）时间线控制区。时间线控制区由播放指针、帧、时间帧标尺，以及多个工具按钮和状态栏等构成。Animate 动画的基础构成单元是帧，每一帧都相当于电影中的一格画面，它是动画组成的最小单位。各个图层所含的帧，以行的形式整齐排列在该控制区中。播放指针可精准地指向时间帧标尺上的相应位置，而舞台则实时展示播放指针所指向帧的内容。每一帧都代表一个静态画面，当这些画面以连续的方式播放时，便能产生流畅的动画效果。

### 6. 其他浮动面板

用户在菜单栏中选择相应的选项后，系统将打开对应的面板，这些面板即为浮动面板。在 Animate 场景的右侧有许多浮动面板，如【库】面板、【颜色】面板、【资源】面板等。另外，【属性】面板也属于浮动面板。

## 七、动画的输出

在 Animate 中可以输出多种格式的文件，以下是常见的几种格式。

## 1. SWF

SWF（Small Web Format）是 Adobe Flash Player 的专有格式，该格式允许在网页上播放动画、视频、游戏等。SWF 格式视频文件有两种导出方法。

方法一：在菜单栏选择【文件】>【导出】>【导出影片】，系统即可弹出【导出影片】对话框，设置文件名称后，在保存类型下拉列表中选择“SWF 影片（*.swf）”，如图 1-1-14 所示。单击“保存”按钮，即可导出影片。

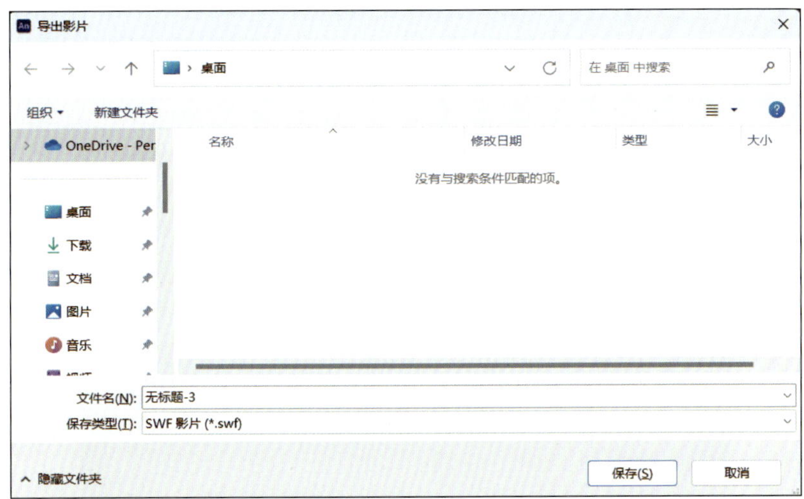


图 1-1-14 【导出影片】对话框

方法二：在菜单栏选择【文件】>【发布设置】，在【发布设置】对话框的左侧列表中勾选“Flash（.swf）”复选框，然后可根据需求在对应选项卡中进行其他参数设置，最后单击“发布”按钮，即可导出影片，如图 1-1-15 所示。

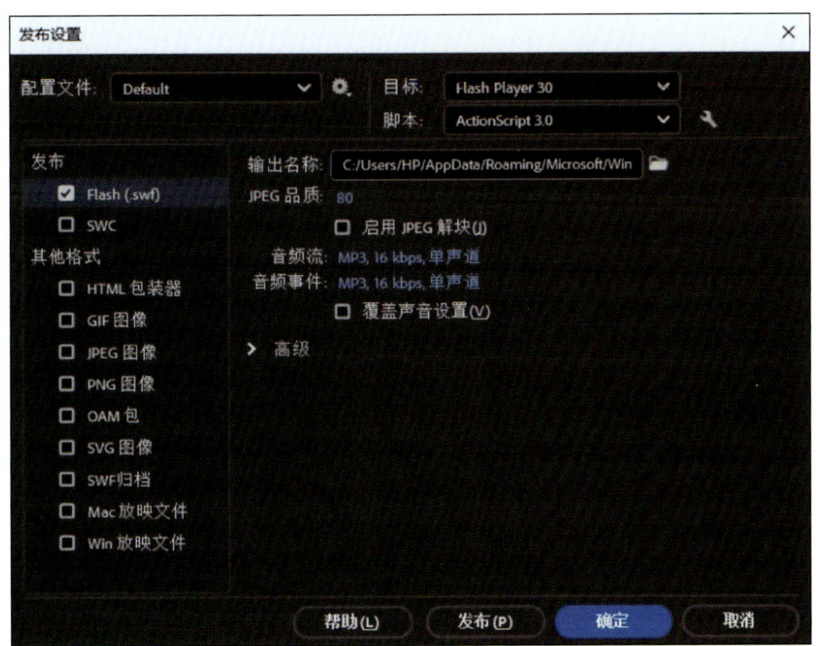


图 1-1-15 【发布设置】对话框

## 2. MOV

在 Animate 中，可以导出 MOV 格式的视频文件。MOV 是一种由苹果公司开发的影片格式，具有高度的兼容性和灵活性，它能够容纳包括 QuickTime 和 MPEG-4 在内的多种编解码器数据。这一特性使得 MOV 格式的视频文件在 Web 发布平台以及支持 QuickTime 播放环境的平台上，都能展现出卓越的性能和广泛的适用性。

导出 MOV 格式视频文件的方法如下：在菜单栏选择【文件】>【导出】>【导出视频 / 媒体】，系统将弹出【导出媒体】对话框，在该对话框中设置格式为“QuickTime”（也可设置为“H.264”），如图 1-1-16 所示。最后，单击“导出”按钮，即可导出 MOV 格式视频文件。

图 1-1-16 【导出媒体】对话框

文件导出后，要使用适当的媒体播放器（如 VLC 或 QuickTime Player）打开文件，以确保视频能按预期播放。

## 3. MP4

因为 Animate 主要用于创建基于矢量的动画，动画通常导出为 SWF 或 HTML5 Canvas 格式的，所以其不支持直接导出 MP4 格式文件。如需导出 MP4 格式文件，可以通过一些间接的方法来实现。

将文档导出为 MP4 格式文件的方法如下：首先，将动画导出为 FLV（Flash Video）或 F4V 格式文件。这些格式是 Adobe Flash Player 支持的格式，并且可以被许多视频编辑软件识别。然后，启动 Adobe Media Encoder（它是一个与 Animate 配套的视频编码工具），单击“添加源”并选择 FLV 或 F4V 格式文件。在【预设】面板中，设置相关参数。最后，单击“开始”按钮，即可将 FLV 或 F4V 格式文件转换为 MP4 格式文件。

## 4. JPEG

可以将 Animate 文档中当前帧中的对象导出为 JPEG 图像。JPEG 格式适合显示包含连续色调（如照片、渐变色或嵌入位图）的图像。

导出 JPEG 格式文件的方法如下：在菜单栏选择【文件】>【导出】>【导出图像】，在“导出图像”对话框中设置文件格式为 JPEG 或者 PNG，单击“保存”按钮，设置文件名称并选择存储位置即可。

### 5. GIF

在 Animate 中，还可以导出 GIF 格式文件，GIF 格式是一种广泛适用的位图动画格式。

导出 GIF 格式文件的方法如下：

（1）选择导出范围：确定想要导出的动画范围，可选择导出整个动画，或者只导出某个特定的场景或帧。

（2）导出 GIF 格式文件：在菜单栏选择【文件】>【导出】>【导出动画 GIF】。在弹出的【导出图像】对话框中，进行相关参数设置，如颜色、损耗量等。设置完成后，单击“保存”按钮即可，如图 1-1-17 所示。

图 1-1-17 【导出图像】对话框

颜色：可以通过选择颜色数量相关选项，减小 GIF 格式文件的大小。

有损：调整压缩质量，以在文件大小和图像质量之间找到平衡。

循环：设置 GIF 动画是否应该无限循环播放。

其他参数：根据需要调整其他参数，如透明度等。

GIF 格式采用有损压缩技术，因此在导出时可能会导致部分颜色或细节信息丢失。鉴于 GIF 格式不支持音频和复杂的交互功能，它更适用于制作简单的动画和短循环动画。需注意的是，导出大型或内容复杂的动画时，可能会生成体积较大的 GIF 格式文件，进而影响网页的加载速度和整体性能。

# 项目二

# 图画绘制

# 任务 1　简单图形绘制——“梅花奖”标志

任务目标

1. 能熟悉 Animate【工具箱】的构成。
2. 能使用“线条工具”绘画简单的图形，并能把直线调整成曲线。
3. 能使用“选择工具”“线条工具”“椭圆工具”“文本工具”等制作各类标志。
4. 能通过【颜色】面板设置渐变色。
5. 能利用“标尺”辅助绘图。

## 任务描述

利用【工具箱】中的“椭圆工具”“线条工具”“文本工具”等，制作一个简单的 Animate 动画造型——“梅花奖”标志，如图 2-1-1 所示。

图 2-1-1　“梅花奖”标志

## 知识学习

要制作 Animate 动画，应先掌握动画的基本组成元素——图形的绘制方法。绘制图形的一般步骤如图 2-1-2 所示。

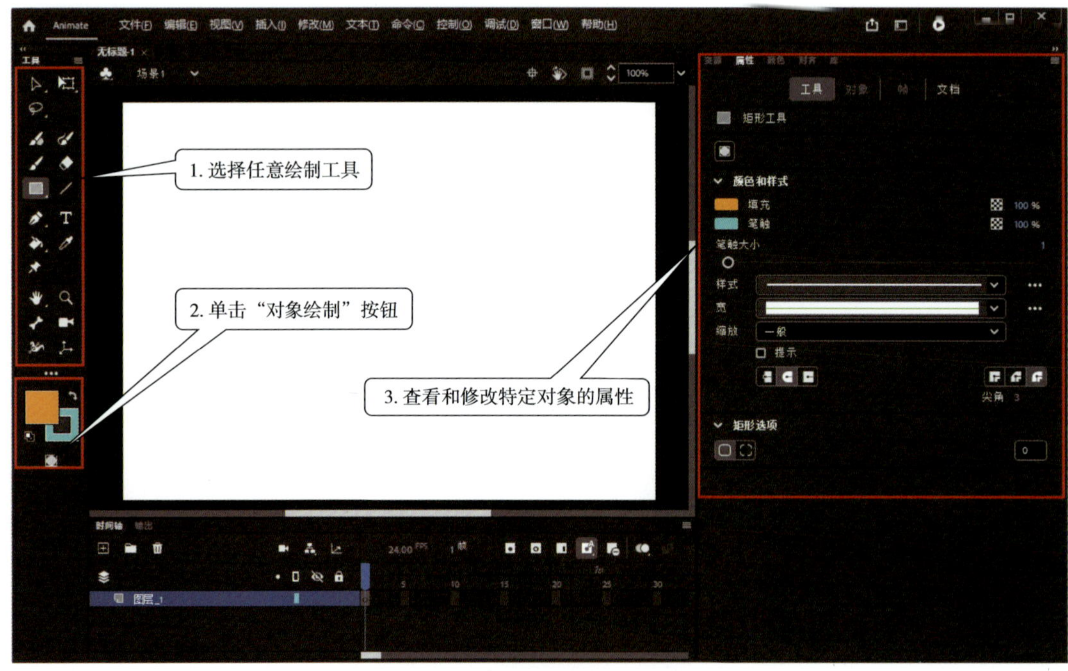


图 2-1-2　绘制图形的一般步骤

## 一、【工具箱】概述

使用 Animate 绘制的图形为矢量图形，同样，利用该软件制作的动画也属于矢量动画范畴。当鼠标指针悬停于某工具上方时，系统会显示该工具的名称及快捷键，如图 2-1-3 所示。例如，系统显示“选择工具（V）”，则表明此工具的名称为“选择工具”，且其操作快捷键为“V”键。

默认的【工具箱】仅展示部分工具，若工具图标右下角带有“小三角”标志，则表示该图标下“装载”有多个工具。单击【工具箱】下方的“编辑工具栏”按钮，可以展开隐藏的工具，用户可根据个人使用习惯，将所需工具拖出以便使用；对于不常用的工具，亦可将其拖拽回隐藏区域。【工具箱】中图标带有横线的工具 — 是间隔条，用于创建可拆分的分组，以区分不同类型的工具。例如，若希望将“选择工具”与其他工具进行区分，只需将该间隔条拖至适当位置，即可轻松实现工具的分组，如图 2-1-4 所示。

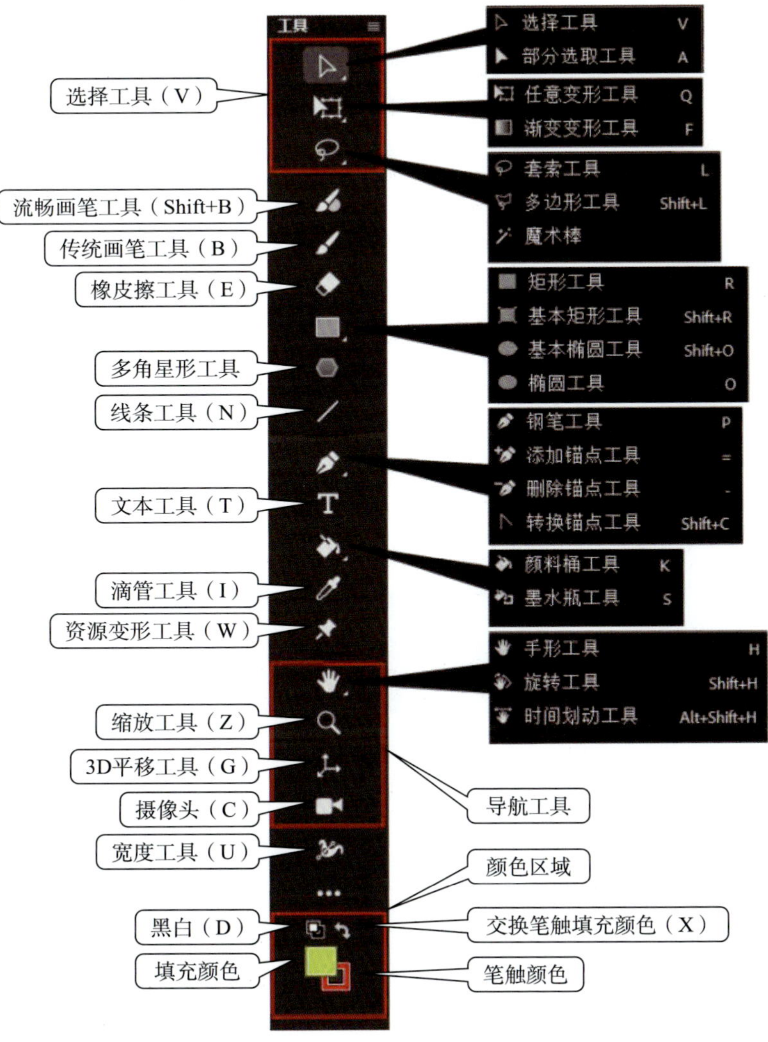

图 2-1-3 【工具箱】简单介绍

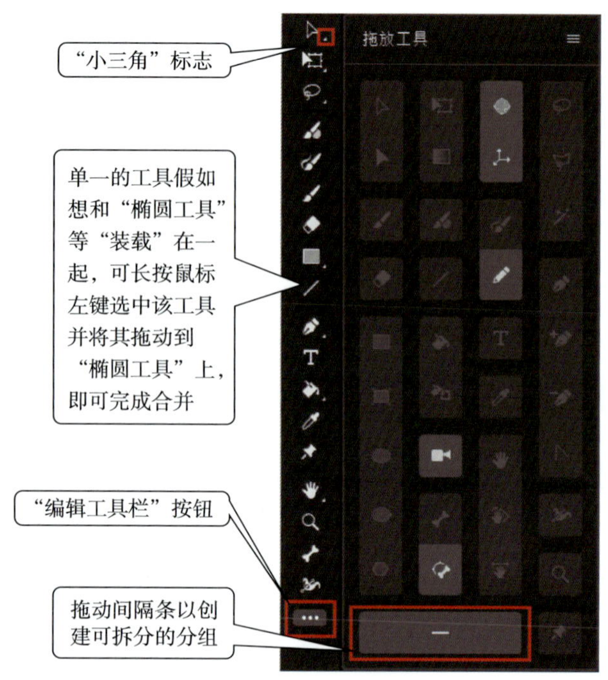


图 2-1-4　编辑工具栏操作说明

## 二、"选择工具"

在 Animate 中，"选择工具"的应用范围极为广泛，它是不可或缺的重要工具之一。"选择工具"分为两种，一种为"选择工具"，另一种为"部分选取工具"，如图 2-1-5 所示。"选择工具"的图标是黑色实心箭头，用于选择整个对象或者对象的色块、边线等；"部分选取工具"的图标是白色实心箭头，用于选择和改变对象的节点，通过调整这些节点可改变对象的形状。"选择工具"有以下几个方面的功能：

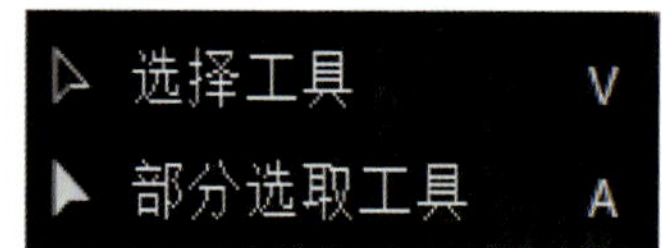


图 2-1-5　"选择工具"和"部分选取工具"

### 1. 快速选择和定位对象

在创建复杂的动画时，经常需要快速选择和定位不同的对象。利用"选择工具"用户可轻松地选中对象，从而进行进一步的编辑和调整。

（1）单击时，可选择对象。

（2）双击填充区域时，可同时选中填充内容与线条。

（3）双击线条时，可选中互相连接的同色线条。

（4）框选对象的属性为"形状"时，可选择部分对象。框选对象的属性为"组"或"元件"的部分时，可选中整个对象。

（5）将指针放在对象上，按住鼠标左键就可将对象拖动到新位置，如要拷贝并移动对象，可以在拖动对象的同时按住“Alt”键，即可复制对象并将复制对象放在新位置。

### 2. 移动对象

使用“选择工具”，用户可以轻松地移动选定的对象到所需的位置。也可以通过在【属性】面板中设置具体的参数，调整对象的位置和大小。

### 3. 改变形状

通过使用“选择工具”，用户可以轻松地调整对象的大小与形状，从而实现多样化的变换效果。例如，在线条的节点上按住鼠标左键并拖动，可调整节点位置，如图 2-1-6 所示；在节点之间的线条上按住鼠标左键并拖动，可调整线条的弧度，如图 2-1-7 所示。

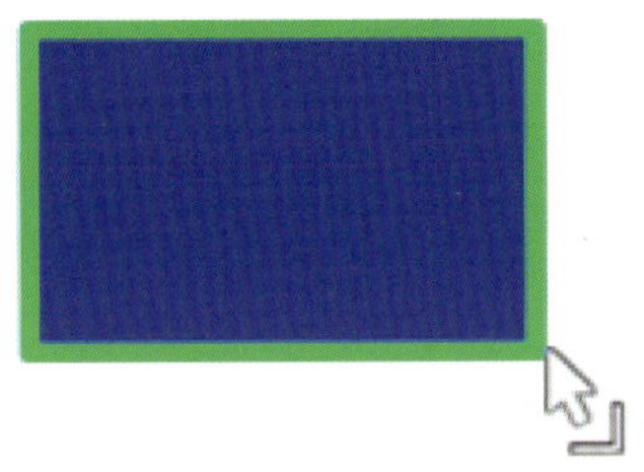

图 2-1-6　调整节点位置

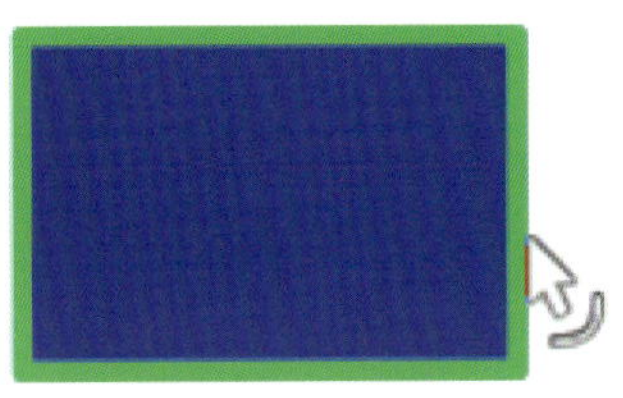

图 2-1-7　调整线条弧度

## 三、“线条工具”

Animate 中的“线条工具”是动画制作过程中的重要工具之一，它提供了创建和编辑矢量线条的功能。

### 1. 绘制基本形状

利用“线条工具”，可以绘制不同角度的直线段，并且还可以在【属性】面板中的【工具】选项卡中设置线条的笔触颜色、大小和样式等参数，如图 2-1-8 所示。可设置的线条样式如图 2-1-9 所示。

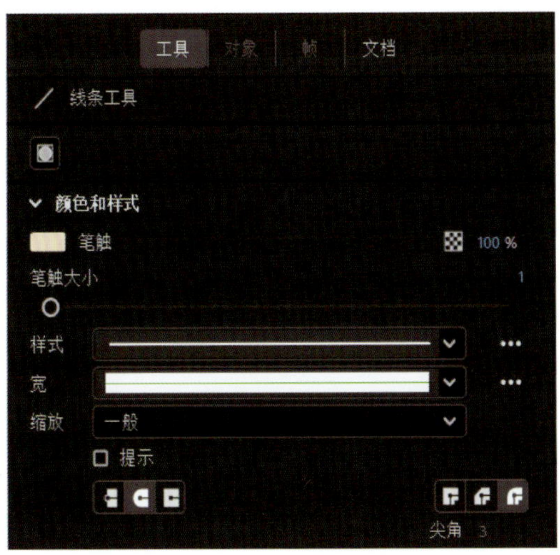


图 2-1-8　“线条工具”的【属性】面板

图 2-1-9　线条样式

### 2. 自定义图形

通过结合使用“线条工具”和其他工具，可以创建自定义的图形和图案。绘制时，可以使用“线条工具”创建复杂的形状和结构，然后通过填充颜色、设置渐变效果和其他效果来增强图形的视觉吸引力。

### 3. 艺术风格创作

“线条工具”同样具备实现特定艺术风格与效果的功能。例如，可通过运用细线条并配以简洁的轮廓，营造简约的动画风格；或者，采用粗犷且充满力量的线条，以创造强烈或充满活力的视觉效果。

**温馨提示**

使用“线条工具”绘制图形时，按住 Shift 键的同时，拖动鼠标，则可以限制“线条工具”以 45° 或 45° 倍数的角度方向绘制直线。

## 四、“椭圆工具”

“椭圆工具”一般用于绘制椭圆形或圆形。在绘制时，可以根据需要进行各种自定义设置，如调整大小、改变线条颜色、添加描边等。

选择“椭圆工具”，在舞台上单击并按住鼠标左键不放，向任意方向拖拽鼠标，即可绘制一个椭圆形，如图 2-1-10 所示。绘制时，可以通过调整控制点来改变椭圆形的大小和形态；在按住“Shift”键的同时按住鼠标左键并拖拽鼠标，即可绘制正圆形，如图 2-1-11 所示。

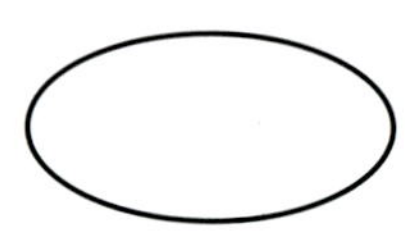

图 2-1-10　绘制椭圆形

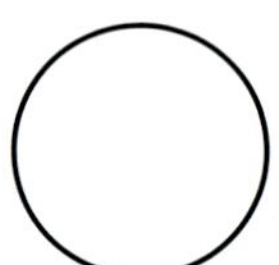

图 2-1-11　绘制正圆形

在“椭圆工具”的【属性】面板的【工具】选项卡中，单击“颜色和样式”的下拉箭头，可以设置不同的填充颜色、笔触颜色、笔触大小、笔触样式等，如图 2-1-12 所示。设置不同的边框属性和填充颜色后，绘制的图形如图 2-1-13 所示。

在“椭圆工具”的【属性】面板中，开始角度、结束角度、内径的数值不同，绘制成的图形也不同，不勾选“闭合路径”复选框，图形将不闭合，如图 2-1-14 所示。

## 五、“文本工具”

“文本工具”是用于创建和编辑文本的基本工具。在动画制作中，利用“文本工具”可以轻松地创建和编辑标题和副标题。在创建文本时，要选择合适的字体、大小、颜色和样式，以契合动画的整体风格；在一些需要提供额外信息或字幕的动画制作中，“文本工具”也非常有用，用户可以使用“文本工具”创建字幕，添加时间码，或将其他说明性文字添加到动画中。这有助于提高动画的信息传递

效果和观众的参与度。

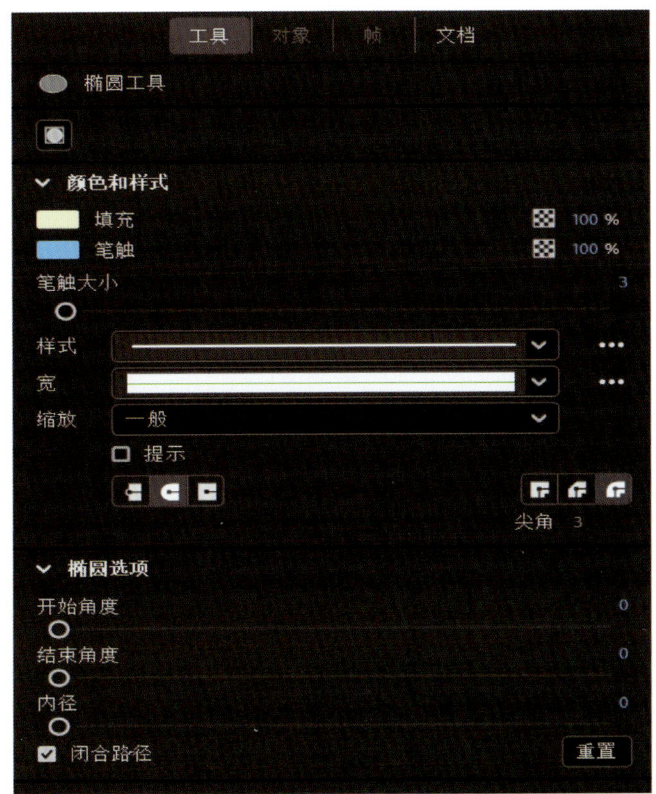


图 2-1-12　“椭圆工具”的【属性】面板

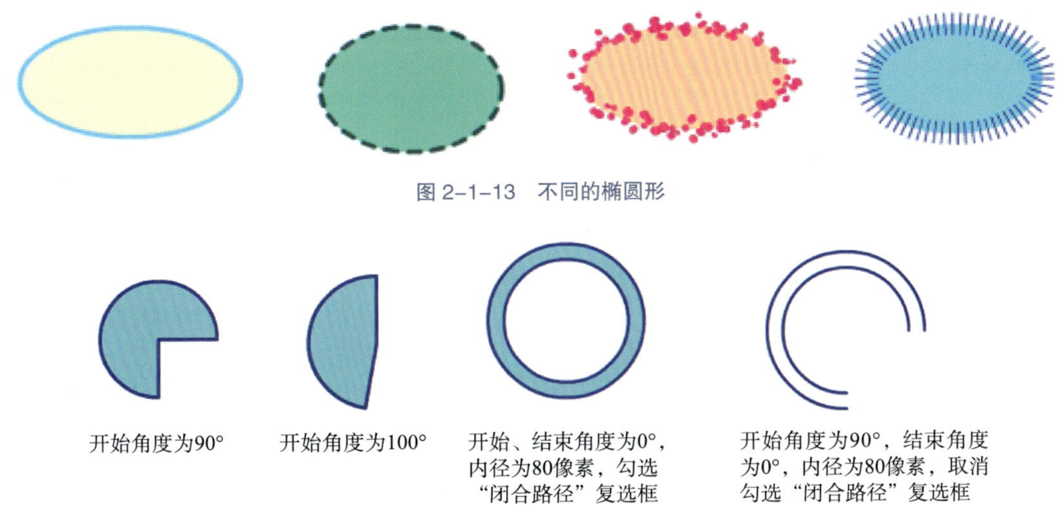


图 2-1-13　不同的椭圆形

图 2-1-14　不同开始和结束角度、不同内径的椭圆形

## 1. 文本的类型

在 Animate 中，当选中“文本工具”后，其【属性】面板会自动打开，文本有静态文本、动态文本和输入文本三种。静态文本最为常用，而其余两种类型文本则往往需要结合编程代码来实现特定功能。

（1）静态文本：此类型文本在动画制作阶段即已确定内容与外观，动画成品中的文本呈现与制作时的设定完全一致。

（2）动态文本：动态文本具备在动画播放过程中实时更新的能力，广泛应用于游戏开发与教学课件制作中。它能够根据实际需求灵活调整文本的显示内容及样式，可利用它制作计时器、设置倒计时或更新实时数据。同时，动态文本会依据条件或变量的变化而自动更改显示内容，它的这一特性极大地增强了动画中文本的互动性与生动性。

（3）输入文本：选择这一类型的文本，在动画播放时用户可输入文本。

### 2. 创建文本

“文本工具”还允许用户自定义文本的格式，包括字体、大小、填充颜色、对齐方式等。用户可以根据需要调整文本的格式，使其与动画的整体风格和设计相契合。通过使用不同的字体和样式，可以创造出独特的视觉效果，增强动画的吸引力。

选择“文本工具”后，在舞台中单击并按住鼠标左键，向右拖拽出一个文本框，即可在文本框中输入文字。在右边的【属性】面板中，可以设置相应的文本类型，如选择“静态文本”等；也可设置文本的字体、大小及填充颜色等属性，如图 2-1-15 所示。

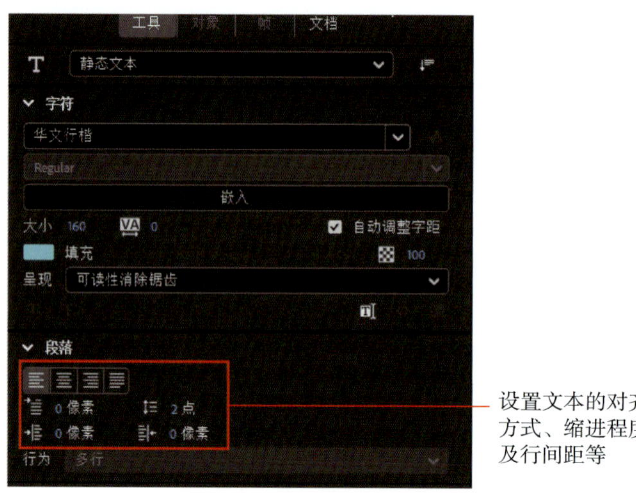


图 2-1-15 “文本工具”的【属性】面板

在选择“静态文本”后，在文本框中输入文字时，需注意观察文本框的控制点形状。若文本框的右上方显示为方形控制点，则表示文本被限制在该文本框内（见图 2-1-16）。当输入文字量超出文本框当前容量时，文字会自动换行显示。此时，可通过拖拽方形控制点来调整文本框的大小，从而增加文字的显示空间。

相反，如果文本框的右上方是圆形控制点，则表明文本处于为单行显示状态（见图 2-1-17）。在此状态下，无论输入的文字量有多少，文本都会保持在同一行内显示，不会自动换行。

图 2-1-16 限制文本宽度

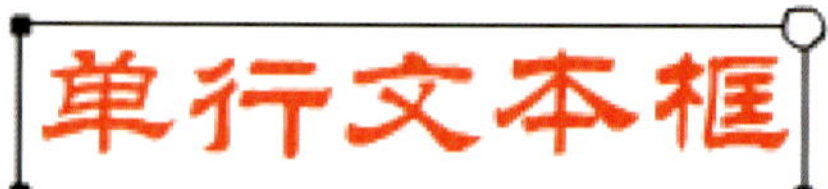


图 2-1-17 文本单行显示

### 3. 美化文本

下面以“静态文本”为例，介绍“文本工具”【属性】面板的文本属性设置方法。输入文本后，单击创建的文本，在【属性】面板的【对象】选项卡的“滤镜”区单击“添加滤镜”按钮，可添加合适的滤镜，同时也可以对滤镜进行管理和编辑，如图 2-1-18 所示。

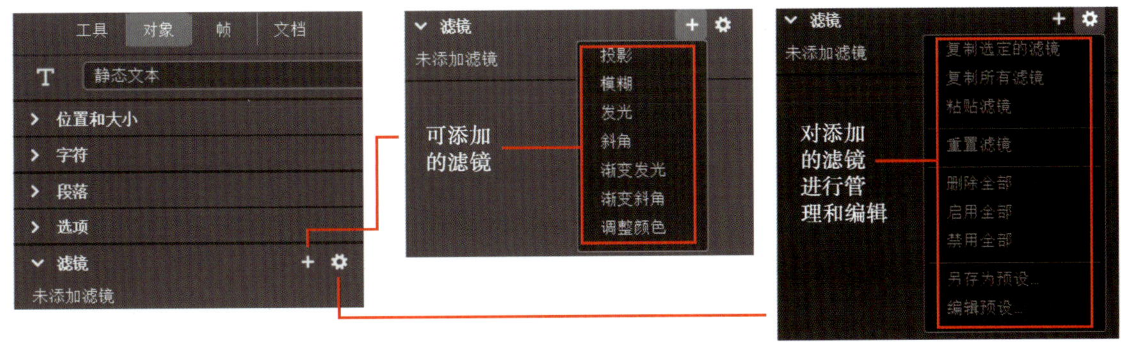


图 2-1-18　滤镜添加与管理

在【属性】面板的【对象】选项卡的“字符”区设置字体为“华文新魏”，文本颜色为黄色；在“滤镜”区添加“投影”滤镜，设置颜色为“红色”，文本效果如图 2-1-19 所示。

图 2-1-19　使用滤镜效果的文本

## 任务实施

1. 在菜单栏选择【文件】>【新建】，然后单击预设模板中的“标准”，最后单击“创建”按钮，新建一个文档，如图 2-1-20 所示。

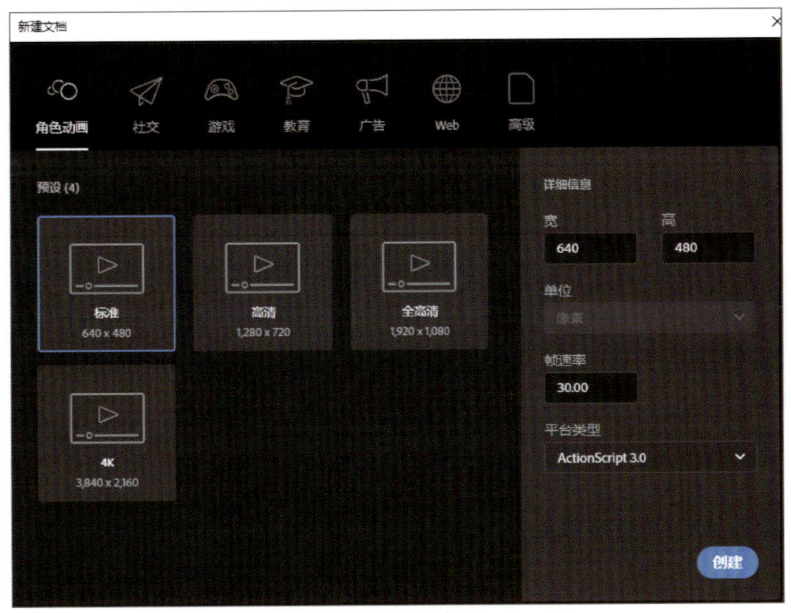


图 2-1-20　新建文档

2. 在菜单栏选择【文件】>【保存】，在弹出的【另存为】对话框中，设置文件名称为“梅花奖标志”。

3. 在菜单栏选择【视图】>【标尺】，或使用快捷键“Ctrl+Shift+Alt+R”启用标尺，如图 2-1-21、图 2-1-22 所示。将标尺的 0 坐标置于舞台的左上角，在横坐标上单击鼠标左键并向下拖动，到合适位置松开鼠标左键即可得到一条横直的辅助线，用该方法创建 3 条辅助线；然后，在纵坐标上单击鼠标左键并向右拖动，即可得到一条竖直的辅助线，用该方法创建 2 条辅助线，如图 2-1-23 所示。有了辅助线，在绘制内容或移动对象时就可以辅助线为参照物。

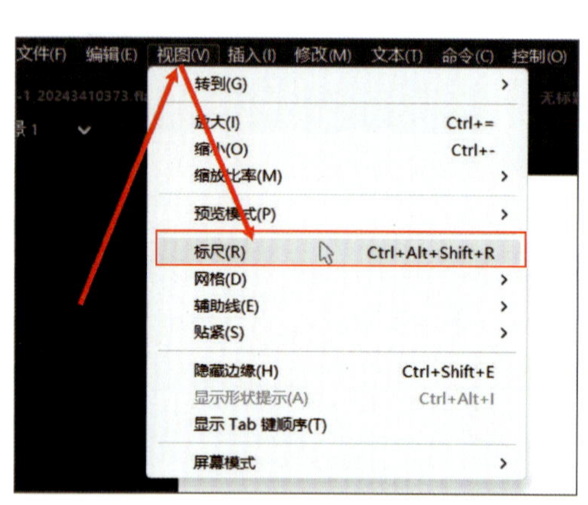


图 2-1-21　打开标尺

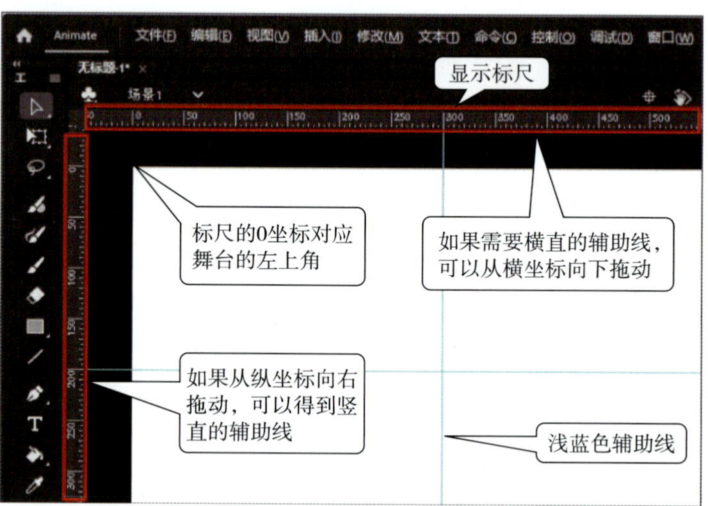


图 2-1-22　使用标尺时添加辅助线的方法

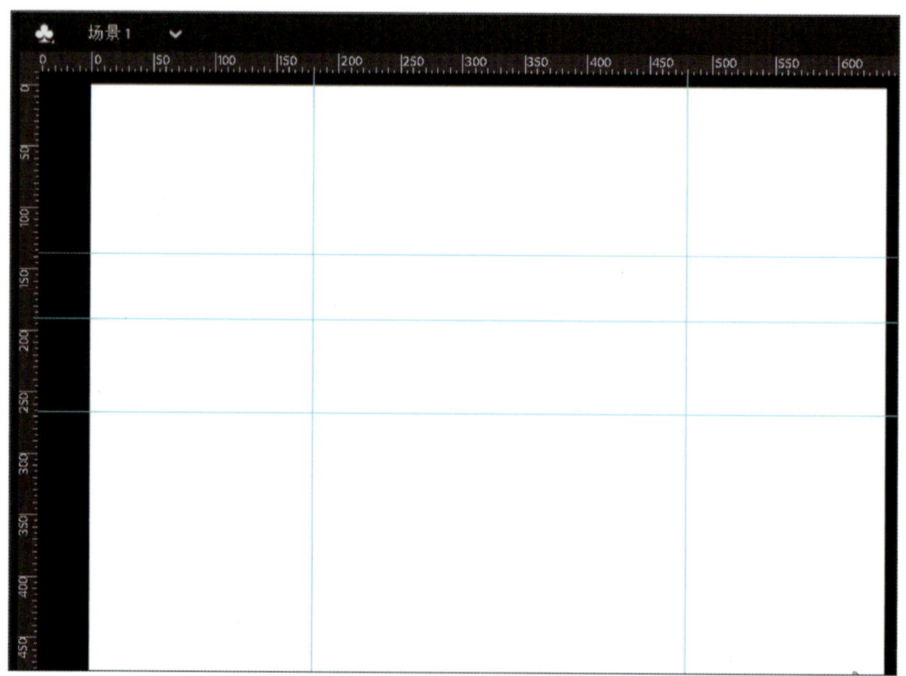


图 2-1-23　使用标尺创建多条辅助线

4. 用鼠标左键长按“矩形工具”，在弹出的工具列表中选择“椭圆工具”，然后单击【工具箱】下方的“对象绘制”按钮，设置绘制模式为“对象绘制模式”。在右侧【颜色】面板调整填充颜色类型为“线性渐变”，笔触颜色设置为不填充；将渐变条的“1”号色标滑到最左边，在上方数值填写框内设置颜色值为“#FF0000”，A（不透明度）为“100%”，再将“2”号色标滑到最后边，在上方数值填写框内设置颜色值为“#FF0000”，A 为“0%”，如图 2-1-24 所示。

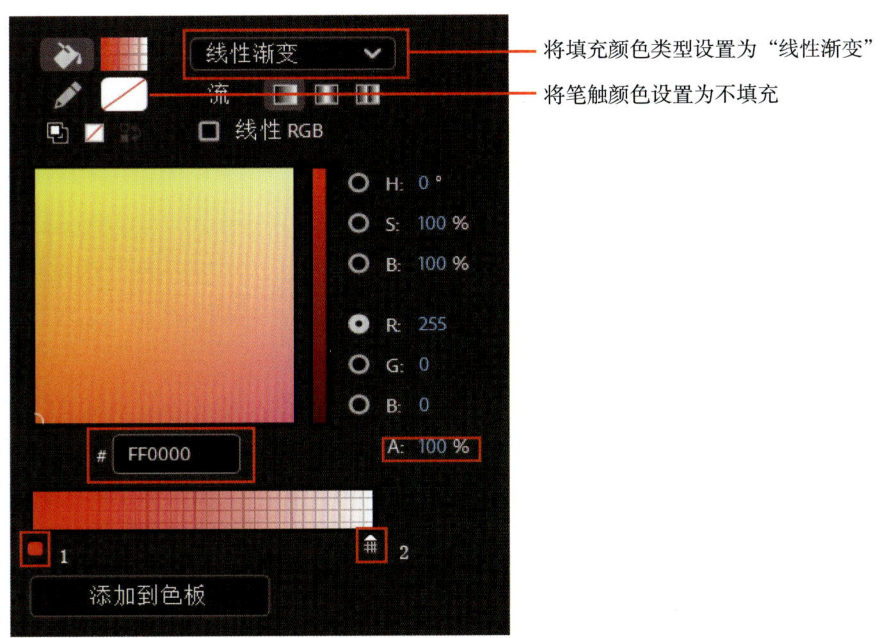


图 2-1-24　颜色设置

5. 按住“Shift”键，在舞台适当位置拖拽鼠标，绘制圆形，使用“任意变形工具”调整渐变方向，如图 2-1-25 所示。使用“选择工具”选中并拖动圆形，使圆心正好位于辅助线的交叉点上，此时圆心位置会出现一个黑点。然后在【属性】面板中设置圆形宽为“72”像素，高为“72”像素。

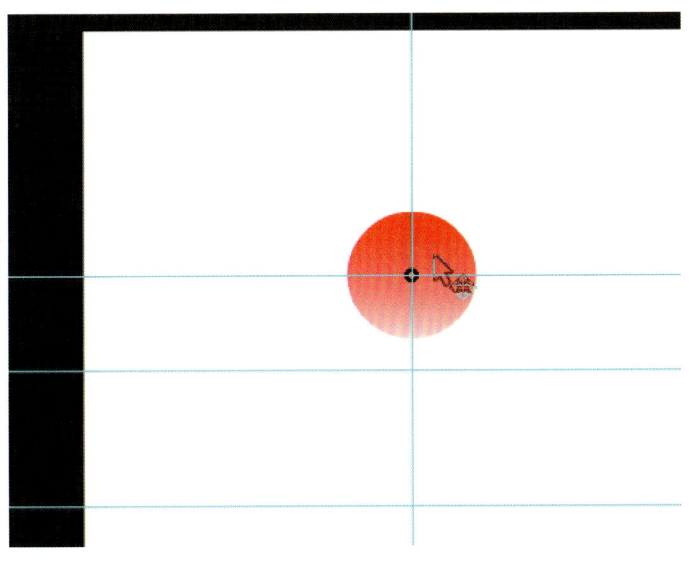

图 2-1-25　圆形绘制

6. 复制圆形：选择“选择工具”，按住“Alt”键的同时选中并用鼠标拖动圆形，可以快速复制一个新的圆形，按照这个方法，复制出 4 个圆形，如图 2-1-26 所示。

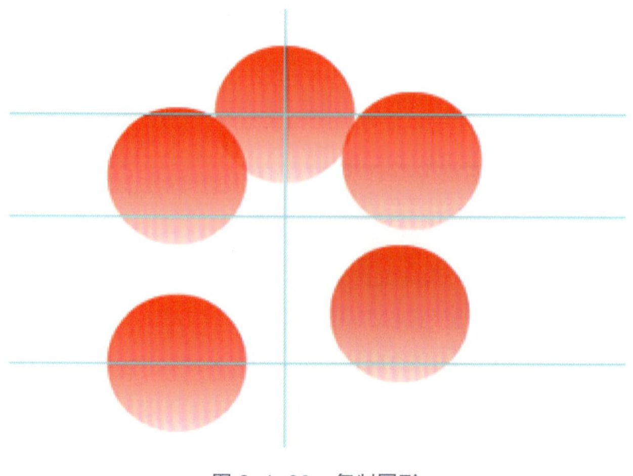

图 2-1-26　复制圆形

7. 移动圆形：使用“选择工具”拖动圆形，改变它们的位置，当中心留白处为五边相等的五边形时，即可以停止操作，如图 2-1-27 所示。如果需要微调位置，可以借助键盘上的“↑”“↓”“←”“→”方向键进行调整。

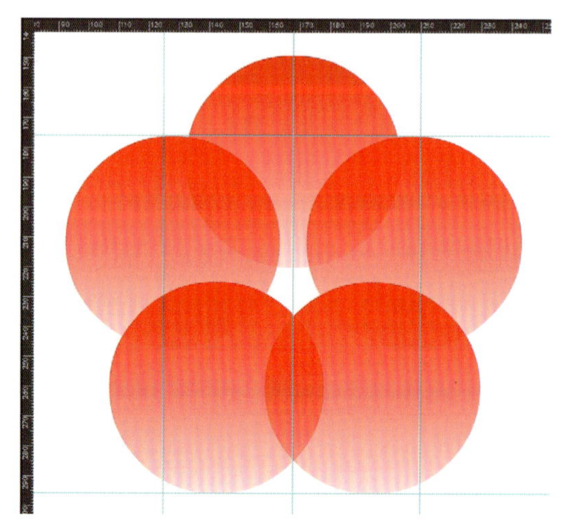

图 2-1-27　移动圆形的位置

8. 绘制花蕊：单击【工具箱】中的“线条工具”，在【工具箱】下方单击“对象绘制”按钮，将绘制模式改为“对象绘制模式”。在“线条工具”的【属性】面板的【工具】选项卡中设置线条相关参数，笔触颜色值设置为“#FFCC00”，笔触大小设置为“15”，并选择“圆头端点”和“圆角链接”，如图 2-1-28 所示。按住“Shift”键（限制线条绘制方向）并拖拽鼠标进行直线绘制，分别绘制出向左上 45°、垂直、向右上 45° 的 3 条长度合适的线段，然后将 2 条斜线段分别放置在垂直线段两边，组合成花蕊，并将花蕊移动到花朵中心，如图 2-1-29 所示。

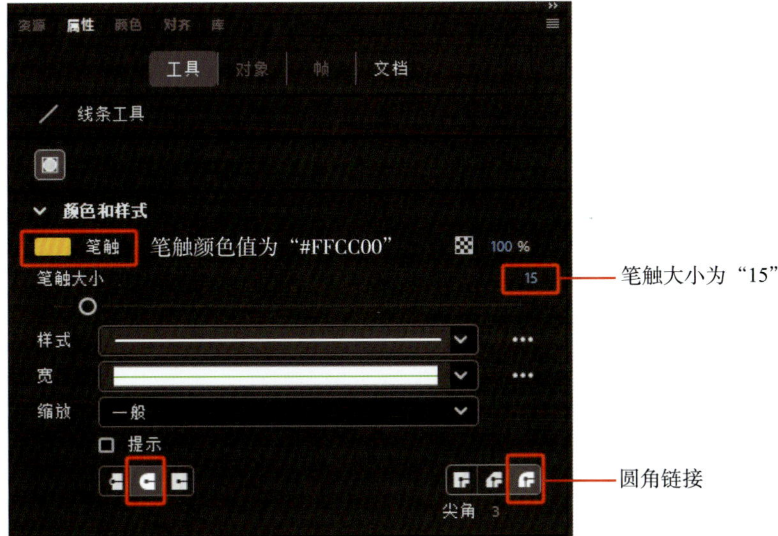


图 2-1-28　花蕊线条属性设置

图 2-1-29　花蕊的绘制及移动

9. 排列图形：使用“选择工具”选择最下方的其中一个圆形，按住“Shift”键的同时选取下方的另一个圆形，右击，在弹出的菜单中选择【排列】>【移至顶层】，如图 2-1-30 所示，使下面的 2 个圆形盖住花蕊。

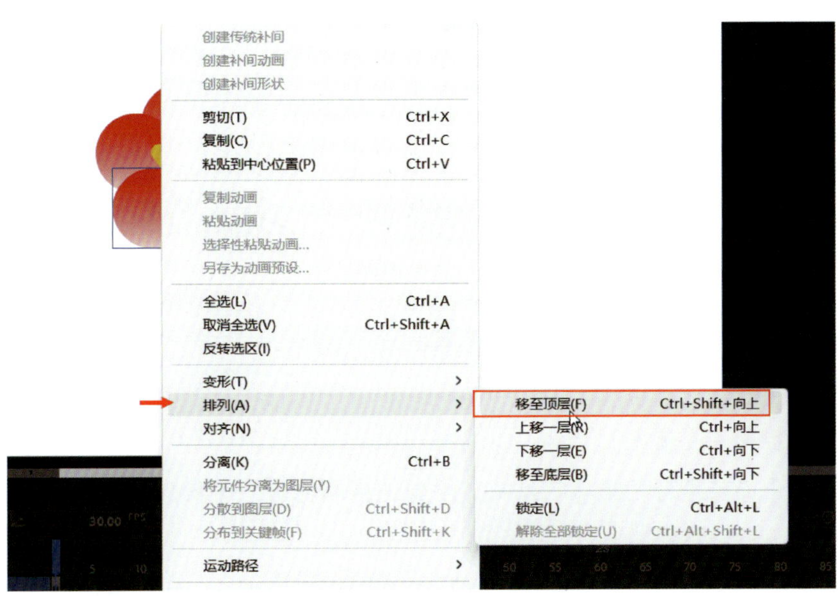


图 2-1-30　使下面两个圆形盖住花蕊

10. 文字制作：选择“文本工具”，在【属性】面板中修改相关参数，设置字体样式为“幼圆”、字符大小为“90”、填充颜色值为“#000000”，在舞台中的右侧位置输入文字“梅花奖”并利用

"选择工具"将其放置在花朵右侧。

11. 在菜单栏选择【控制】>【测试】，按"Ctrl+Enter"快捷键输出文档并观看效果，然后在菜单栏选择【文件】>【导出】>【导出图像】，在弹出的对话框中设置相应参数，设置文件格式为"JPEG"，品质为"100%"，单击"完成"按钮即可。

## 思考与练习

一、思考题

说一说如何利用"选择工具"选取所有线条。

二、练习题

请运用本任务中所学知识修改小兔毛绒玩具图形的线条参数，使其变为右图所示效果，如图 2-1-31 所示。

图 2-1-31　小兔毛绒玩具图形和最终修改效果

# 任务 2　复杂图案绘制——中秋节贺卡

### 任务目标

1. 能根据要求正确设置"多角星形工具"参数。
2. 能使用"椭圆工具"绘制图形。
3. 能对图形进行径向渐变填充。
4. 能使用【变形】面板进行"旋转"以及"重制选区和变形"等操作。

### 任务描述

利用【工具箱】中的工具进行矢量图形绘制，并在【颜色】面板中设置颜色填充方式，最终制作一张中秋节贺卡，如图 2-2-1 所示。

图 2-2-1　中秋节贺卡

## 知识学习

### 一、“多角星形工具”

“多角星形工具”提供了创建多边形与星形图形的功能，这一特性使其在设计复杂图案、标志及图标时尤为实用。用户可以通过调整该工具的参数，灵活设定多边形或星形的角数、尺寸及形状，进而实现独一无二的视觉效果。以下是“多角星形工具”的具体使用步骤：

1. 用鼠标左键长按“矩形工具”，在展开的工具列表中选择“多角星形工具”，如图 2-2-2 所示。

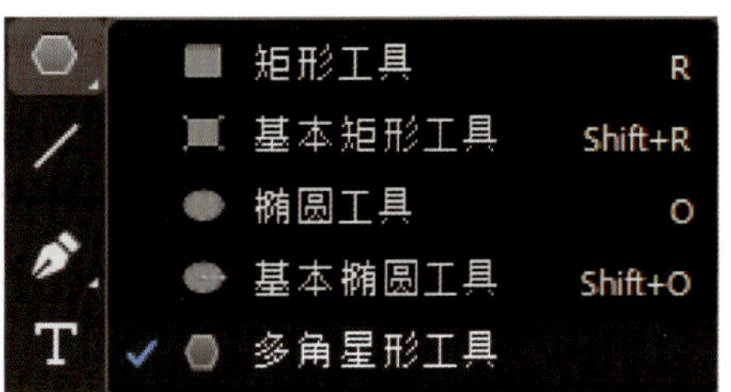

图 2-2-2　选择“多角星形工具”

2. 在【属性】面板的【工具】选项卡中，在样式下拉列表中可选择“多边形”或“星形”，在边数数值填写框中可设置多边形的边数或星形的角数，在星形顶点大小数值填写框中可设置星形的顶点大小。设置好参数后，可在舞台上绘制多边形或星形，如图 2-2-3 所示。

### 二、“任意变形工具”

“任意变形工具”是一种极为实用的编辑工具，它具有对图形、文本及其他对象进行多样化变形操作的能力。借助此工具，用户可以轻松实现对象的旋转、倾斜、缩放及扭曲等，并且还能通过使用【封套】命令，灵活调整对象的形状，以满足特定的设计需求。

a）【工具】选项卡

按住鼠标左键，向外拖动并改变角度可绘制大小和旋转角度不同的多边形

b）绘制边数为5的多边形

c）绘制边数为5的不同顶点大小的星形

图 2-2-3 “多角星形工具”的使用方式和效果

### 1. 调整形状和大小

使用“任意变形工具”，用户可以自由地调整对象的形状和大小。通过拖动控制手柄或选择特定的变形命令，可以轻松地旋转、倾斜、缩放或扭曲对象。这对于打造独特的视觉效果或对现有元素进行微调非常有用。

在【工具箱】中选择“任意变形工具”，使鼠标指针靠近要变形的对象边缘，如图 2-2-4 所示，鼠标指针变成时即可对变形对象进行旋转操作；鼠标指针变成时，按住鼠标左键即可对变形对象进行倾斜变形操作，如图 2-2-5 所示；鼠标指针变为 ⇕ 时，则可以进行缩小或放大对象操作，如图 2-2-6 所示。如要设置旋转角度、变形程度等，可在菜单栏选择【窗口】>【变形】，在弹出的面板中进行相关参数设置。

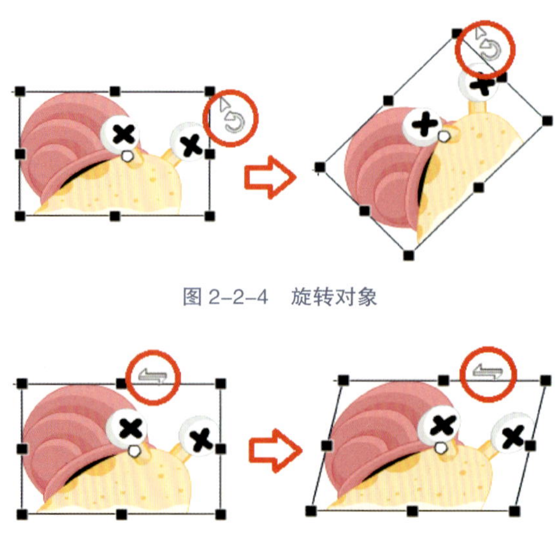

图 2-2-4 旋转对象

图 2-2-5 倾斜变形对象

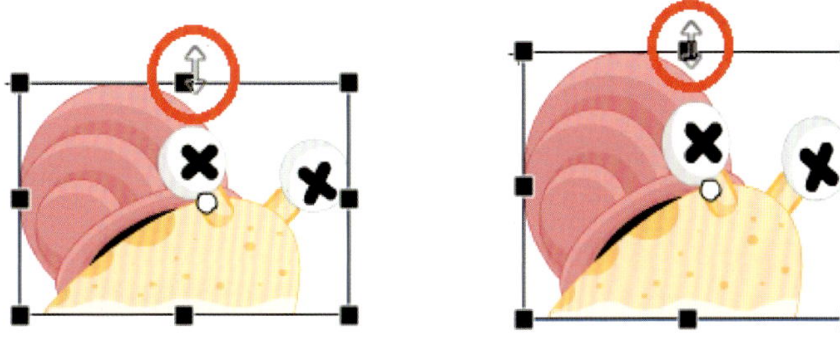

图 2-2-6　缩放对象

### 2. 细节调整

“任意变形工具”同样适用于细节的调整工作。当需要对对象进行精确的变形或细微调整时，此工具提供了灵活的控制点以及便捷的自定义功能。用户可以通过单击【工具箱】下方出现的图标（见图 2-2-7），精确地调整每个控制点以对变形对象进行微妙的变形操作，以达到所需的效果。这对于完善动画的细节和提升整体视觉效果非常有帮助。

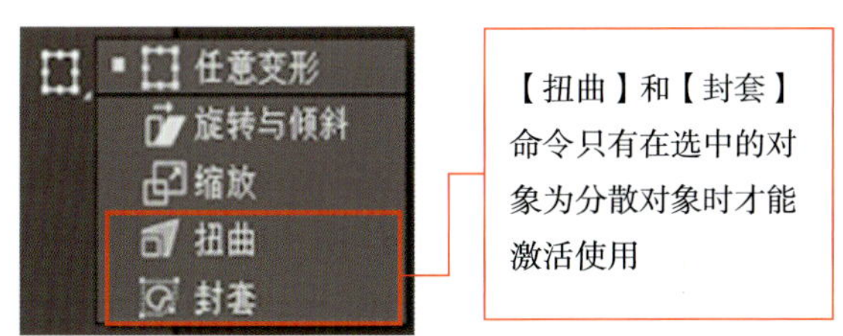


图 2-2-7　“任意变形工具”的变形命令

【扭曲】和【封套】命令的使用方法如下：在菜单中选择【扭曲】，鼠标指针移动到对象变形框的任意一个控制手柄上，同时按住鼠标左键并拖拽，即可扭曲该对象，如图 2-2-8 所示。在菜单中选择【封套】，针对分散对象，此时对象周围会显示一个封套控制框，其上有 8 个方向控制手柄，每 2 个控制手柄之间有 2 个切线手柄（形状为圆形），拖动控制手柄完成大致方向调整后，调整切线手柄即可对对象进行弧度微调，如图 2-2-9 所示。

图 2-2-8　扭曲对象　　图 2-2-9　使用【封套】命令调整对象

## 三、“渐变变形工具”

利用“渐变变形工具”可以调整填充的渐变色的变化方向，以及位图的方向、角度和大小等，从而实现预期的填充效果。线性渐变填充效果如图 2-2-10 所示。

在绘制时，用鼠标左键长按“任意变形工具”，在工具列表中选择“渐变变形工具”，然后在线性渐变填充部位单击鼠标左键，舞台中会出现图 2-2-11 所示的渐变中心点、渐变方向控制柄和渐变长度控制柄。拖动渐变中心点可改变渐变色填充的整体位置；拖动渐变方向控制柄可改变渐变色的变化方向；拖动渐变长度控制柄可调整渐变色填充的长度。

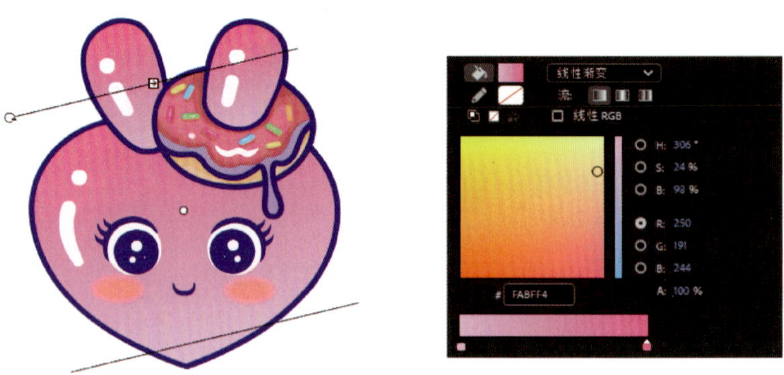


图 2-2-10　线性渐变填充效果

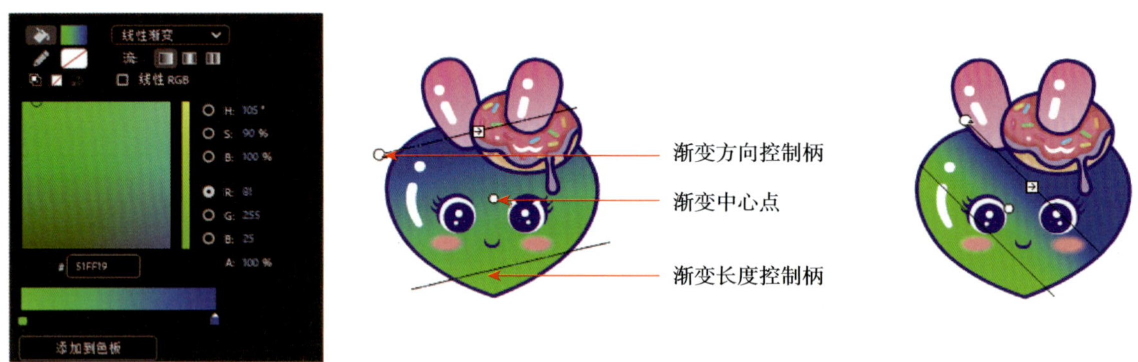


图 2-2-11　利用“渐变变形工具”调整线性渐变填充效果

选择“渐变变形工具”，在径向渐变填充部位单击鼠标左键，舞台上会出现图 2-2-12 所示的渐变控制圆。拖动渐变中心点可改变渐变色填充的整体位置；拖动渐变焦点控制柄可改变渐变色的中心点；拖动渐变长度控制柄可改变渐变色填充的长度；拖动渐变大小控制柄可改变渐变色的填充部分的大小；拖动渐变方向控制柄可改变渐变色的变化方向。

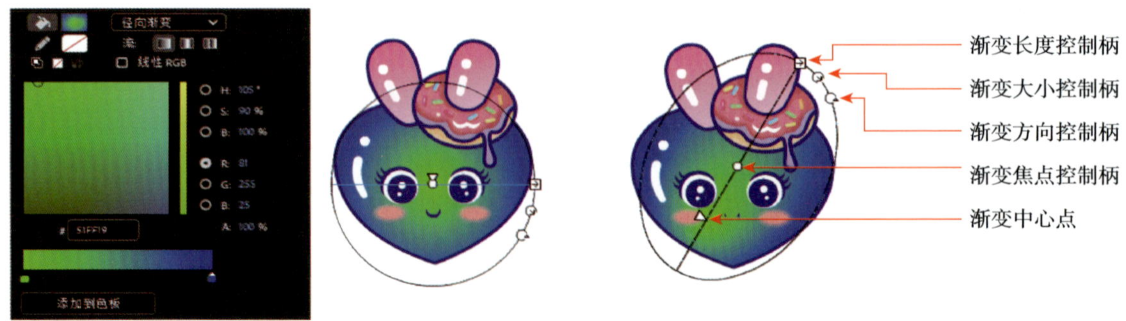


图 2-2-12　利用“渐变变形工具”调整径向渐变填充效果

## 四、“颜料桶工具”

“颜料桶工具”既能填充空白区域，也能更改已涂色区域的颜色。使用“颜料桶工具”填充区域的

基本方法如下：

1. 从【工具箱】中选择“颜料桶工具”。

2. 选择填充颜色和样式，如图 2-2-13 所示。

3. 单击【工具箱】下方出现的“间隔大小”按钮，然后根据实际情况在弹出的菜单中选择合适命令。如果线条间隔太大，必须手动闭合线条，再进行颜色填充，如图 2-2-14 所示。

4. “锁定填充”按钮用于锁定填充颜色，锁定后，填充颜色不能更改。没有按下该按钮时，填充颜色可以根据需要更改；按下该按钮时，将鼠标指针放置在填充颜色区域，鼠标指针会变为🖌，表示填充颜色被锁定，不能随意更改。

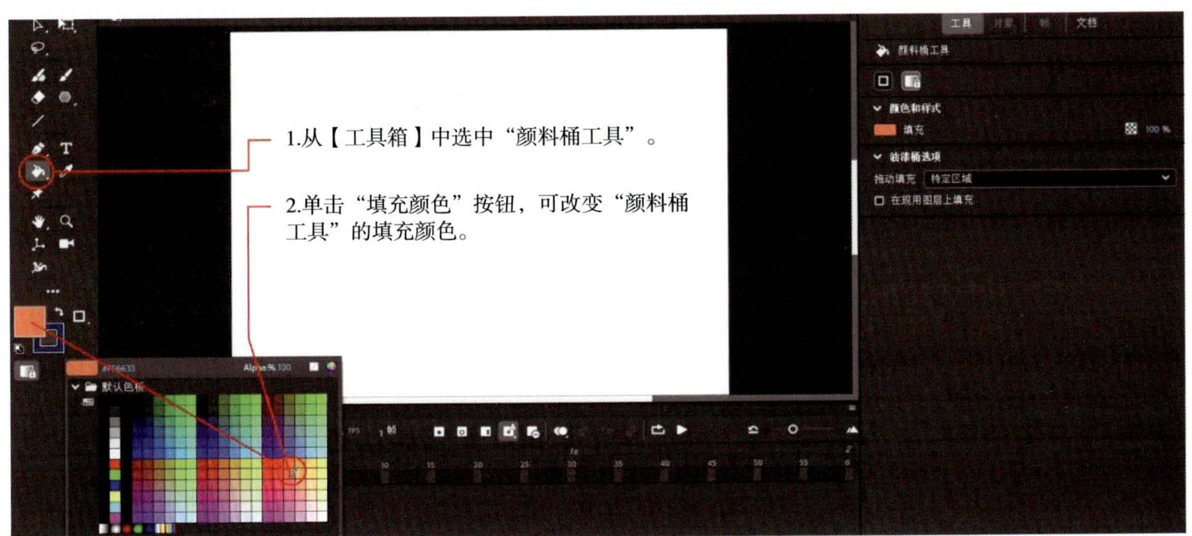


图 2-2-13　选择填充颜色和样式

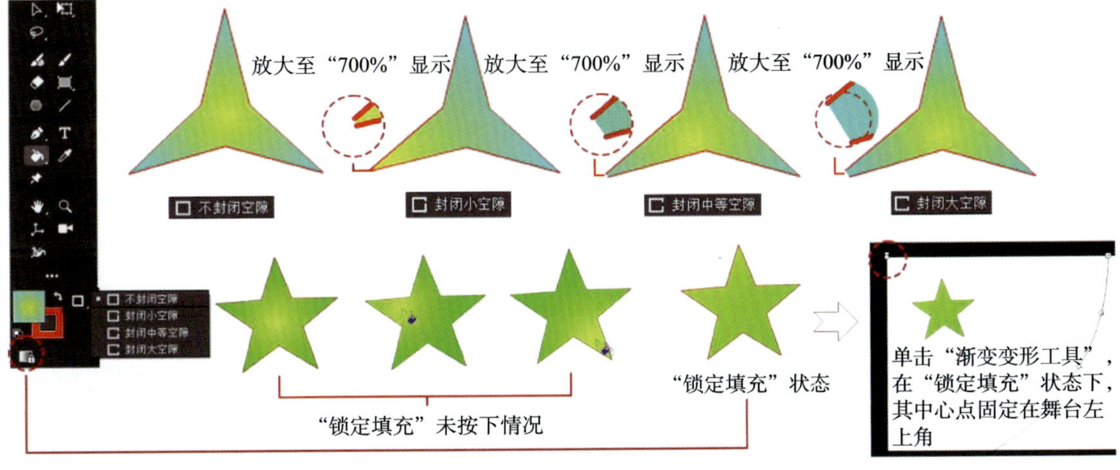


图 2-2-14　“间隔大小”的相关命令和“锁定填充”应用效果

## 五、【颜色】面板

【颜色】面板主要用于对图形、文本和其他对象进行颜色设置和调整。在【颜色】面板中，用户可以选择不同的颜色模式，如 RGB、HSB 等，并通过使用颜色色标、颜色拾取器或输入特定值来设置颜色，这为精确控制对象的颜色提供了方便的途径。【颜色】面板还提供了各种颜色属性调整参数，如亮度、饱和度、对比度等，用户可以通过调整这些参数来微调颜色的显示效果，这对于创建更加生动和富有层次感的动画非常有用。在【颜色】面板中，用户还可以设置对象的不透明度。通过设置不透明度的值，可以创建半透明效果或使对象与背景更好地融合，这在制作具有透明元素的动画时非常有用。【颜色】面板还提供了渐变填充功能，用户可以选择线性或径向渐变模式，并设置渐变的起始色、中间色和结束色，这为打造平滑的颜色过渡效果和创意的图形效果提供了便利。

在菜单栏选择【窗口】>【颜色】，舞台右侧弹出【颜色】面板（一般情况下，该面板默认处于显示状态），其中主要参数调整方式如下：

### 1. 自定义纯色填充效果

在【颜色】面板颜色类型下拉列表中，选择“纯色”，如图 2-2-15 所示，可自定义颜色。

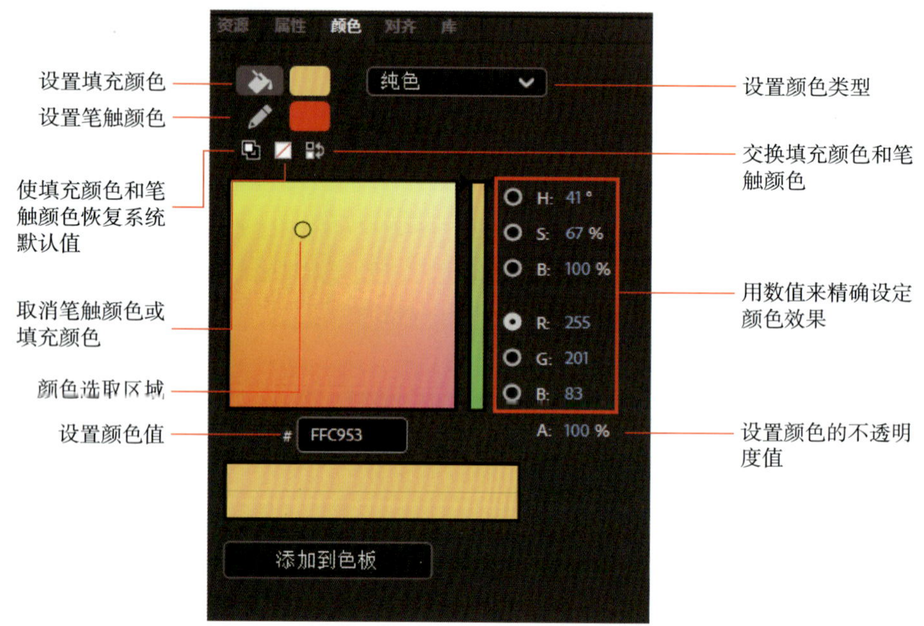


图 2-2-15 【颜色】面板

### 2. 自定义线性渐变填充效果

在【颜色】面板颜色类型下拉列表中，选择“线性渐变”，如图 2-2-16 所示，此时，在渐变条下方左右两端有 2 个色标，选择色标后，可在上方颜色数值填写框中设置自定义颜色值，在 2 个色标之间单击渐变条下方可添加色标，如果想删除色标只需用鼠标左键按住色标并向外拖拽即可。线性渐变填充效果如图 2-2-17 所示。

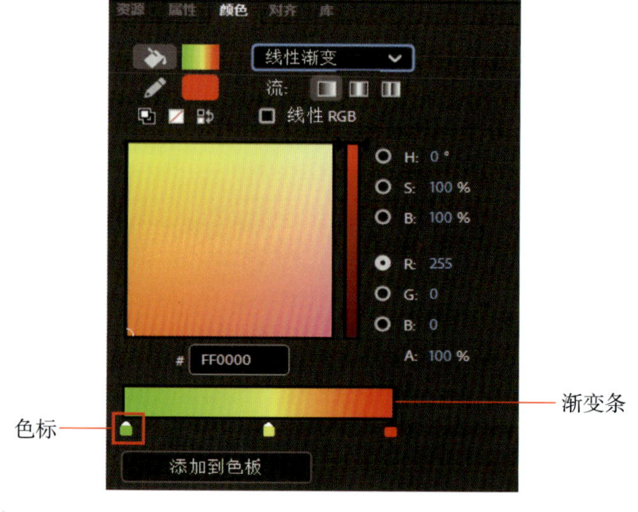


图 2-2-16 自定义线性渐变填充效果

渐变色是由两种或两种以上颜色通过不同的方式混合而成的颜色，在渐变条上的色标代表了渐变色的不同颜色和位置。因此，通过设置色标颜色、数量和位置，可创建多个不同的渐变色。

### 3. 自定义径向渐变填充效果

在【颜色】面板颜色类型下拉列表中，选择“径向渐变”，将使颜色渐变方式改为径向渐变，其显示效果如图 2-2-18 所示。

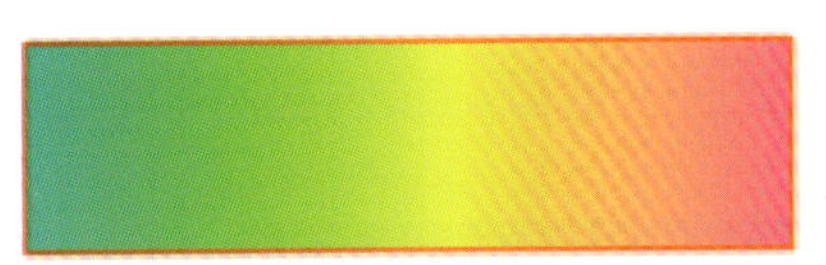

图 2-2-17　线性渐变填充效果

图 2-2-18　径向渐变填充效果

### 4. 自定义位图填充效果

在【颜色】面板颜色类型下拉列表中，选择“位图填充”，在弹出的【导入到库】对话框中选择要导入的图片（见图 2-2-19），单击“打开”按钮，这时如果选择“矩形工具”在舞台上绘制矩形，刚被导入的图片即显示为矩形的填充内容，如图 2-2-20、图 2-2-21 所示。

图 2-2-19　选择“位图填充”图片

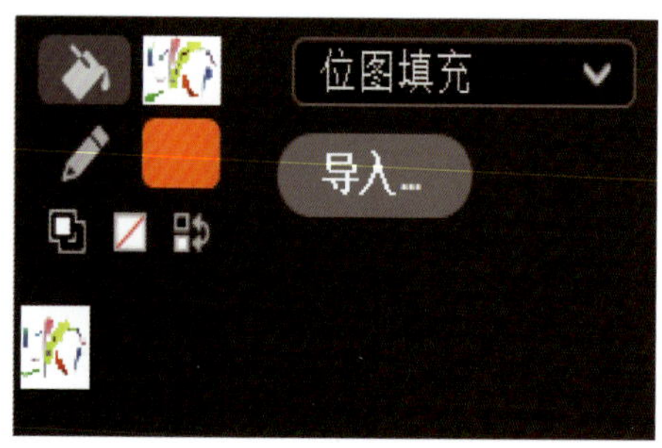

图 2-2-20　图片显示为矩形的填充内容

图 2-2-21　位图填充效果

## 六、【变形】面板

【变形】面板是一种强大的工具，它允许用户对图形、文本和其他对象进行各种变形操作。在编辑图形时，在菜单栏选择【窗口】>【变形】，即可打开【变形】面板。通过【变形】面板，用户可以精确地对对象进行"缩放""旋转""倾斜"和"3D 旋转"等变形处理，如图 2-2-22 所示；还可以在进行变形处理的同时复制对象，从而制作一些特殊的效果。对对象进行变形处理是以变形中心点为基准进行的。

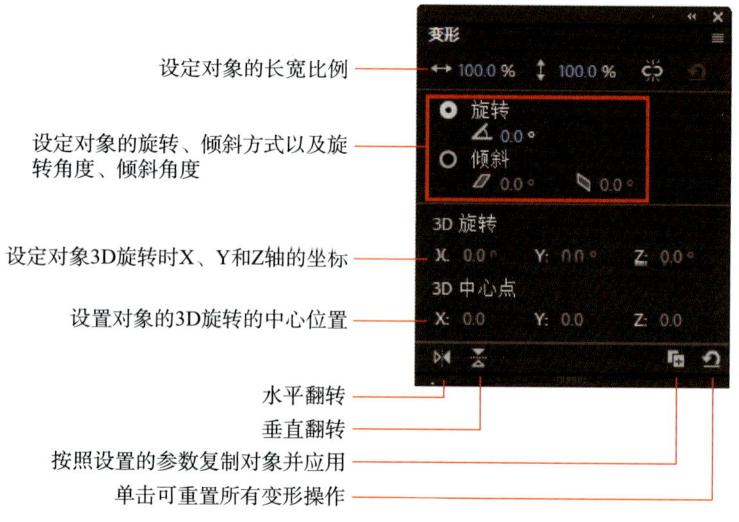

图 2-2-22 【变形】面板

### 1. 自定义变形操作

在【变形】面板中，用户可以通过设置不同的参数，如设置缩放、旋转、倾斜和扭曲等参数，对对象进行自定义的变形操作。通过调整变形控件，用户可以精确地控制变形的程度和方向，以达到所需的效果。

### 2. 变形轴心点控制

【变形】面板提供了轴心点控件，用户可以自由地移动轴心点到对象上的任意位置。通过改变轴心点的位置，用户可以控制变形的中心点，以便更好地调整对象的形状和比例。

### 3. 复制和堆叠变形

【变形】面板还提供了复制和堆叠变形的功能。用户可以复制一个已经进行变形操作的对象，并对新对象进行相同的变形处理。此外，还可以将多个变形操作堆叠在一起，以创建更加复杂、动态的变形效果。

### 4. 撤销变形操作和重做

在【变形】面板中，用户可以方便地撤销之前进行的变形操作和重新进行变形操作。

## 任务实施

1. 在菜单栏选择【文件】>【新建】，选择预设模板中的“标准”（640 像素 ×480 像素），单击“创建”按钮，新建一个文档，保存文件并命名为“中秋节贺卡”。

2. 在菜单栏选择【修改】>【文档】，设置舞台颜色值为“#333399”，如图 2-2-23 所示。

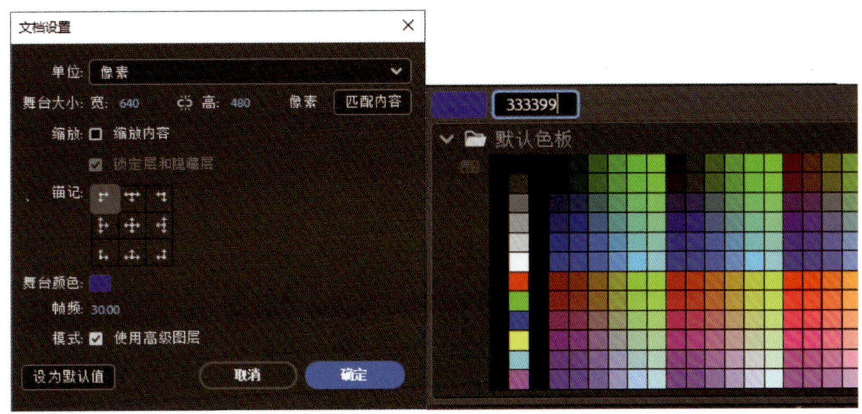


图 2-2-23 设置舞台颜色值

3. 用鼠标左键长按“矩形工具”，在弹出的工具列表中选择“椭圆工具”，在【工具箱】下方单击“对象绘制”按钮，将绘制模式改为“对象绘制模式”。在【属性】面板【工具】选项卡中，用“滴管工具”单击色板左下方的“红色球体”（径向填充方式）调整填充颜色（见图 2-2-24），笔触颜色设置为不填充。

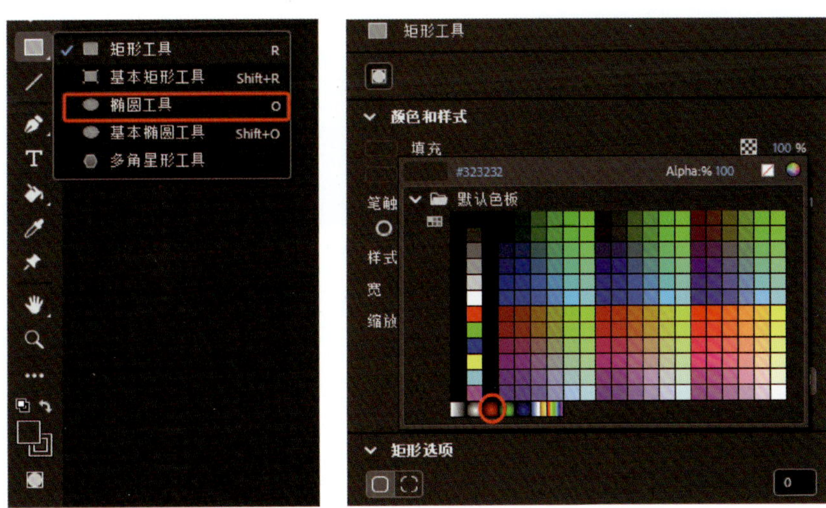


图 2-2-24 选择“椭圆工具”并设置填充颜色

4. 单击【颜色】面板标签，调整渐变条下方的两个色标，单击左边的色标并设置颜色值为“#FFFF00”，单击右边色标并设置颜色值为“#FF9900”，如图 2-2-25 所示。

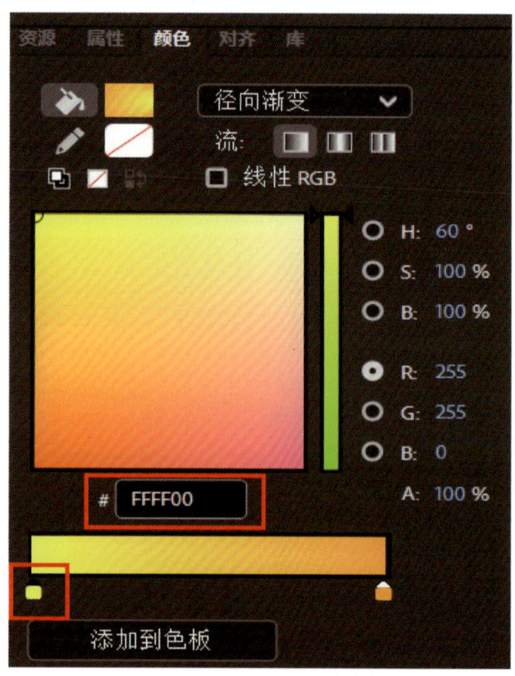


图 2-2-25　设置颜色值

5. 绘制月亮：在舞台上按住“Shift”键绘制宽、高值均为“256”的正圆形，并调整 X 的值为“116”，Y 的值为“55”（见图 2-2-26），月亮绘制效果如图 2-2-27 所示。

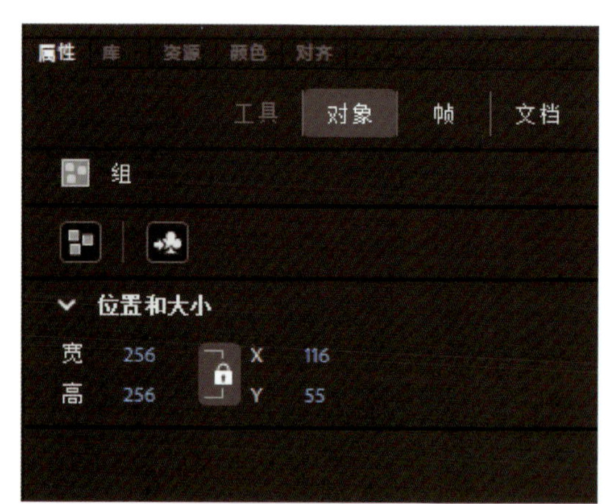


图 2-2-26　设置月亮大小和位置

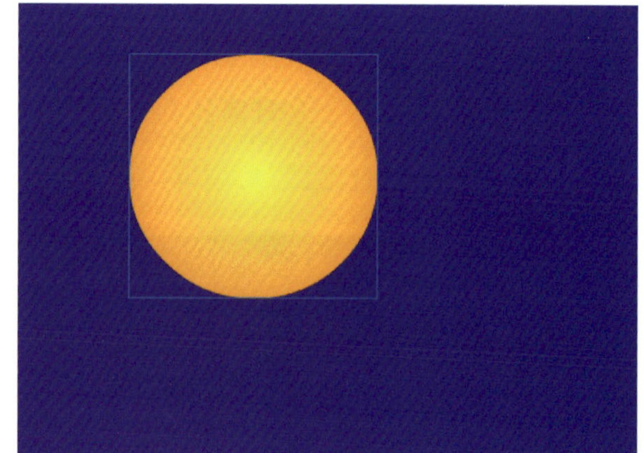

图 2-2-27　月亮绘制效果

6. 长按“任意变形工具”，在工具列表中选择“渐变变形工具”，如图 2-2-28 所示。将鼠标指针移动到相应的控制手柄上可以调整渐变程度以及渐变位置，如图 2-2-29 所示。

图 2-2-28　“渐变变形工具”

7. 绘制兔子：选择“椭圆工具”，在【属性】面板调整填充颜色值为“#FFFFFF”，笔触颜色设置为不填充。在舞台空

白处绘制 3 个宽高一致，尺寸分别为 60.5 像素、94 像素、32 像素的正圆形，然后绘制 2 个宽为 17 像素、高为 51 像素的椭圆形，如图 2-2-30 所示。

8. 拼接兔子：单击“任意变形工具”，选择宽高尺寸为 60.5 像素的正圆形，用键盘上的方向键将其移动至大正圆形左上方，作为兔子的脸；用同样的方法，单击宽高尺寸为 32 像素的小正圆形，将其移动至大正圆形右下侧，作为兔子的尾巴；在菜单栏选择【窗口】>【变形】，分别设置两个椭圆形旋转角度为“-10°”“10°”，并用方向键调整位置，使它们成为兔子的耳朵，如图 2-2-31 所示。

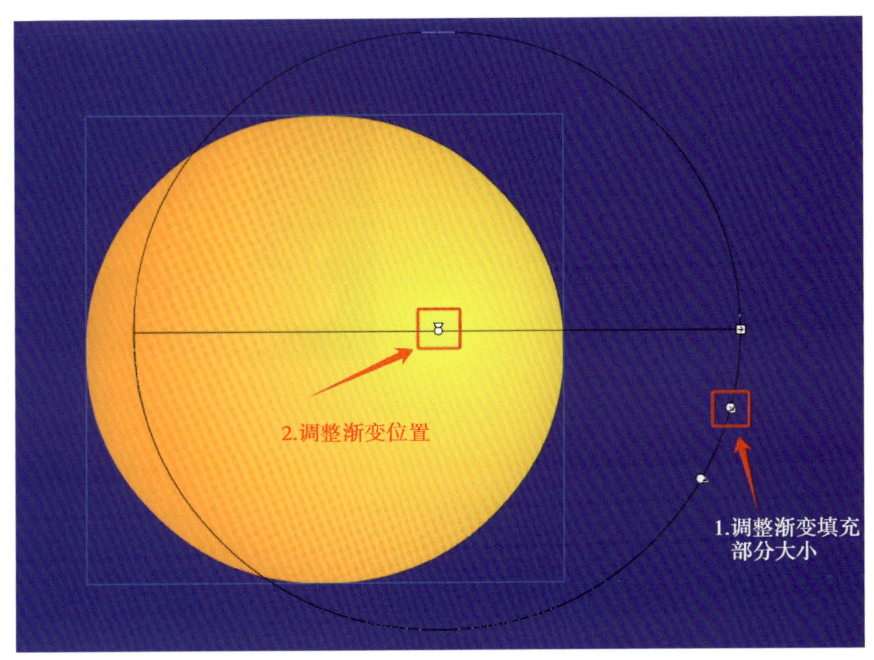


图 2-2-29　调整渐变填充部分大小以及渐变位置

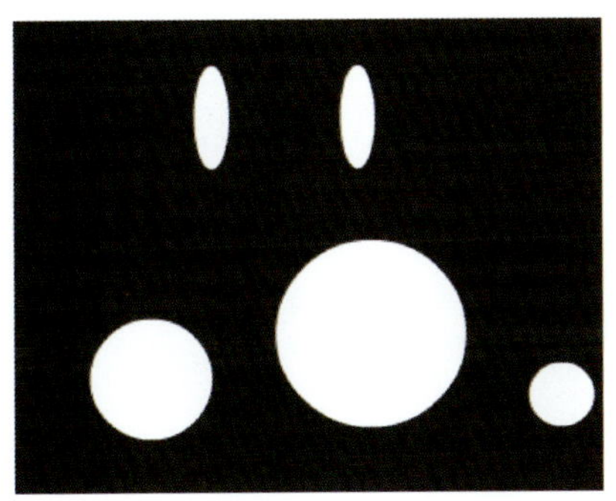

图 2-2-30　绘制兔子身体基础图形

图 2-2-31　设置椭圆形旋转角度

9. 绘制兔子眼睛：单击“椭圆工具”，在【属性】面板的【工具】选项卡将填充颜色值设置为“#FF0000”，然后绘制宽为 10.5 像素、高为 10.5 像素的小正圆形，其各项参数设置如图 2-2-32 所示。用方向键调整小正圆形位置，使其作为兔子的眼睛。选择“选择工具”，框选所有图形，在菜单栏选择【修改】>【组合】，将图形组合成一个对象，如图 2-2-33 所示。

10. 移动兔子至坐标 X 为 230、Y 为 155 的位置。

11. 绘制星星：用鼠标左键长按“椭圆工具”，在弹出的工具列表中选择“多角星形工具”，在

【属性】面板的【工具】选项卡，将填充颜色值设置为“#FFCC00”，工具样式设置为“星形”，边数设置为“4”，星形顶点大小设置为“0.5”，如图 2-2-34 所示。参数设置完成后，绘制星星，绘制 1 个星星后，用“选择工具”选中星星、按住“Alt”键的同时拖动鼠标即可复制星星，然后通过使用“任意变形工具”调整星星的大小，使用“选择工具”将星星移动，绘制效果如图 2-2-35 所示。

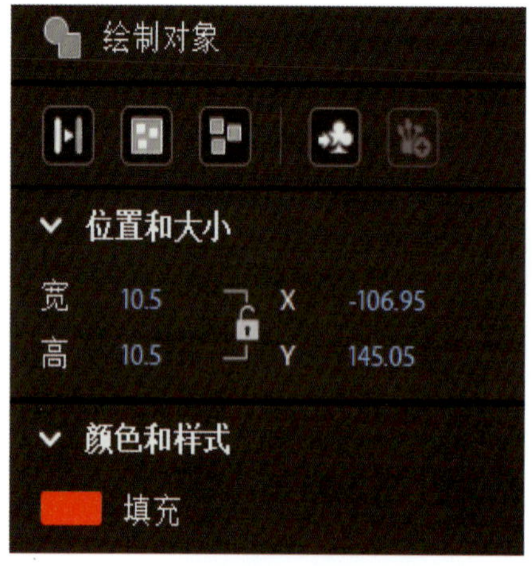


图 2-2-32　兔子眼睛图形参数设置

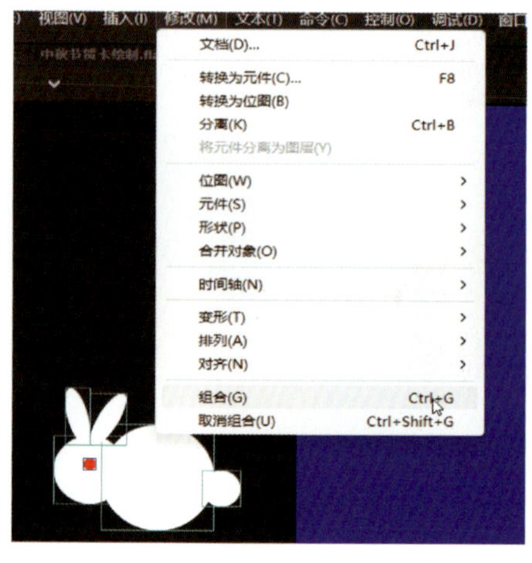


图 2-2-33　将图形组合成一个对象

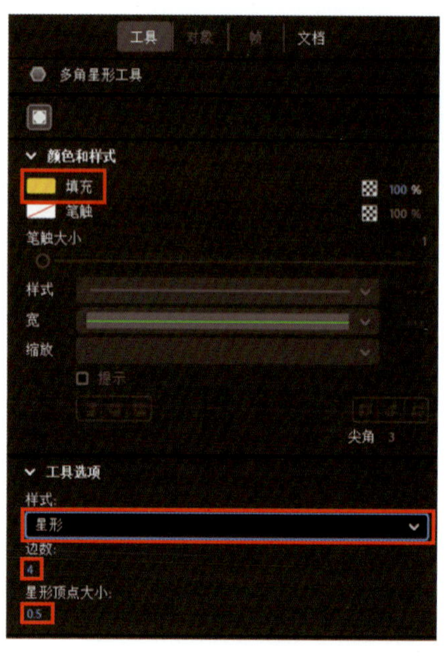


图 2-2-34　“多角星形工具”参数设置

图 2-2-35　星星绘制效果

12. 绘制花瓣：用鼠标左键长按“多角星形工具”，在工具列表中选择“椭圆工具”，在【颜色】面板中，将颜色类型设置为“线性渐变”，笔触颜色设置为不填充。设置渐变条下方的两个色标的颜色值，将左边色标的颜色值设置为“#FF99CC”，右边色标的颜色值设置为“#FFCCFF”，如图 2-2-36 所示。在舞台外侧绘制椭圆，椭圆宽为 24 像素、高为 34 像素。

13. 改变花瓣的填充方向：选择“颜料桶工具”，长按鼠标左键选中花瓣并拖拽鼠标从花瓣下方至花瓣上方，即可使花瓣颜色在垂直方向上渐变，效果如图 2-2-37 所示。

图 2-2-36　设置颜色类型和颜色值

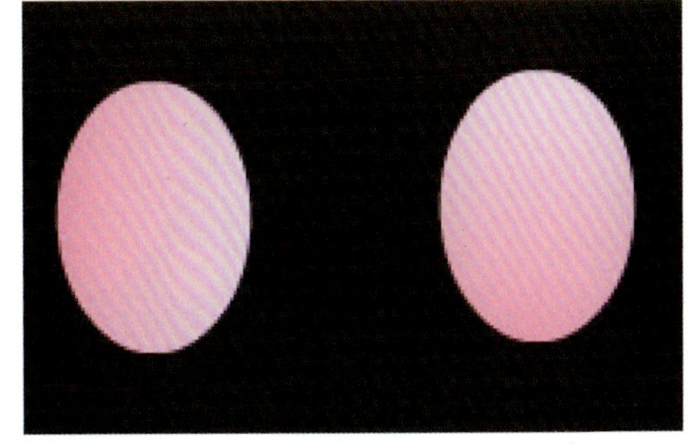

图 2-2-37　调整花瓣颜色的渐变方向

14. 制作花朵：单击“任意变形工具”，将花瓣的变形中心点从中心位置移动至下顶点位置。在菜单栏选择【窗口】>【变形】，选中花瓣，在【变形】面板中单击“重制选区和变形”按钮，再次长按鼠标左键并拖拽，即可复制花瓣，然后为其设置旋转角度为“60°”，再重复操作 4 次完成所有花瓣制作，如图 2-2-38 所示。调整花瓣位置即可形成花朵，选择“选择工具”，框选所有的花瓣，按“Ctrl+G”快捷键将花瓣组合成一个对象，如图 2-2-39 所示。

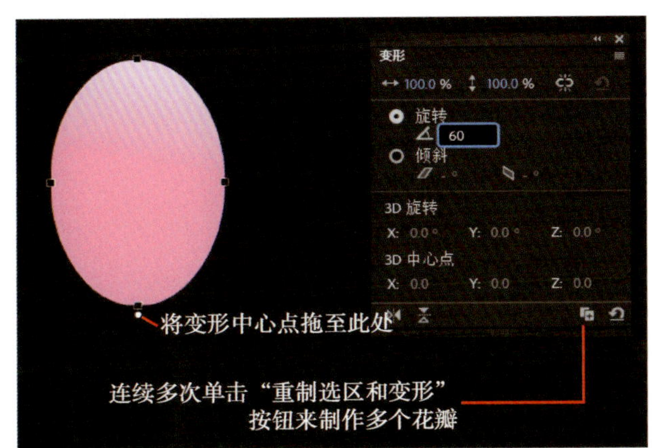


图 2-2-38　使用【变形】面板制作花朵

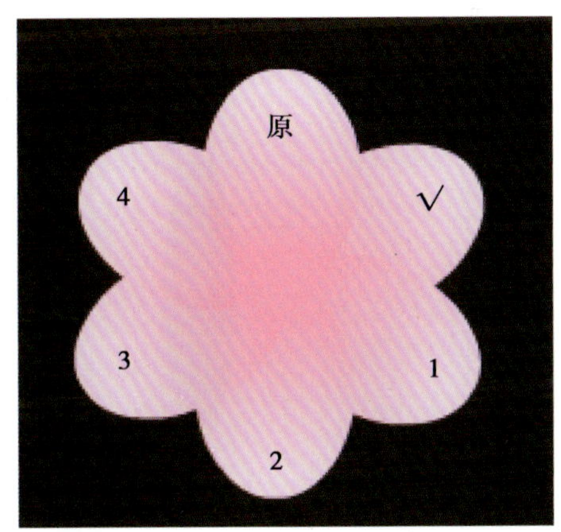


图 2-2-39　可将花瓣组合成一个对象

15. 复制多个花朵：选中花朵，按住“Alt”键并拖动鼠标以复制多个花朵，然后选择“任意变形工具”，调整花朵的大小，再利用“选择工具”将各花朵移动到合适的位置。

16. 文字制作：选择“文本工具”，在【属性】面板中修改相关参数，设置字体样式为“宋体”、字体大小为“12”像素、填充颜色值为“#FFCC99”，在舞台的左下侧位置输入文字“愿你历尽阴晴圆缺，依旧星月交辉”，然后利用“选择工具”将其放置在舞台合适位置；在舞台上输入文字“月光所至万事胜意”，在“至”字后面按“Enter”键换行，选中文字，然后在【属性】面板设置相关参数，设置字体样式为“宋体”、字体大小为“43”像素、填充颜色值为“#FFCC99”，如图 2-2-40 所示。

图 2-2-40　花朵和文字排版

17. 绘制树叶：选择“椭圆工具”，在【属性】面板中设置填充颜色值为“#000000”，笔触颜色设置为不填充，在舞台绘制宽为 10 像素、高为 40 像素的椭圆。单击“选择工具”，将鼠标指针靠近椭圆边缘（此时不要选择椭圆），在鼠标指针变成时，可以调整椭圆的外形；按住“Alt”键，给椭圆上下各添加一个锚点，如图 2-2-41 所示。当鼠标指针变成时，可以移动锚点的位置。

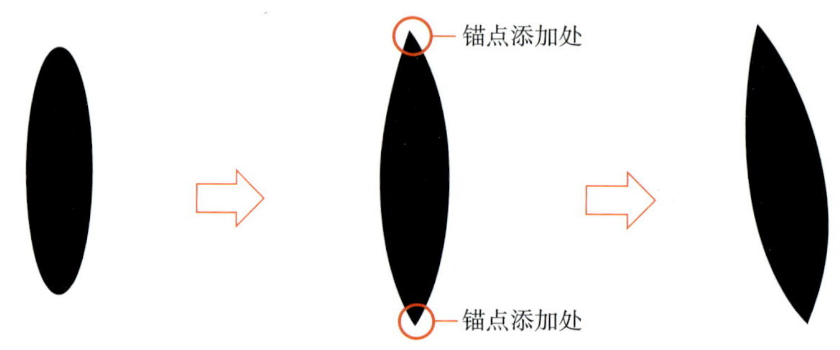


操作方法：

1. 鼠标指针靠近图形边缘，修改图形形状
2. 按住“Alt”键的同时拖动鼠标即可给图形添加一个锚点，如上图所示，上下各添加一个锚点，并调整形状

图 2-2-41　制作树叶

18. 制作树枝：选择“线条工具”，在【属性】面板中设置笔触颜色值为“#000000”，在舞台上绘制一条笔触大小为“1”的斜线，再选择“选择工具”，当鼠标指针变成时，长按鼠标左键并拖拽鼠标可使直线变成曲线。

19. 制作有树叶的树枝：单击选中“树叶”，按“Alt”键并拖动鼠标复制树叶，然后选择“任意变形工具”，调整树叶的大小和角度，再利用“选择工具”将树叶移动，重复以上操作，直到完成图 2-2-42 所示效果，最后利用“选择工具”框选所有树叶和树枝，按“Ctrl+G”快捷键将它们组合为一个对象。

图 2-2-42 制作有树叶的树枝

20. 复制带树叶的树枝，选择“任意变形工具”，调整它们的角度，再利用“选择工具”调整它们的位置，最终效果如图 2-2-43 所示。

图 2-2-43 复制带树叶的树枝并调整

21. 在菜单栏选择【控制】>【测试】，观看最终效果。如对最终效果满意，在菜单栏选择【文件】>【导出】>【导出图像】，在右侧面板进行导出设置，设置文件格式为“JPEG”，品质为“100%”，单击“保存”按钮即可，如图 2-2-44 所示。

图 2-2-44　导出图像

## 思考与练习

一、思考题

1. 如何修改“颜料桶工具”的颜色填充方式？

2. 填充颜色时要注意什么？

二、练习题

请运用本任务所学知识绘制一张教师节贺卡。要求：舞台大小设置合理，图形绘制准确以及颜色填充恰当，同时合理使用【变形】面板。

# 任务 3　动画角色绘制——国风女孩

### 任务目标

1. 能掌握图层的特点和基本操作方法。

2. 能根据要求设置“铅笔工具”的参数。

3. 能使用“滴管工具”吸取颜色。

4. 能使用“颜料桶工具”和“墨水瓶工具”为图形和笔触填充颜色。

### 任务描述

本任务通过使用“铅笔工具”“矩形工具”“滴管工具”“墨水瓶工具”“渐变变形工具”等，临摹绘制角色形象；同时，通过图层处理，对角色形象进行多层设计和处理，如图 2-3-1 所示。

图 2-3-1　国风女孩

## 知识学习

### 一、“铅笔工具”

“铅笔工具”是一个功能强大的创作工具，它允许用户直接在舞台上绘制各种形状和线条。

选择“铅笔工具”，在舞台上长按鼠标左键并拖动，即可绘制出任意线条，如图 2-3-2 所示。如果想绘制出平滑或伸直的线条，可以在【工具箱】中的选项区为“铅笔工具”设置绘制模式，如图 2-3-3 所示。

图 2-3-2　用“铅笔工具”绘制线条

适用于绘制规则线条，并且会将近似于三角形、圆形和矩形等规则形状的线条自动转换为这些常见的几何形状图形

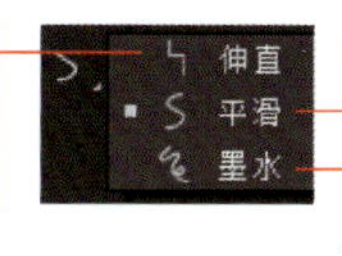


适用于绘制流畅平滑的线条

适用于绘制不用修改的手绘线条

图 2-3-3　设置绘制模式

在绘制过程中，可以在【属性】面板中设置相关参数，如笔触颜色、大小、样式等，如图 2-3-4 所示。不同笔触样式对应的绘制效果如图 2-3-5 所示。

单击【属性】面板样式右侧 ··· 按钮，可在菜单中选择【编辑笔触样式】，系统会弹出【笔触样式】对话框，在该对话框中可以自定义笔触样式，如图 2-3-6 所示。

“铅笔工具”笔触样式为极细线和实线时，可在宽的下拉列表中对线条压感效果进行设置，如图 2-3-7 所示。

### 二、“矩形工具”

“矩形工具”是一个常用的绘图工具，用于在舞台上绘制矩形。选择“矩形工具”，在舞台上长按鼠标左键并拖拽鼠标，就可以绘制矩形，如图 2-3-8 所示。如在绘制时同时按住“Shift”键，就可以绘制正方形，如图 2-3-9 所示。

图 2-3-4 “铅笔工具”的【属性】面板

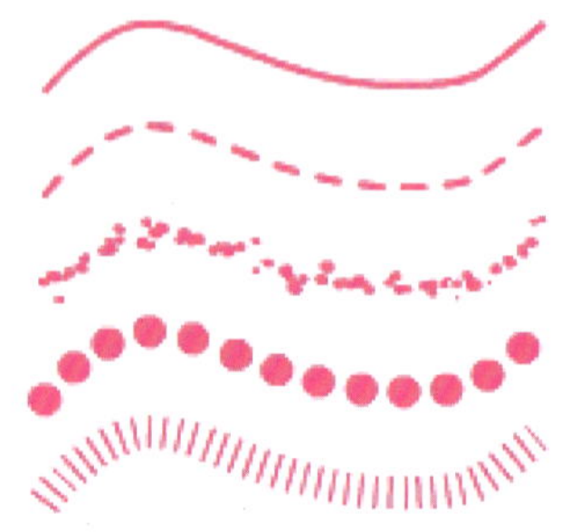

图 2-3-5 不同笔触样式对应的绘制效果

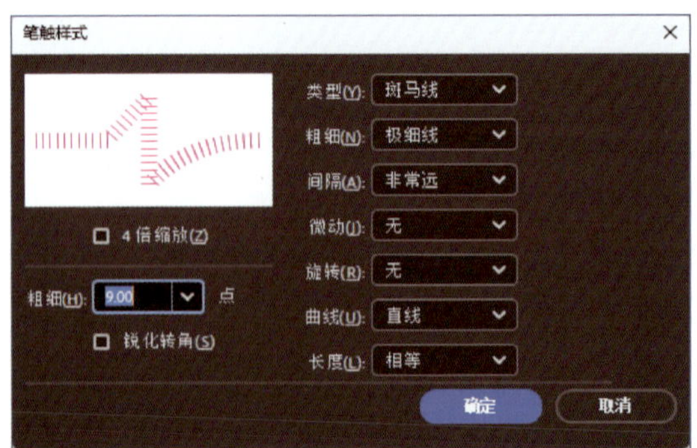


图 2-3-6 自定义笔触样式

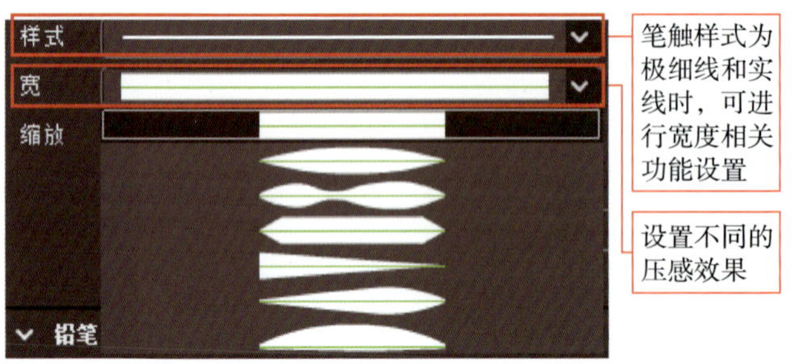


图 2-3-7 不同的压感效果

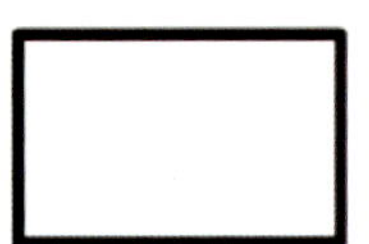

图 2-3-8 绘制矩形

图 2-3-9 绘制正方形

在绘制时，可以在【属性】面板中设置笔触颜色、大小等参数，如图 2-3-10 所示。设置笔触颜色、样式和填充颜色等参数后，绘制的效果不同的矩形如图 2-3-11 所示。

如果要对矩形边角的形态进行调整，可在【属性】面板的【工具】选项卡中设置矩形边角半径，单击“矩形边角半径”按钮，可为矩形设置统一的边角形态，如图 2-3-12 所示；单击“单个矩形边角半径”按钮，可分别设置矩形的四个边角形态，如图 2-3-13 所示。

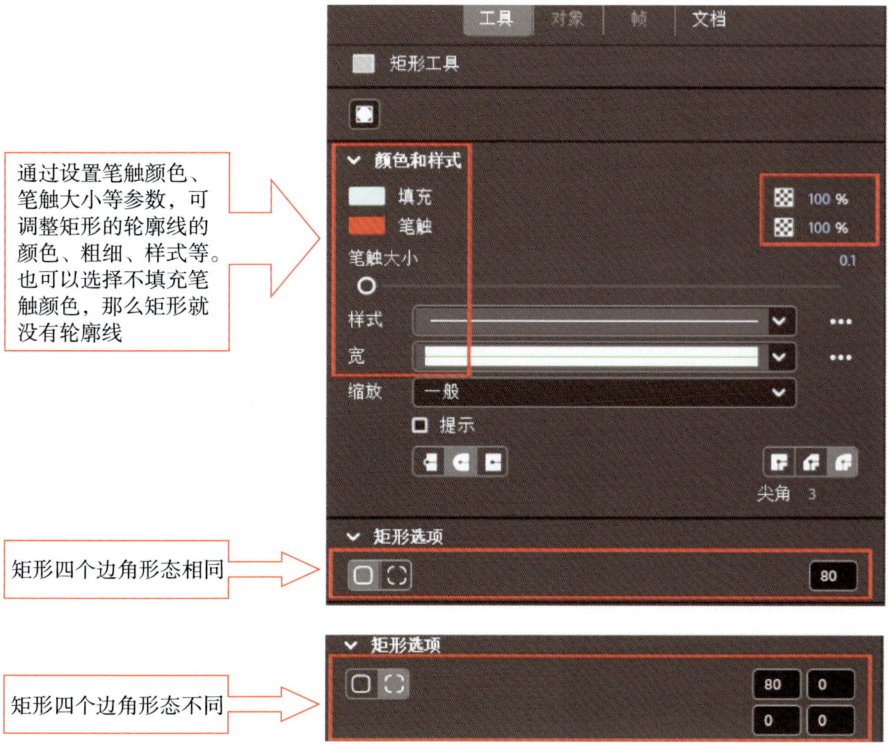

通过设置笔触颜色、笔触大小等参数，可调整矩形的轮廓线的颜色、粗细、样式等。也可以选择不填充笔触颜色，那么矩形就没有轮廓线

透明度的设置

矩形四个边角形态相同

矩形四个边角形态不同

图 2-3-10　“矩形工具”的【属性】面板

图 2-3-11　效果不同的矩形

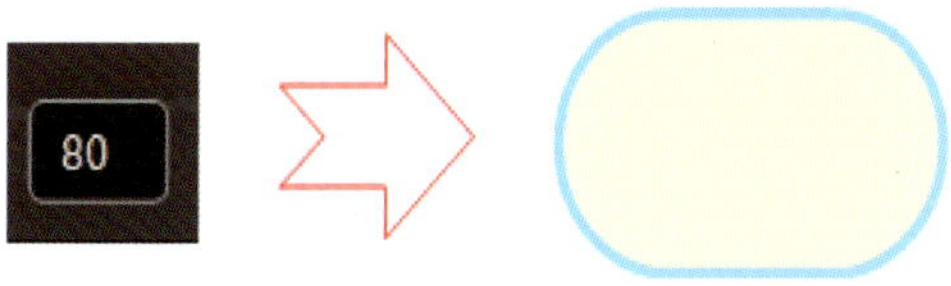

图 2-3-12　为矩形设置统一的边角形态

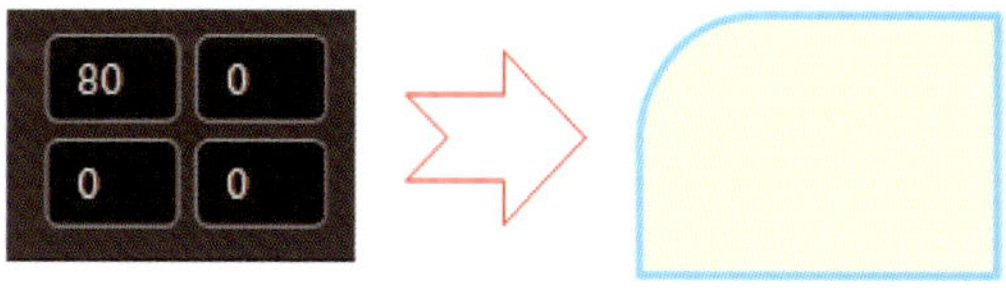

图 2-3-13　分别设置矩形四个边角的形态

## 三、“滴管工具”

“滴管工具”是一个多功能且实用的工具，它允许用户从舞台中的一个对象上拾取填充颜色、笔触或文字颜色属性，并将这些属性应用到其他对象上。

在【工具箱】中选择“滴管工具”，将“滴管工具”移动到舞台中的某个对象上，单击鼠标左键即可拾取该部分对象的属性。在拾取对象属性后，就可以利用“颜料桶工具”快速地修改其他矢量图内部的填充颜色，以及利用“墨水瓶工具”快速地修改其他矢量图的笔触颜色及线型。

此外，“滴管工具”还可用于对文字或位图进行操作，如更改文字的颜色属性或应用位图填充等。

### 1. 拾取填充颜色属性

以为图 2-3-14a 中右侧玩偶脸部改变填充颜色为例。选择“滴管工具”，将鼠标指针移动到左侧玩偶脸部的填充颜色上，鼠标指针变为时，在填充颜色上单击鼠标左键，拾取填充颜色属性。单击鼠标左键后，鼠标指针变为，在右侧玩偶脸部需要填充颜色的部分单击鼠标左键，右侧玩偶脸部的填充颜色即可被修改，如图 2-3-14 所示。

图 2-3-14　拾取填充颜色属性

### 2. 拾取笔触属性

以为图 2-3-15a 中右侧玩偶皇冠改变边框颜色为例。选择“滴管工具”，将鼠标指针放置在左侧玩偶皇冠的外边框上，鼠标指针变为时，在皇冠外边框上单击鼠标左键，拾取笔触属性，单击鼠标左键后，鼠标指针变为，然后在右侧玩偶皇冠的外边框上单击鼠标左键，更改笔触属性，如图 2-3-15 所示。

图 2-3-15　拾取笔触属性

### 3. 拾取文字颜色属性

“滴管工具”还可以拾取文字颜色属性。选择要修改的目标文字，选择“滴管工具”，将鼠标指针移动到源文字上，鼠标指针变为时，在源文字上单击鼠标左键，源文字的文字颜色属性即被应用到了目标文字上，效果如图 2-3-16 所示。

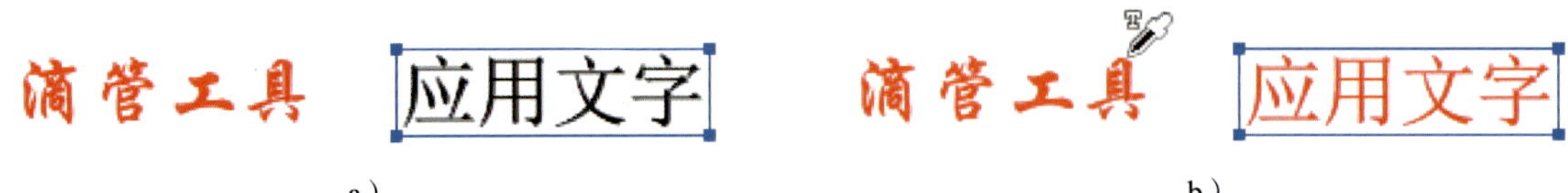


图 2-3-16　文字的应用

## 四、“墨水瓶工具”

“墨水瓶工具”提供了创建和编辑矢量线条的功能。利用“墨水瓶工具”可以改变线条或图形轮廓线的颜色和粗细等，还可以为没有轮廓线的填充区域添加轮廓线。

在绘制时，在【工具箱】中用鼠标左键长按“颜料桶工具”，在工具列表中选择“墨水瓶工具”，然后在【属性】面板中设置笔触颜色、样式和大小等参数，如图 2-3-17 所示。将鼠标指针移动到要改变属性的线条上并单击鼠标左键，可更改该线条的属性，如图 2-3-18 所示。

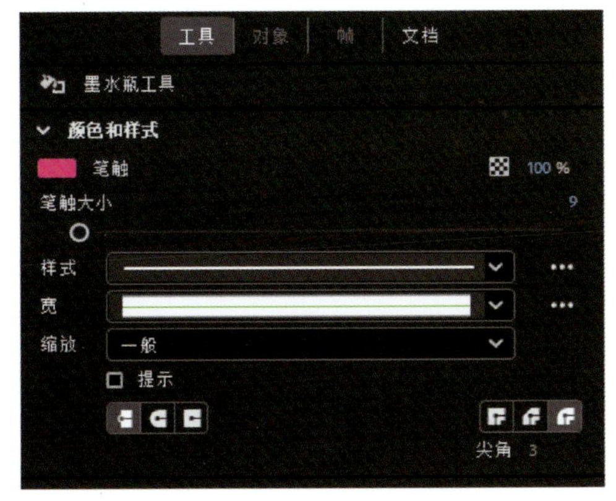


图 2-3-17　设置“墨水瓶工具”参数

图 2-3-18　改变线条属性

## 五、图层的特点和基本操作方法

在 Animate 中，图层就像透明的胶片一样，一层层地向上叠加。可以在某一图层上绘制和编辑对象，这不会影响其他图层。图 2-3-19 所示就是图层的表现方式。

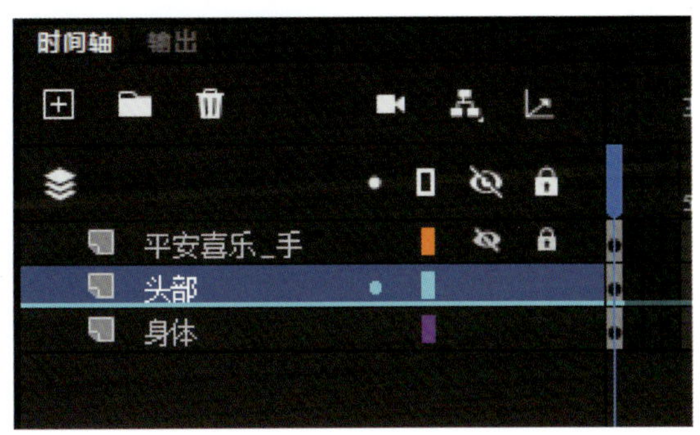


图 2-3-19　图层的表现方式

要进行绘制、上色操作或者对图层、文件做其他修改，需要选择该图层以激活它。

当创建了一个新的文档之后，系统会自动生成一个图层。在此基础上，可以添加多个图层，以便在文档中组织多种元素。图层数量不会影响发布的动画的文件大小。

在 Animate 中，每一个图层都是独立的，都有自己的时间轴，包含独立的多个帧，当修改某一个图层时，其他图层上的对象不会受到影响。

图层的基本操作包括以下几个部分。

### 1. 创建图层

创建一个新图层后，它将出现在活动图层的上面，同时，新创建的图层将成为活动图层。创建图层有以下几种方法。

方法一：单击“新建图层”按钮，即可在原图层上方添加新图层，如图 2-3-20 所示。

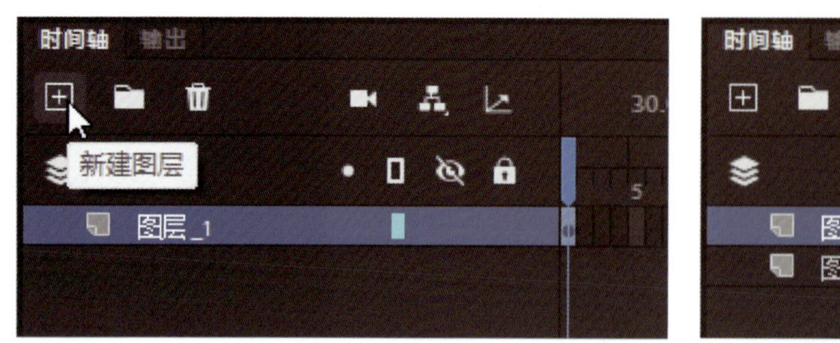


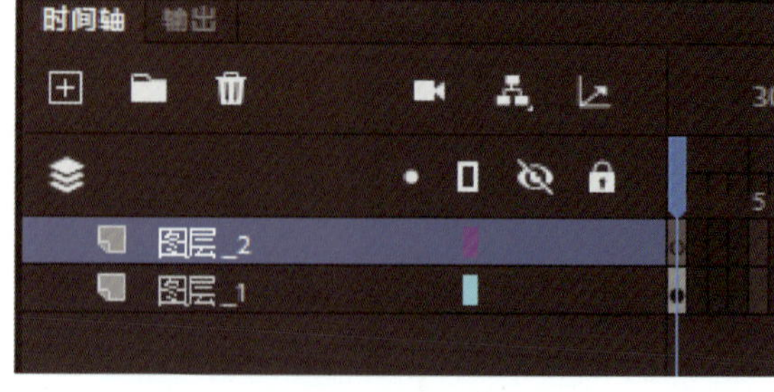


图 2-3-20 方法一

方法二：在菜单栏选择【插入】>【时间轴】>【图层】，即可创建新图层，如图 2-3-21 所示。

方法三：右击时间轴中的一个图层名，在弹出的菜单中选择【插入图层】，如图 2-3-22 所示。

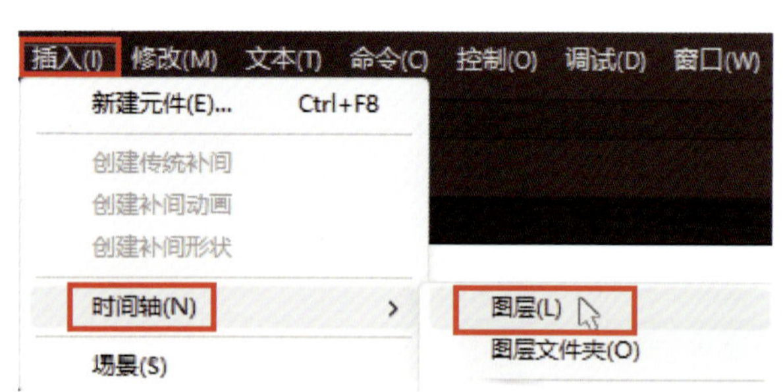


图 2-3-21 方法二

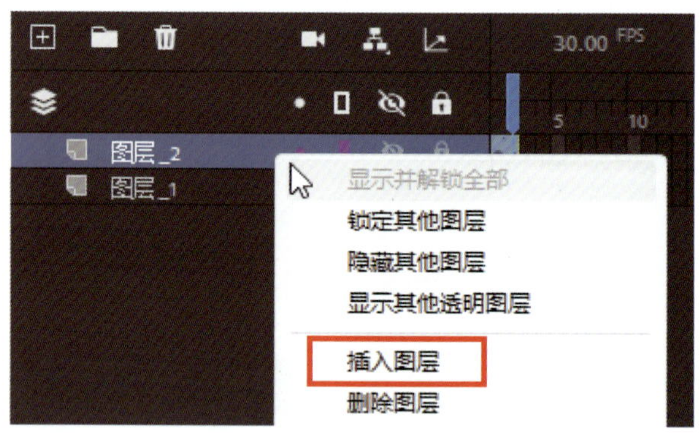


图 2-3-22 方法三

## 2. 重命名图层

重命名图层有两种方法，一种是用鼠标左键双击原图层名称，另一种是在【图层属性】对话框中修改图层名称。

在【图层属性】对话框中修改图层名称的具体步骤如下：

（1）选择准备重命名的图层并右击，在菜单中选择【属性】，如图 2-3-23 所示。

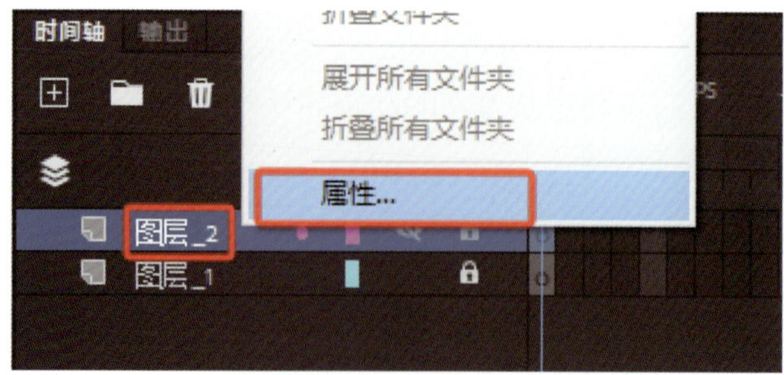


图 2-3-23 选择【属性】

（2）在【图层属性】对话框中，修改图层名称，单击“确定”按钮即可，如图 2-3-24、图 2-3-25 所示。

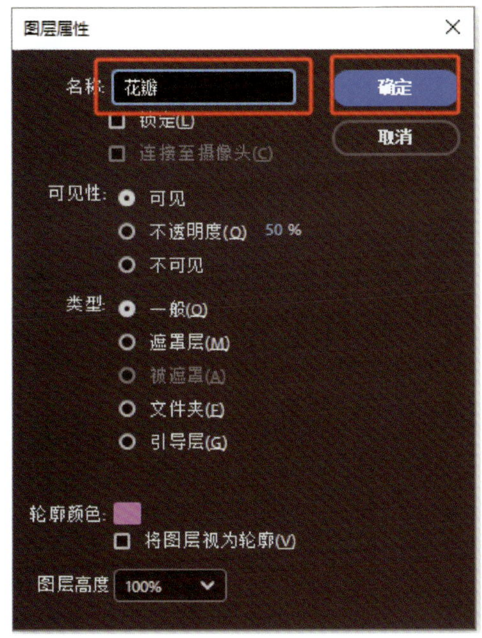


图 2-3-24　修改图层名称

图 2-3-25　图层名称修改完成

### 3. 调整图层排列顺序

在动画设计与创作中，为了使动画达到理想的效果，有时会将图层顺序进行调整，具体步骤如下：用鼠标左键长按要移动的图层并拖拽鼠标至要放置的位置处，然后释放鼠标左键，如图 2-3-26、图 2-3-27 所示。

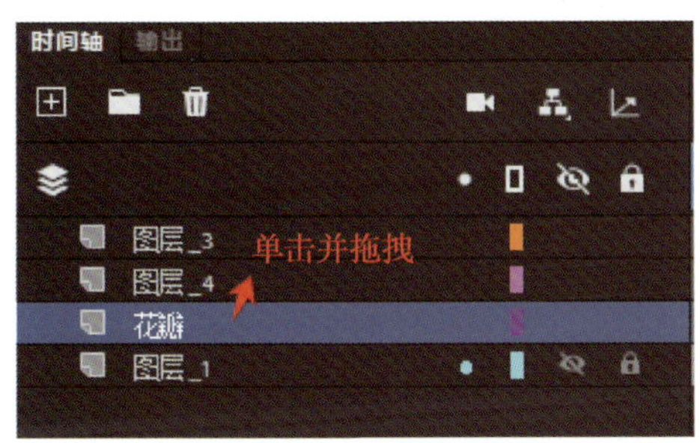


图 2-3-26　调整前图层顺序

图 2-3-27　调整后图层顺序

### 4. 复制图层

复制图层是将图层中的所有元素，包括舞台中的内容和图层上的每一帧都进行复制，该操作有利于提高动画制作效率。复制图层的步骤如下：选择准备复制的图层并右击，在弹出的菜单中选择【复制图层】，如图 2-3-28 所示。此时可以看到复制好的图层出现在原图层的正上方，其名称中有“_复制”后缀，如图 2-3-29 所示。

图 2-3-28 选择【复制图层】

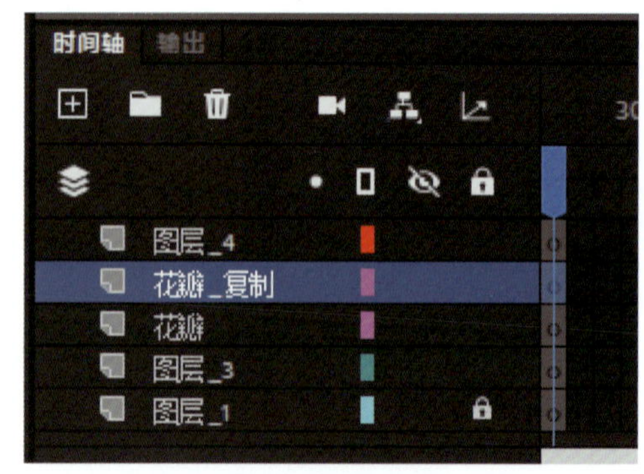


图 2-3-29 复制图层结果

## 5. 删除图层

删除图层主要有 3 种方法，具体操作方法如下：

方法一：选中要删除的图层，单击“删除”按钮即可，如图 2-3-30 所示。

方法二：右击要删除的图层，在菜单中选择【删除图层】，即可将选中的图层删除，如图 2-3-31 所示。

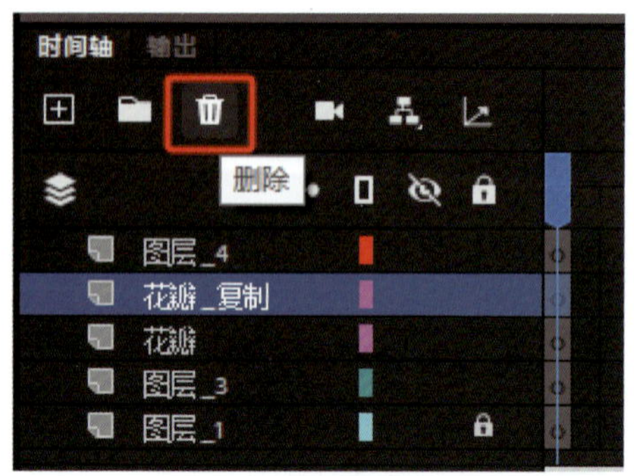


图 2-3-30 删除图层方法一

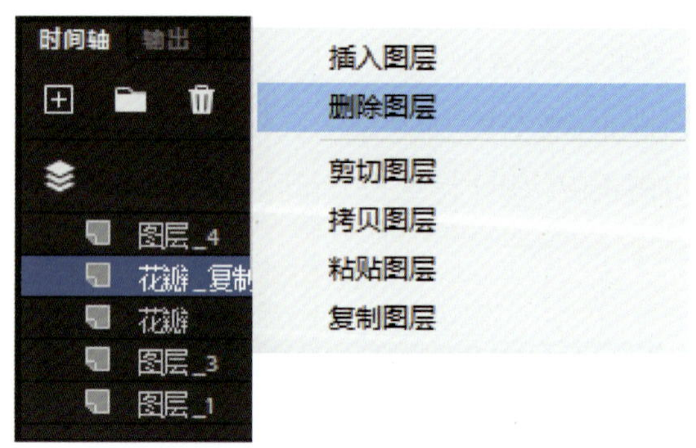


图 2-3-31 删除图层方法二

方法三：选中要删除的图层，按住鼠标左键不放，将选中的图层拖拽至“删除”按钮上再释放鼠标左键，即可完成图层的删除，如图 2-3-32 所示。

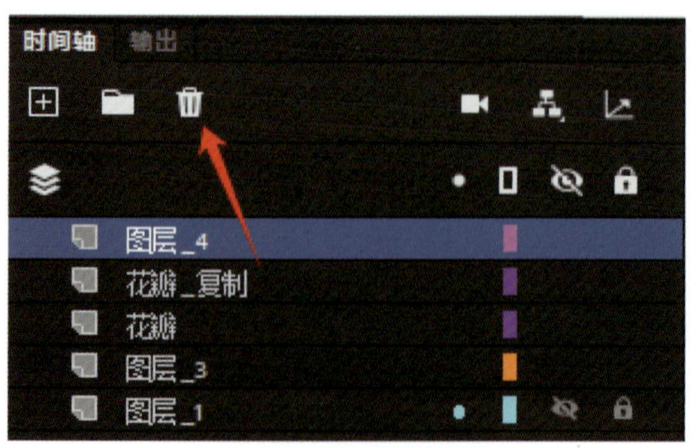


图 2-3-32 删除图层方法三

## 6. 显示或隐藏图层

在制作过程中，可以选择显示或隐藏图层、文件夹。发布动画时，隐藏的图层效果将不会显示出来。显示或隐藏图层的操作方法如下：单击图层名称右侧的“显示或隐藏图层”按钮，可以隐藏该图层或文件夹，再次单击它可以显示该图层或文件夹。单击图层列表最上方的“显示或隐藏所有图层”按钮，可以隐藏所有图层和文件夹，再次单击它可以显示所有图层和文件夹，如图 2-3-33 所示。

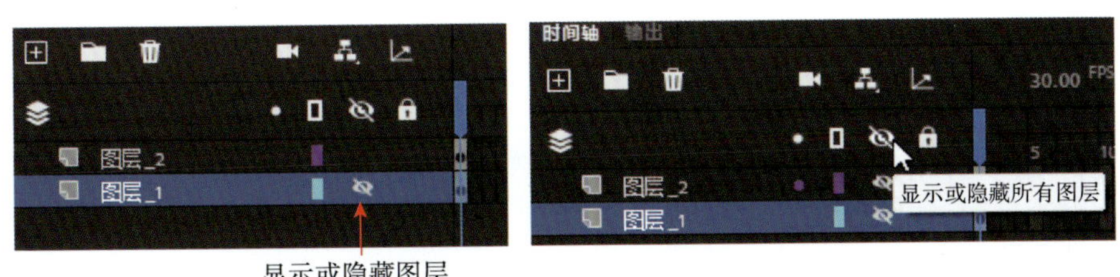


图 2-3-33　显示或隐藏图层

如要显示或隐藏多个图层或文件夹，可用鼠标左键长按该图层或文件夹上的“显示或隐藏图层”按钮，并垂直上下拖动鼠标。

将鼠标指针放在某一图层上，按住“Alt”键并单击该图层上的“显示或隐藏图层”按钮，可以隐藏所有其他的图层或文件夹，再次按住“Alt”键并单击鼠标左键，可以显示所有图层或文件夹。

## 7. 更改图层属性

更改图层属性的操作方法如下：选中需要修改的图层，在菜单栏选择【修改】>【时间轴】>【图层属性】，在【图层属性】对话框中，单击轮廓颜色右侧色块，可设置新的轮廓颜色；可在图层高度的下拉列表中，重新选择图层高度比例，如图 2-3-34 所示。

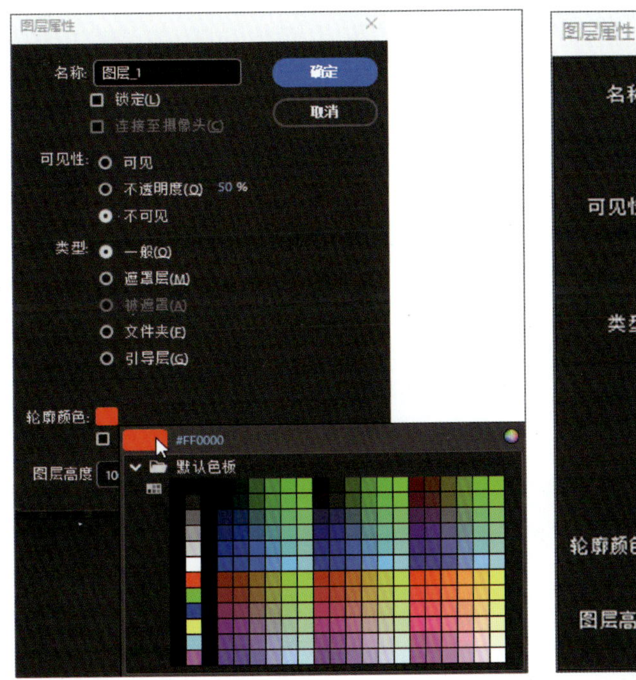


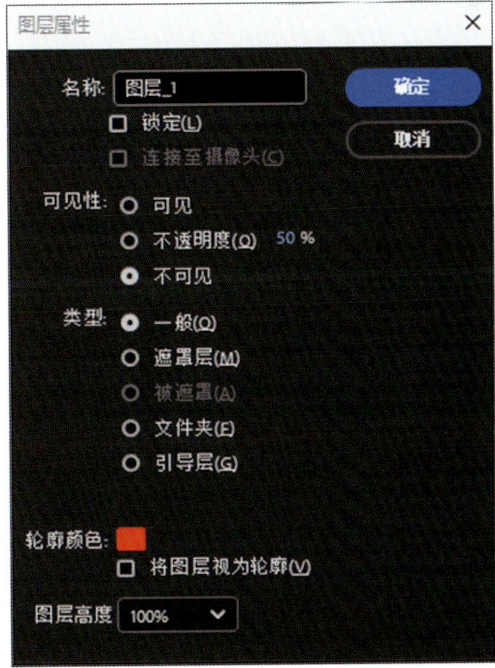


图 2-3-34　更改图层属性

### 8. 锁定图层

在制作过程中，可以根据需要锁定或解锁图层或文件夹，图层或文件夹名称旁边如有小锁头图标 （“锁定或解除锁定图层”按钮），表示它处于锁定状态。在编辑动画时，该图层不可被编辑。

锁定或解除锁定图层，有以下几种方法：

（1）单击图层名称右侧的“锁定或解除锁定图层”按钮，可以锁定该图层或文件夹，再次单击它可以解锁该图层或文件夹。单击图层列表最上方的“锁定或解除锁定所有图层”按钮，可以锁定所有图层或文件夹，再次单击它可以解除锁定所有图层或文件夹，如图 2-3-35 所示。

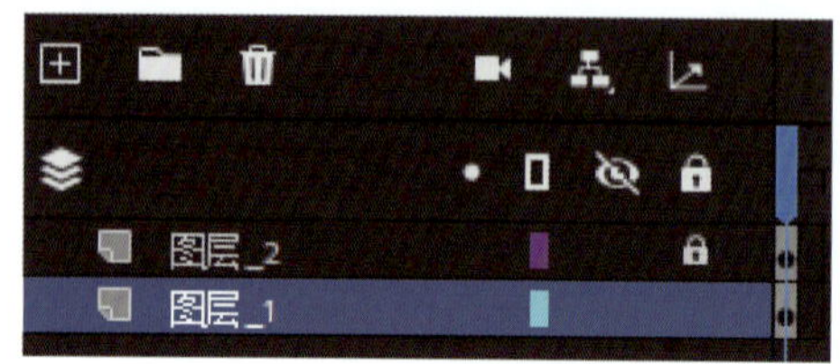

a）锁定图层

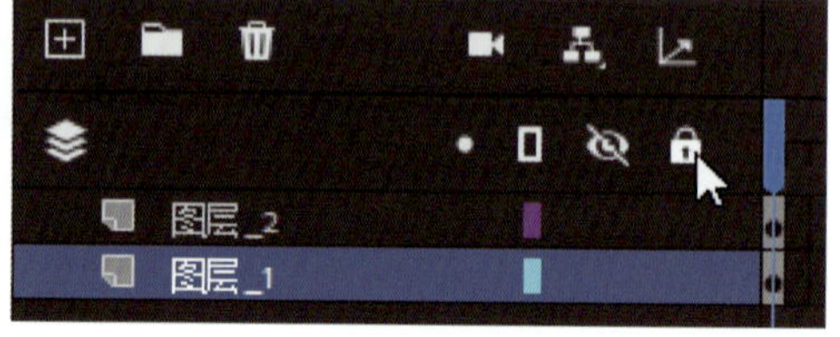

b）解除锁定所有图层

图 2-3-35　锁定或解除锁定图层

（2）长按鼠标左键，在“锁定或解除锁定图层”按钮列中拖拽鼠标，可以锁住或解锁多个图层或文件夹。

（3）按住“Alt”键并单击某一图层右侧的“锁定或解除锁定图层”按钮，可以锁定所有其他图层或文件夹，再次按住“Alt”键并单击该图层的“锁定或解除锁定图层”按钮可以解锁所有图层或文件夹。

## 任务实施

1. 在菜单栏选择【文件】>【新建】，新建一个文档，单击预设模板中的“标准”（640 像素 × 480 像素），修改其尺寸为 550 像素 × 550 像素，保存文件并命名为“国风女孩”。

2. 在菜单栏选择【修改】>【文档】，设置舞台颜色值为“#E6D5AE”。

3. 在菜单栏选择【文件】>【导入】>【导入到舞台】（见图 2-3-36），在弹出的对话框中，从“项目二 - 任务二 - 素材”文件夹中选择素材“人物 - 线稿 1”，单击“打开”按钮，将素材导入舞台中，如图 2-3-37 所示。

4. 单击“锁定或解开锁定图层”按钮，将导入的素材“人物 - 线稿 1”的默认图层（“图层 _1”图层）锁住，防止它移动或串层，然后新建图层，双击图层名称，修改图层名称为“身体”，使该图层作为角色身体的图层，如图 2-3-38 所示。

新建图层是为了描线上色，将图片文件制作成矢量图，同时了解人物形体设计规律。

5. 绘制身体轮廓线：选择“矩形工具”，确保【工具箱】的选项区的“对象绘制”按钮处于未按下状态。在【属性】面板调整填充颜色为不填充，笔触颜色值为“#FF0000”，笔触大小为“1”。在舞台上绘制与“图层 _1”图层中角色胸部大小差不多的矩形，如图 2-3-39 所示。

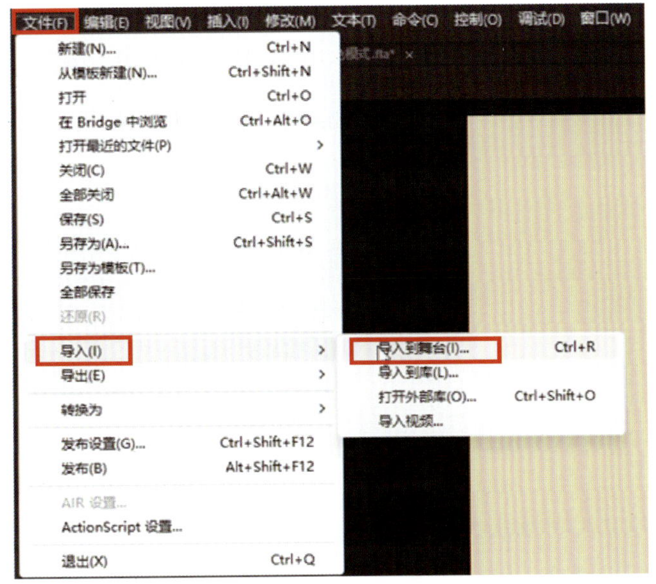


图 2–3–36　导入素材“人物 – 线稿 1”

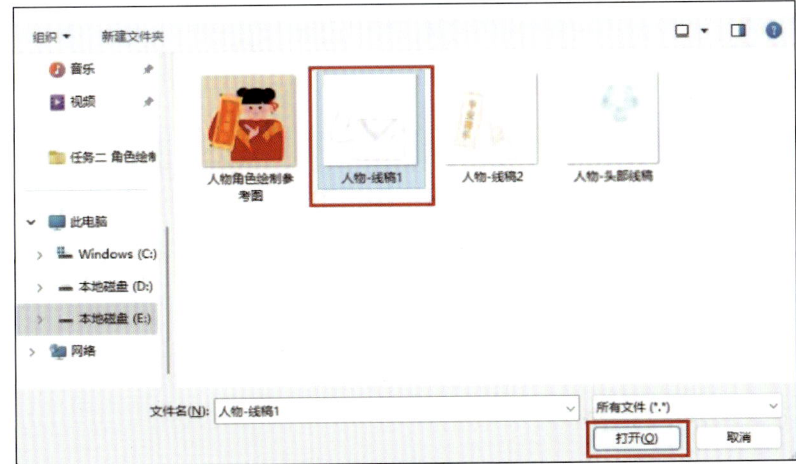


图 2–3–37　选择素材“人物 – 线稿 1”

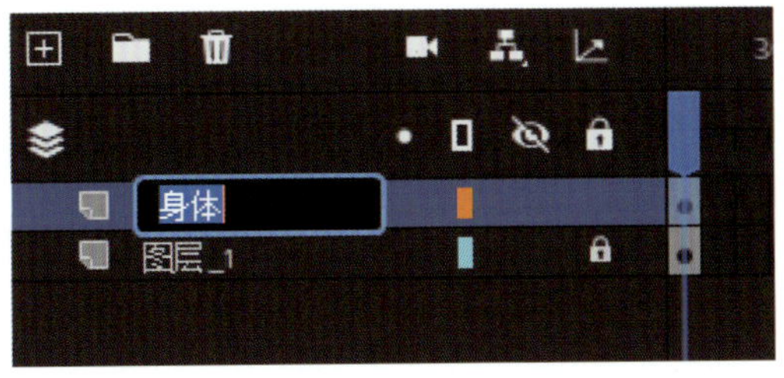


图 2–3–38　“身体”图层

图 2-3-39　在“身体”图层绘制矩形

6. 以“图层_1”图层中人物身体线稿为参考，选择“选择工具”，将鼠标指针靠近矩形边缘（此时不要选择矩形），当鼠标指针变为↳时，按住“Alt”键，长按鼠标左键并拖动，创建锚点改变矩形边框的形态，此时鼠标指针变为↳，如图 2-3-40 所示。

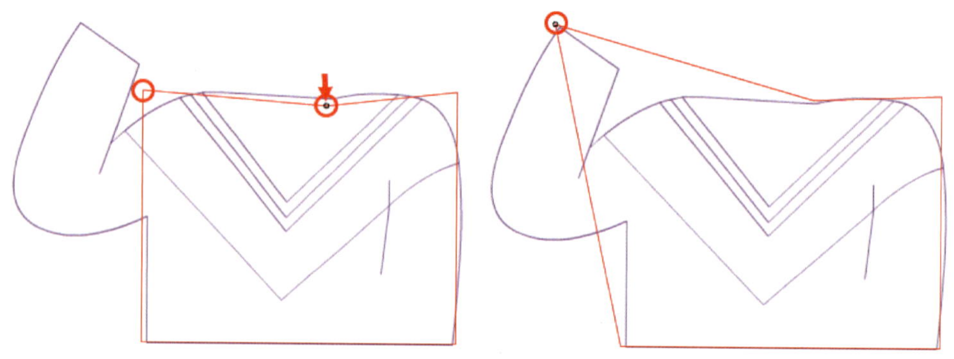

图 2-3-40　改变矩形边框形态

7. 调整身体轮廓线：用上一步的操作方法，继续调整矩形的边框形态，完成身体轮廓的绘制，如图 2-3-41 所示。

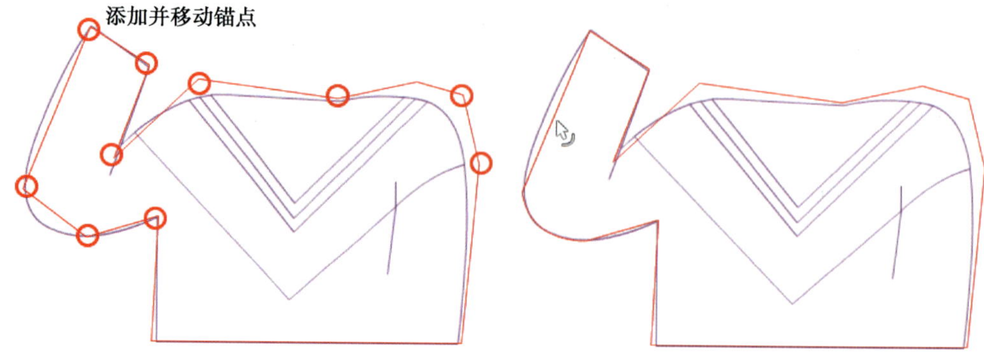


图 2-3-41　完成身体轮廓绘制

8. 绘制身体衣服装饰线条：选择“线条工具”，参考“图层 _1”图层绘制衣服装饰线条，同时做细微的调整，通过添加锚点改变线条形态，如图 2-3-42 所示。

9. 绘制完成后，将“身体”图层锁定，防止它移动或串层。

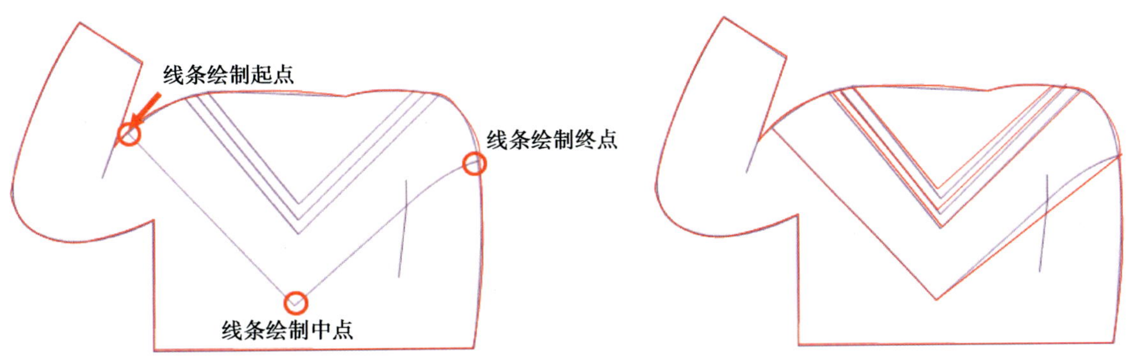


图 2-3-42　绘制身体衣服装饰线条

10. 新建图层，导入素材“人物 - 线稿 2”，如图 2-3-43 所示，锁定该图层（默认图层名称为“图层 _3”），防止它移动或串层。再新建一个图层，修改图层名称为“平安喜乐 _ 手”，作为绘制手和编辑文字的图层，如图 2-3-44 所示。

图 2-3-43　导入素材“人物 - 线稿 2”

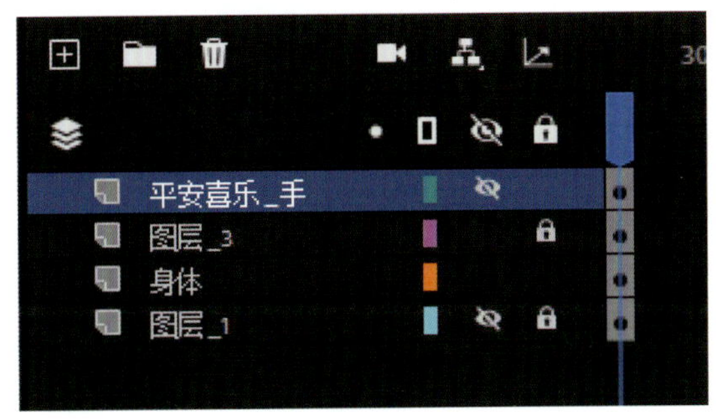


图 2-3-44　修改图层名称为“平安喜乐 _ 手”

11. 绘制小臂轮廓线：选择“矩形工具”，确保【工具箱】的选项区的“对象绘制”按钮处于未按下状态。在【属性】面板调整填充颜色为不填充，笔触颜色值为“#FF0000”，笔触大小为“1”。在舞台上绘制一大一小 2 个矩形，选择“任意变形工具”，调整矩形的旋转角度，同时做细微的调整，通过添加锚点改变线条的形态，让“平安喜乐 _ 手”图层的线条尽量与“图层 _3”图层中的图形吻合，如图 2-3-45 所示。

12. 绘制手轮廓线：在工作区右上角设置舞台显示比例为“200%”，如图 2-3-46 所示。选择“线条工具”，参考“图层 _3”图层中手的线条，在“平安喜乐 _ 手”图层上绘制连续的折线，然后在【工具箱】中选择“缩放工具”，当鼠标指针移动至手的中心位置并变为时，单击鼠标左键，舞台将放大一倍显示，如图 2-3-47 所示。

在舞台放大显示的基础上，通过添加锚点对绘制的线条做细微的调整，让“平安喜乐 _ 手”图层中的手部线条与“图层 _3”图层中手部线条吻合，如图 2-3-48 所示。

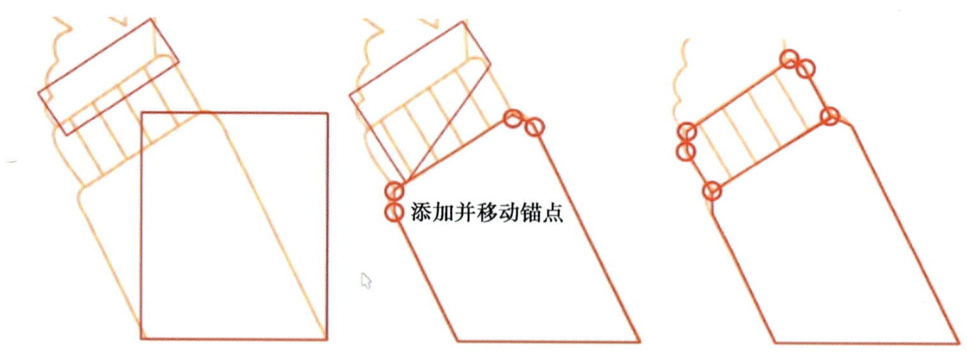


图 2-3-45　绘制小臂轮廓线

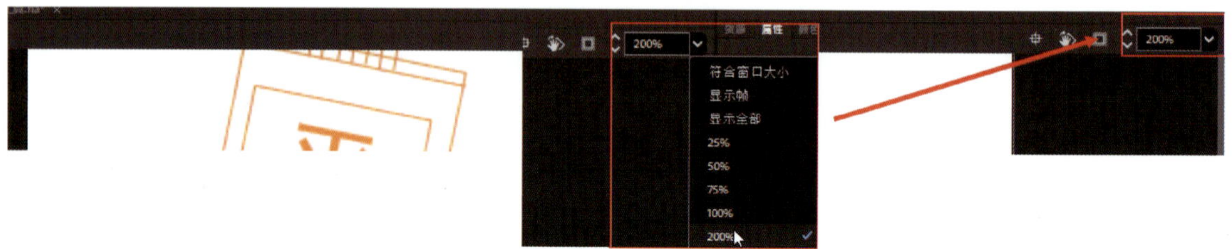


图 2-3-46　调整舞台显示比例

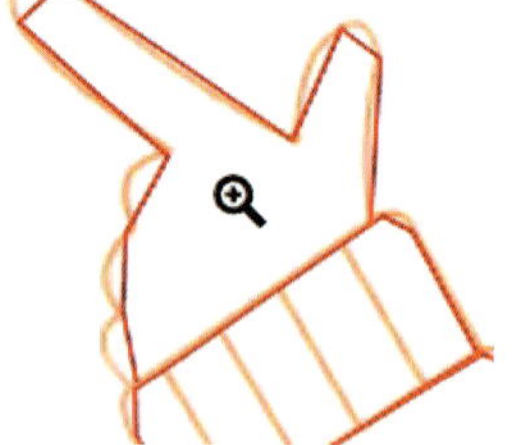

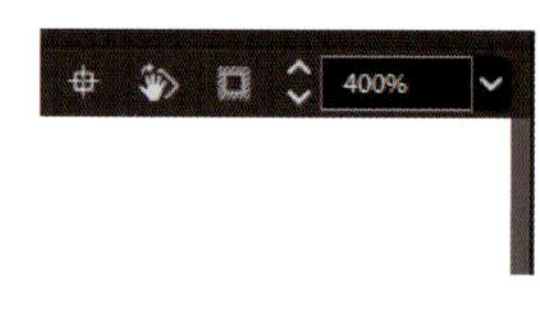

1. 如上图绘制直线

2. 选择“缩放工具”

3. 当鼠标光标变成放大镜形状时，在当前位置单击鼠标左键，放大舞台显示比例

4. 此时的舞台显示比例为“400%”

图 2-3-47　绘制线条并调整舞台显示比例

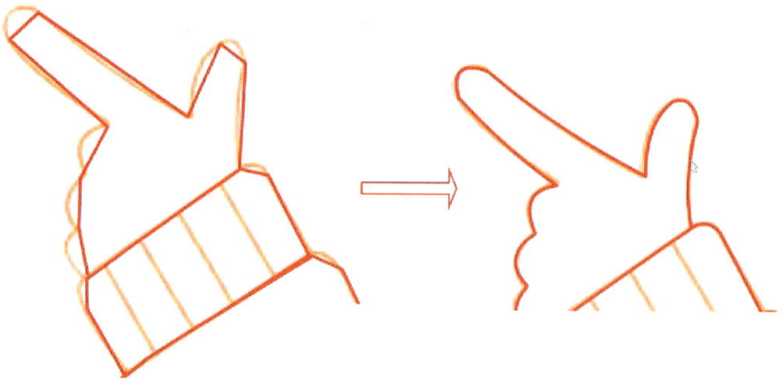

图 2-3-48　对绘制的线条做细微的调整

13. 绘制平安喜乐的大矩形：将舞台显示比例调整为“100%”，选择“矩形工具”，在舞台左侧绘制矩形，利用“任意变形工具”旋转矩形并调整其位置和大小，最终效果如图 2-3-49 所示。

14. 绘制平安喜乐的小矩形：选择“选择工具”，用鼠标左键单击选中大矩形，同时按住“Alt”键，拖动鼠标复制一个矩形，将其拖至舞台外侧，使其不与大矩形以及其他图形接触；在菜单栏选择【窗

口】>【变形】，在【变形】面板中调整复制的矩形的相关参数，设置缩放宽度为“80%”，缩放高度为“80%”，移动复制该矩形（小矩形）到大矩形内部，利用“任意变形工具”调整小矩形，使得其与“图层 3”图层中线稿的该部分吻合，如图 2-3-50 所示。

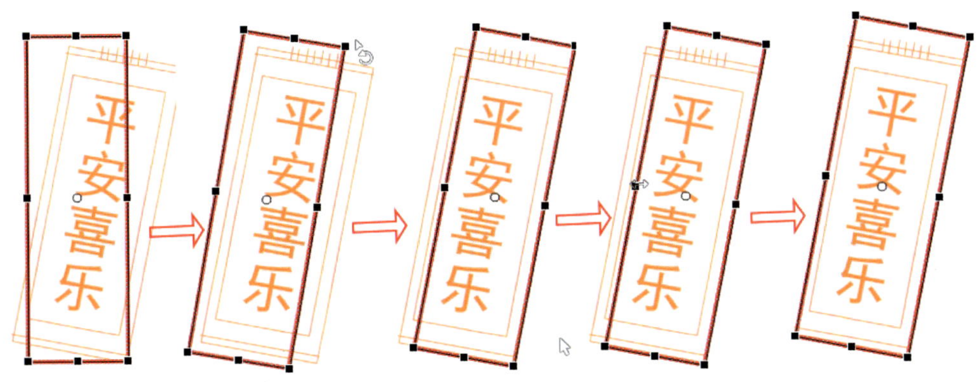


图 2-3-49　绘制矩形并调整矩形大小和旋转角度

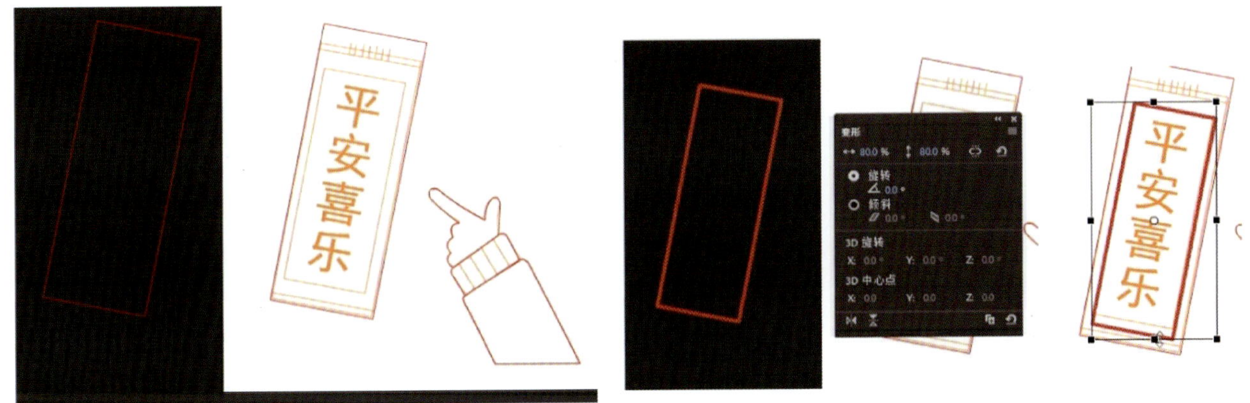


图 2-3-50　复制小矩形并调整其大小和位置

15. 设计平安喜乐的文字：选择“文本工具”，在【属性】面板中修改相关参数，设置字体样式为“黑体”、字体大小为“54”像素，在舞台空白处输入“平安喜乐”，通过拖拽文本框右上角控制手柄，调整文字大小，并将文字竖向展示；然后利用“任意变形工具”旋转文本框，利用“选择工具”将文字放置在舞台合适位置，如图 2-3-51 所示。

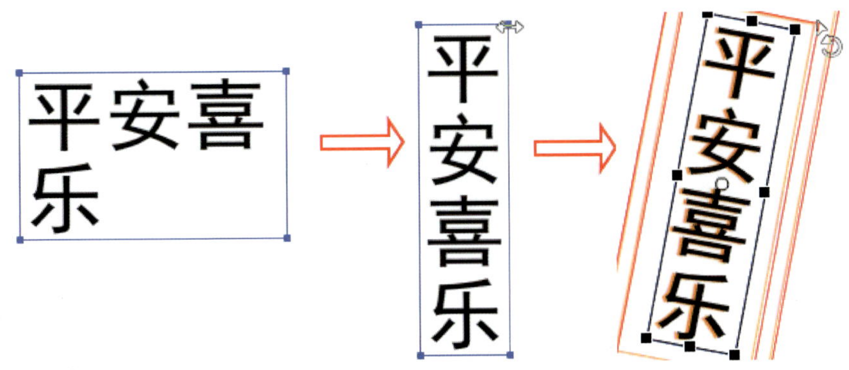


图 2-3-51　输入文字并旋转文本框

16. 绘制剩余的线条：选择“线条工具”，添加图 2-3-52 所示的 2 条直线。

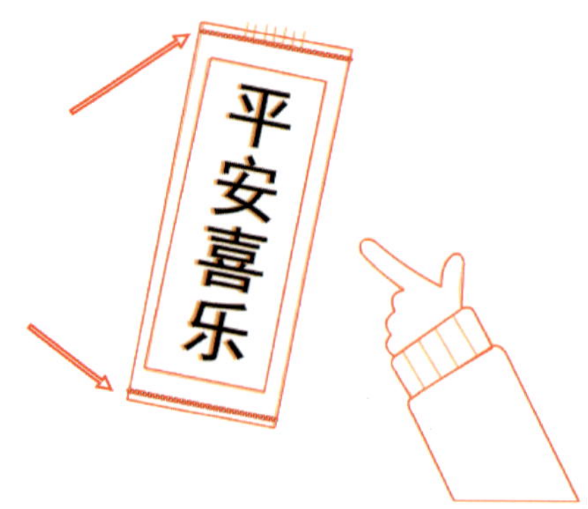


图 2-3-52　绘制剩余的线条

17. 新建图层，导入素材“人物 - 头部线稿”（见图 2-3-53），并将该图层锁定（默认图层名称为“图层 _5”），防止它移动或串层。再新建一个图层，双击图层名称，修改图层名称为“头”，作为头部的图层，如图 2-3-54 所示。

图 2-3-53　导入“人物 - 头部线稿”

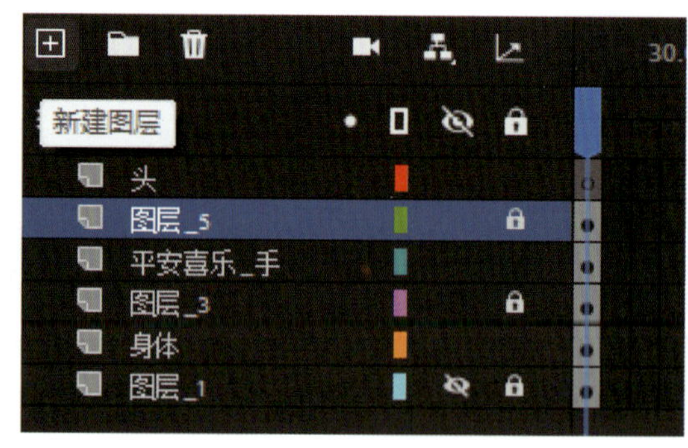


图 2-3-54　新建“头”图层

18. 绘制脸轮廓线：用鼠标左键长按“矩形工具”，在工具列表中选择“椭圆工具”，在【工具箱】的选项区单击“对象绘制”按钮，将绘制模式改变为“对象绘制模式”。在【属性】面板调整填充颜色为不填充，笔触颜色值为“#FF0000”，笔触大小为“1”，在舞台上绘制与“图层 _5”图层中角色脸大小相等的椭圆形。利用“选择工具”，通过添加锚点改变椭圆形的形态，使其与“图层 _5”图层中角色脸轮廓线条重合，如图 2-3-55 所示。

图 2-3-55　绘制椭圆形并调整其形态

19. 绘制头发轮廓线：选择“椭圆工具”，在【属性】面板中设置开始角度值为“180”，结束角度值为“0”，绘制半圆形；选择“任意变形工具”，选中半圆形，将半圆形移动至合适位置作为角色的头发，并调整半圆形高度；选择“选择工具”，通过添加锚点给头发添加豁口和调整半圆形弧线的形态，使半圆形与“图层 _5”图层中角色头发轮廓线条重合，如图 2-3-56 所示。

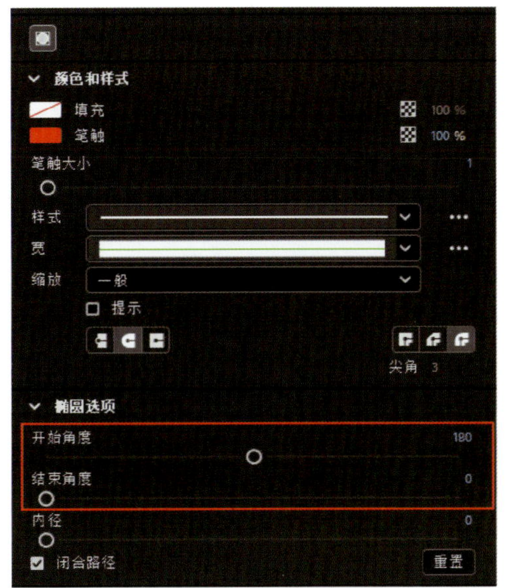


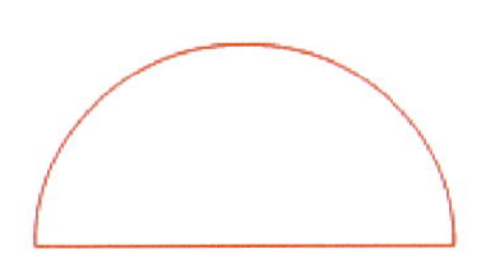

1. 修改“椭圆工具”参数，绘制如上图大小的半圆形

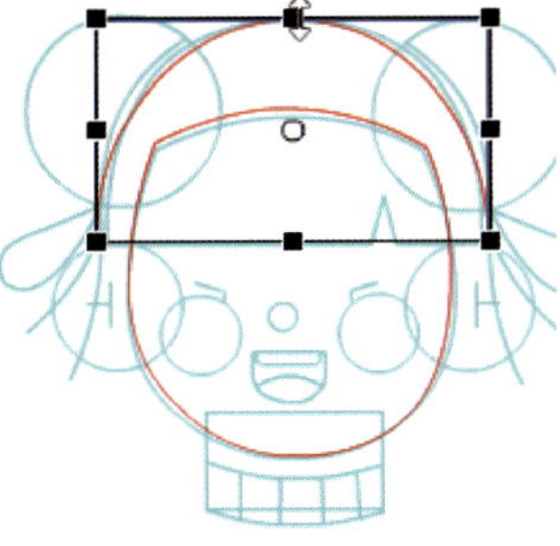

2. 利用“任意变形工具”调整半圆形的高度，并移动到参考位置

3. 在红色小圆圈标注位置，添加三个锚点，并将其移动到参考位置

4. 利用“选择工具”调整半圆形弧线的弯曲度

图 2-3-56　绘制头发轮廓

20. 绘制发髻和五官轮廓线：选择“椭圆工具”，在【属性】面板调整相关参数，单击“重置”按钮，让开始角度、结束角度的值为“0”，在舞台上按住“Shift”键的同时分别绘制宽、高均为 80 像素的正圆形，宽、高均为 52 像素的正圆形，宽、高均为 32 像素的正圆形，然后按住“Alt”键的同时选中、拖拽正圆形，分别复制绘制好的 3 个正圆形；利用“选择工具”调整大圆的位置（发髻）、

中圆位置（耳朵）、小圆的位置（脸蛋）；然后在舞台上按住“Shift”键的同时绘制宽、高均为 11 像素的正圆形，将其作为鼻子，最终绘制效果如图 2-3-57 所示。

图 2-3-57　绘制多个正圆形

21. 选择“选择工具”，框选所有绘制好的图形并将其移动至舞台左侧，如图 2-3-58 所示；利用“矩形工具”绘制图 2-3-59 所示矩形，利用“线条工具”绘制耳朵的 2 组小线段，然后把矩形和耳朵小线段移动到左侧对应位置。

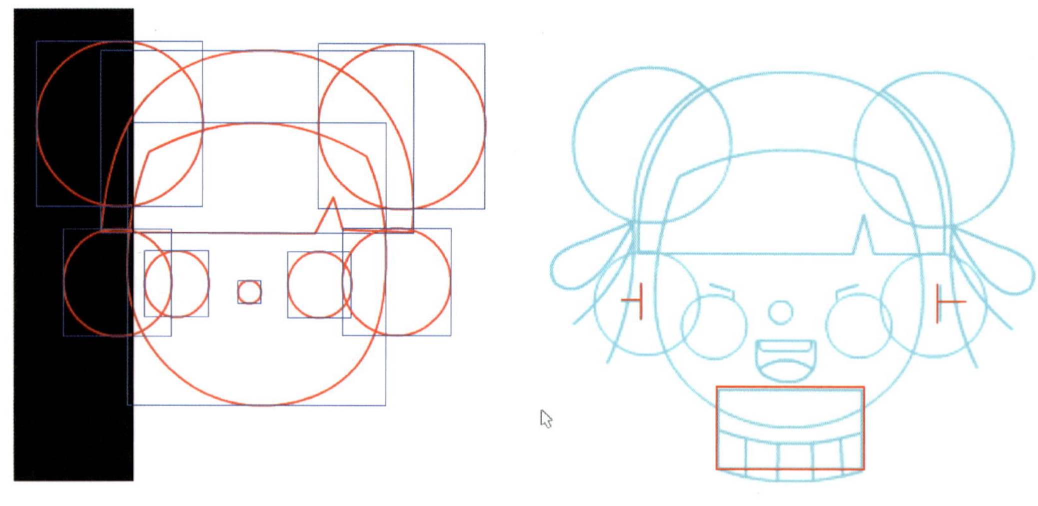

图 2-3-58　移动绘制好的图形　　图 2-3-59　绘制矩形和 2 组小线段

22. 绘制嘴巴部位轮廓线：选择“椭圆工具”，取消“对象绘制模式”。在【属性】面板调整填充颜色为不填充，笔触颜色值为“#FF0000”，笔触大小为“1”。在舞台上绘制与“图层 _5”图层中角色嘴巴大小相同的椭圆形。通过添加锚点调整椭圆形形态；利用“缩放工具”将舞台显示比例放大至“1 600%”；利用“直线工具”绘制牙齿和舌头轮廓线，通过添加锚点调整牙齿和舌头的弯曲度，绘制效果如图 2-3-60 所示。

23. 绘制衣领轮廓线：将舞台显示比例设置为“200%”，利用“矩形工具”绘制矩形，通过添加锚点来调整矩形的形态，利用“线条工具”在矩形内部绘制线条，如图 2-3-61 所示。

24. 绘制发带轮廓线：如图 2-3-62 所示，利用“线条工具”绘制折线，通过添加锚点调整折线的弯曲度，绘制好一侧发带；复制绘制好的发带，在菜单栏选择【修改】>【变形】>【水平翻转】，将复制的发带翻转并移动到合适的位置。

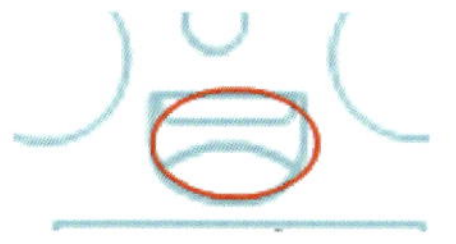

1. 绘制椭圆形

2. 修改椭圆形形态，选择“缩放工具”，在如上图所示鼠标光标处单击鼠标左键2次

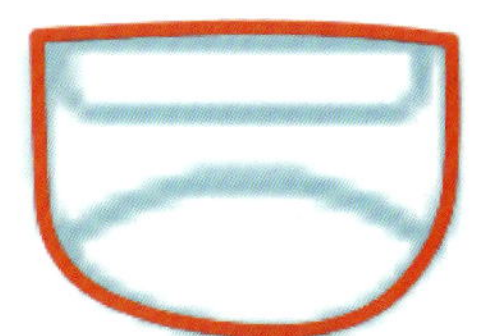

3. 舞台显示比例放大至“1 600%”

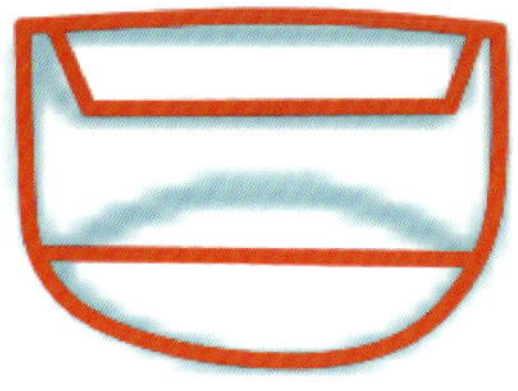

4. 绘制直线（牙齿和舌头轮廓线）

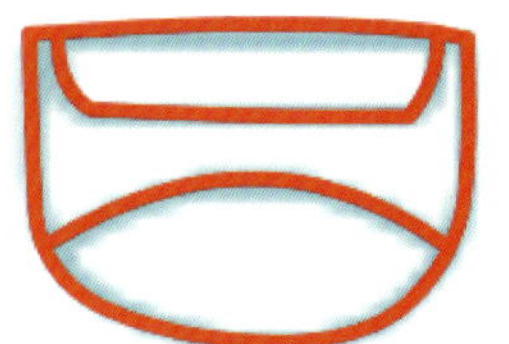

5. 调整直线弯曲度

图 2-3-60 绘制嘴巴部位轮廓线

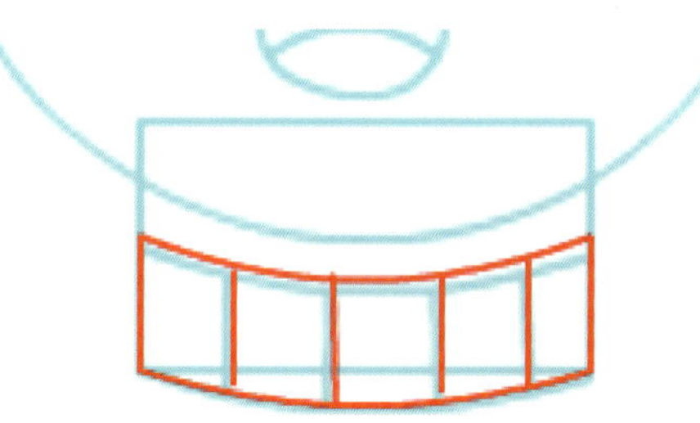

图 2-3-61 绘制衣领轮廓线

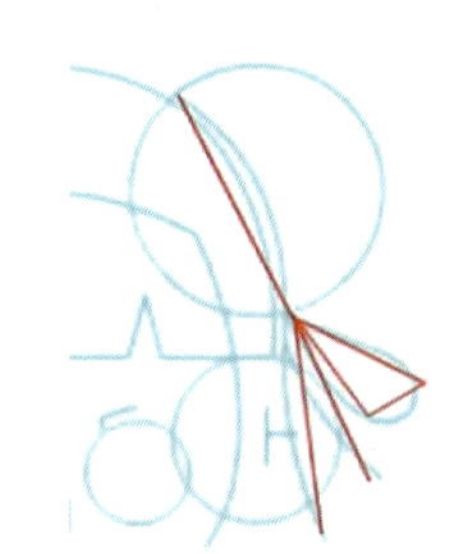

1. 绘制折线

2. 调整折线弯曲度

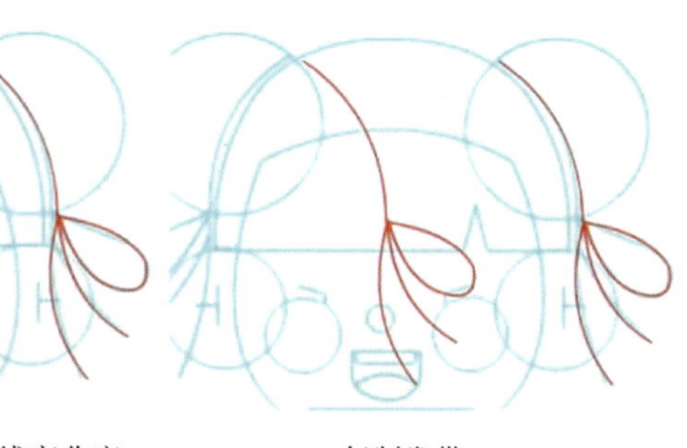

3. 复制发带

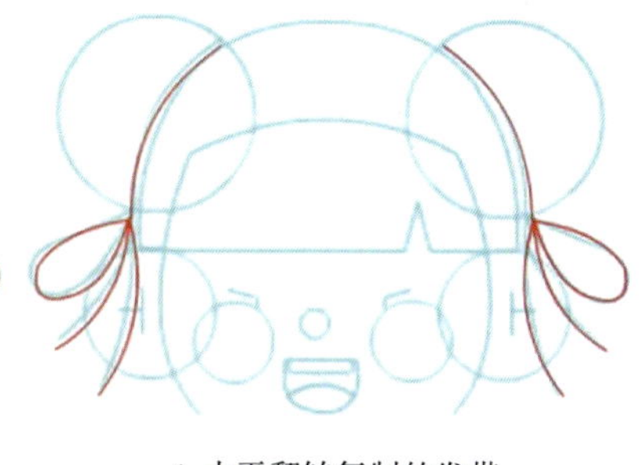

4. 水平翻转复制的发带

图 2-3-62 绘制发带轮廓线

25. 将绘制好的嘴巴部位、发带、衣领移动至舞台空白处，使其不和其他图形接触。

26. 新建“图层 _7”图层，导入“人物角色绘制参考图”，并将其移动到舞台外侧空白处，同时将“图层 _7”图层锁定，防止它移动或串层。

27. 根据参考图层填充颜色：选择“滴管工具”，在“角色绘制参考图”的角色脸部单击鼠标左键，拾取填充颜色属性，填充颜色改变为拾取属性后的颜色，鼠标指针自动变为“颜料桶”状，在绘制好的角色脸部单击鼠标左键，填充脸部的颜色，然后选择“选择工具”，点选脸部图形合并对象，在【属性】面板中调整笔触颜色为不填充，完成脸部的颜色填充和取消轮廓笔触颜色填充，如图 2-3-63 所示。

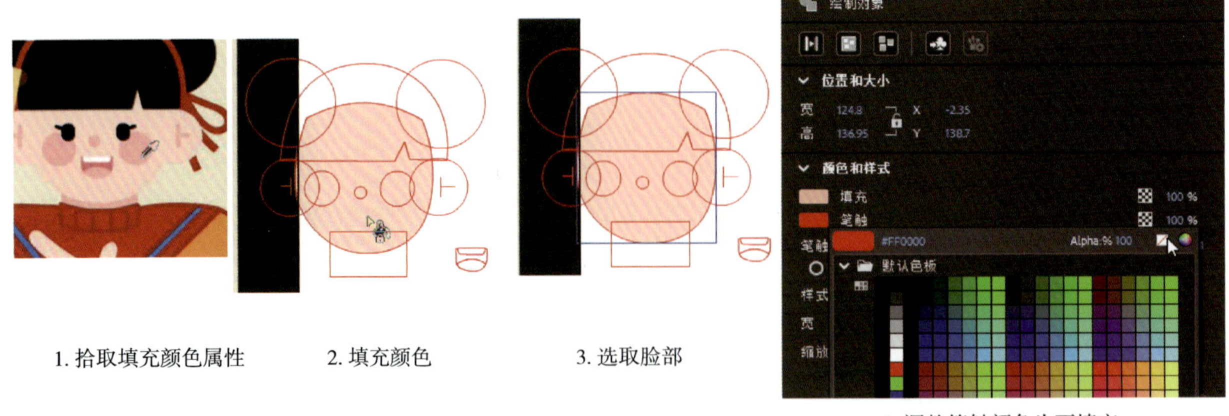


图 2-3-63　为脸部填充颜色

28. 运用相同的方法，给其他部位填充颜色，同时修改笔触颜色，如果遇到 2 个图层上的图形叠加在一起的情况，要先把已经填充好的图形移动到其他位置，然后对其他图形进行颜色填充，如图 2-3-64 所示。

图 2-3-64　给其他部位填充颜色

29. 选中排列层次不正确的图形，在图形上右击，在菜单中选择【排列】，通过选择各个命令完成图形的正确层次排列，如图 2-3-65 所示。

30. 利用“滴管工具”完成角色嘴巴部分颜色填充。填充后，可双击选中嘴巴部位边框，按“Delete”键删除掉笔触，然后框选所有图形，按“Ctrl+G”快捷键将它们组成一个组，如图 2-3-66 所示。

31. 填充衣领部分颜色：选择“选择工具”，全选整个衣领，在【属性】面板单击笔触颜色色块，当鼠标指针变为吸管状时，用鼠标左键单击参考图层中角色领子边框区域，即可完成笔触颜色的修改，然后设置笔触大小为“3”，如图 2-3-67 所示；利用“滴管工具”完成人物衣领颜色填充，然后按“Ctrl+G”快捷键将它们组成一个组。

32. 修改发带笔触颜色：用上一步的方法完成笔触颜色的修改，设置笔触大小为“7”，单击“圆头端点”按钮；利用“选择工具”选择发带的末端，在【属性】面板单击“平头端点”按钮，如图 2-3-68 所示，然后按“Ctrl+G”快捷键将它们组成一个组。调整头部各个图形的位置，并合理排列图层，将发带排列在耳朵后面一层。

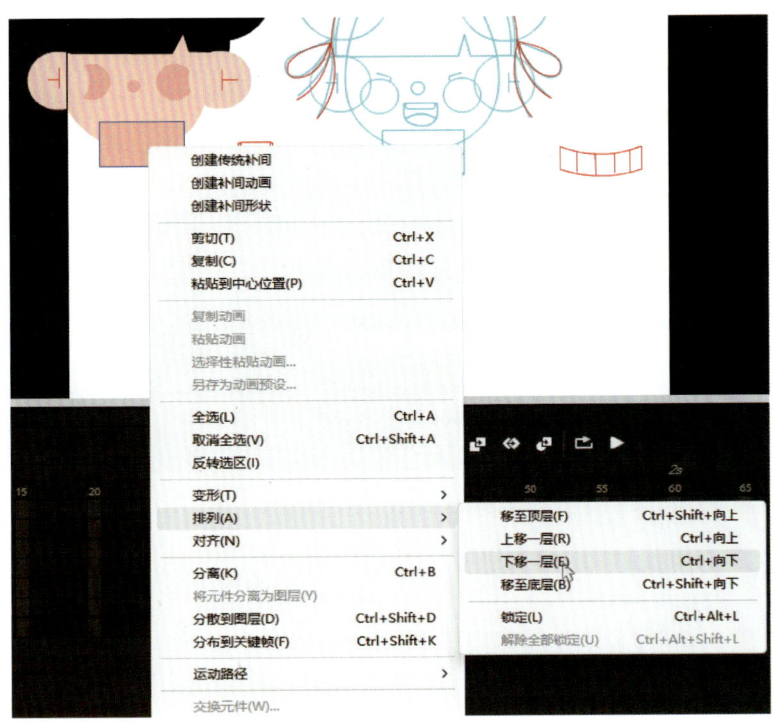


图 2-3-65 重新排列图形层次

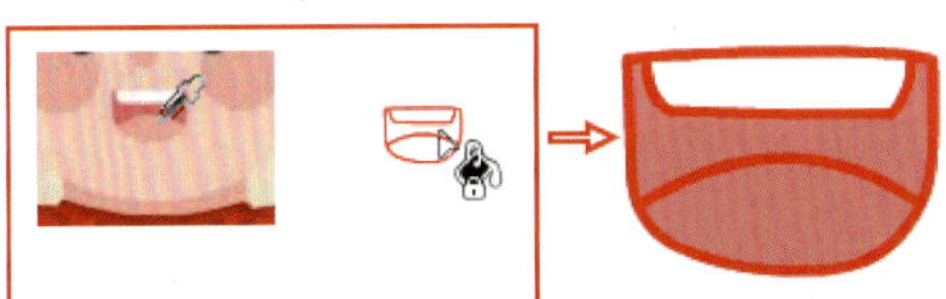

1. 拾取填充颜色属性，在对应位置进行填充

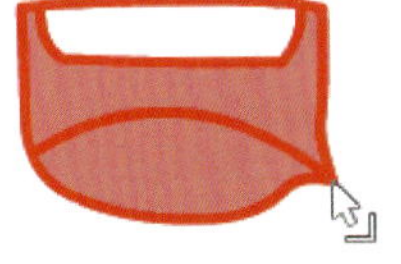

2. 如上图所示，填充出现错误，要检查线段是否有交汇

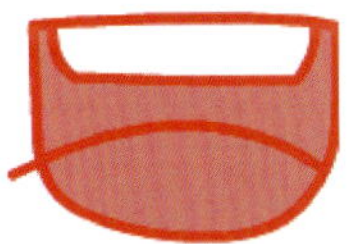

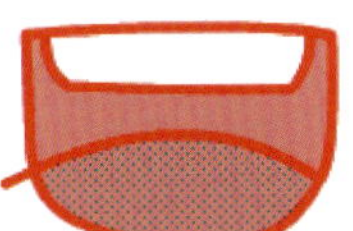

3. 为更好地进行颜色填充，舌头轮廓线可适当超出椭圆形边界

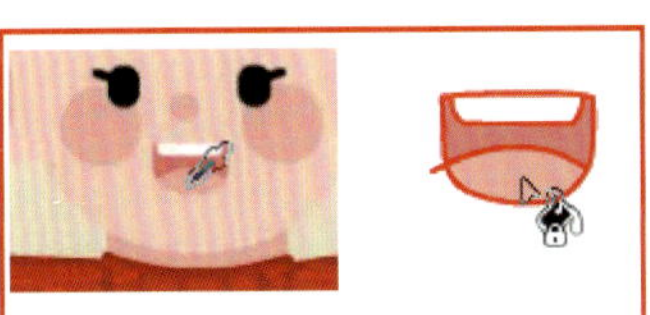

4. 重新拾取填充颜色属性，在对应位置进行填充

图 2-3-66 嘴巴的填充

1. 全选整个衣领

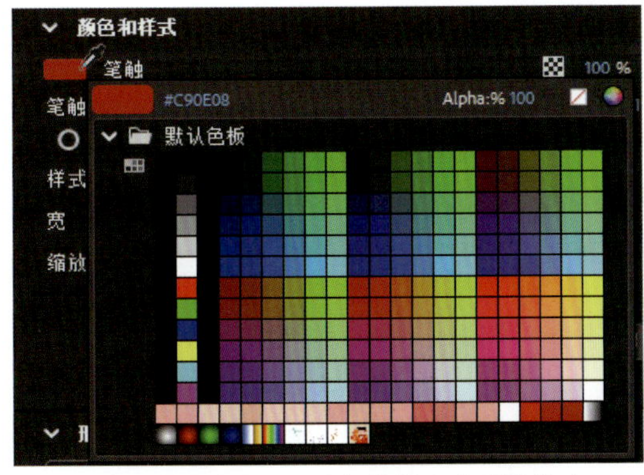


2. 单击笔触颜色色块，鼠标指针变为吸管状时，在参考图层对应位置拾取笔触颜色属性

3. 笔触颜色被修改

图 2-3-67 修改衣领笔触颜色

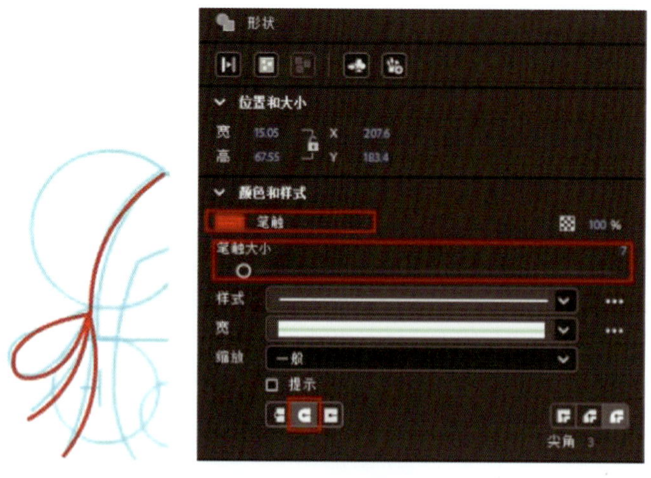

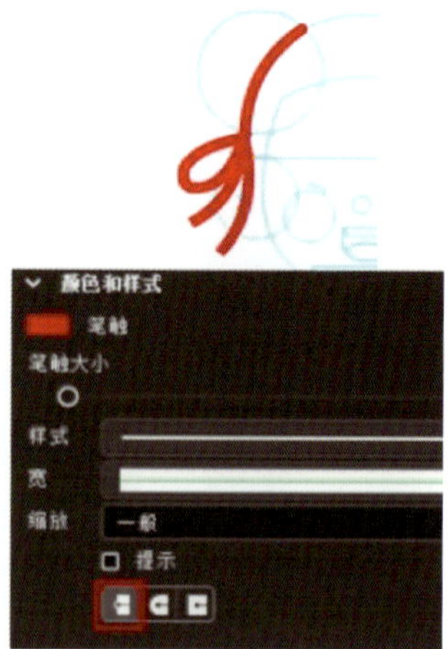

图 2-3-68　修改发带的笔触颜色

33. 绘制眼睛：选择“线条工具”，将绘制模式改为“对象绘制模式”；在【属性】面板设置笔触颜色值为“#000000”，笔触大小为“12”，单击“圆头端点”按钮，在舞台空白位置绘制宽为 0 像素、高为 6 像素的 2 个小线段；然后设置笔触大小为“3”，再绘制 2 个宽为 0 像素、高为 15 像素的小线段，并利用“任意变形工具”将它们旋转，如图 2-3-69 所示。最后将线段组合，作为眼睛，放置在合适位置。

图 2-3-69　绘制眼睛

34. 利用“滴管工具”填充耳朵颜色，然后选择“线条工具”，在【属性】面板设置笔触大小为“4”，在舞台上绘制 2 条宽为 0 像素、高为 18 像素的竖线段，2 条宽为 0 像素、高为 8 像素的短横线，放置在耳廓的合适位置。

35. 锁住“头”图层，解除锁定“平安喜乐 _ 手”图层，同时隐藏“图层 _5”图层、“头”图层，用鼠标单击“平安喜乐 _ 手”图层的关键帧，对该图层图形进行颜色填充。

36. 利用 27-32 步骤中的方法，对“平安喜乐 _ 手”图层图形进行颜色填充、笔触修改等。绘制画轴时，在【属性】面板单击笔触颜色色块，当鼠标指针变为吸管状时，用鼠标左键单击参考图层中画轴边框区域，即可完成笔触颜色的修改，然后设置笔触大小为“16”，单击“圆头端点”按钮；移动画轴到舞台外侧，框选平安喜乐画框，按“Ctrl+G”快捷键将其中图形组成一个组；按“Ctrl+G”快捷键分别将画框和 2 个画轴组成一个组，然后将成品画框排列到最上一层并移动到合适的位置，如图 2-3-70 所示。

图 2-3-70　对平安喜乐画框和画轴进行处理

37. 绘制画框上的手指：选择“线条工具”，保持采用“对象绘制模式”，在【属性】面板单击笔触颜色色块，当鼠标指针变为吸管状时，用鼠标左键单击参考图层中手部对应的区域，即可完成笔触颜色的修改，同时设置笔触大小为“16”，选择“圆头端点”，在舞台上绘制宽为 0 像素、高 16 像素的 4 条竖线段；用同样方法绘制手指缝隙区域，设置笔触大小为“4”，选择“圆头端点”，绘制 3 条宽为 0 像素、高为 18 像素的竖线段；最后利用“任意变形工具”将手指进行旋转，如图 2-3-71 所示。

图 2-3-71　画框上的手指的绘制

38. 锁定“平安喜乐 _ 手”图层，解除锁定“身体”图层，同时隐藏“图层 _3”图层、“平安喜乐 _ 手”图层，单击“身体”图层的关键帧，开始对该图层图形进行颜色填充。

39. 利用 27-32 步骤中的方法，对身体部分进行颜色填充、笔触修改，如图 2-3-72 所示。

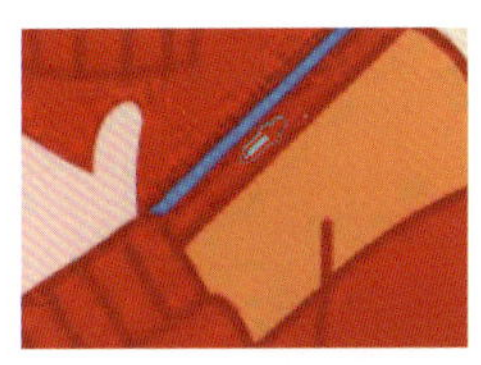

1. 拾取填充颜色属性

2. 修改“颜料桶工具”填充方式为“封闭大空隙”

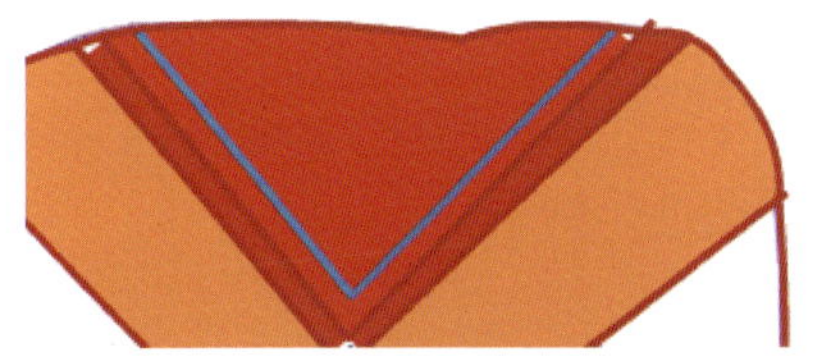

3.填充颜色，缝隙区域需要多次填充

图 2-3-72　对身体部分进行颜色填充

40. 由于绘制时，没有绘制毛衣下面的线条，所以毛衣不是一个封闭图形，目前无法为其填充颜色，需要将其修改为封闭图形才能填充颜色。选择“线条工具”，连接毛衣下端两端点，该线段是在“对象绘制模式”下绘制的，所以和其他线条无法交会。此时，利用“选择工具”选取该线条，右击，在菜单中选择【分离】(快捷键为“Ctrl+B”)，然后对空白毛衣部分进行填充，最后删除掉多余的线条即可，如图 2-3-73 所示。

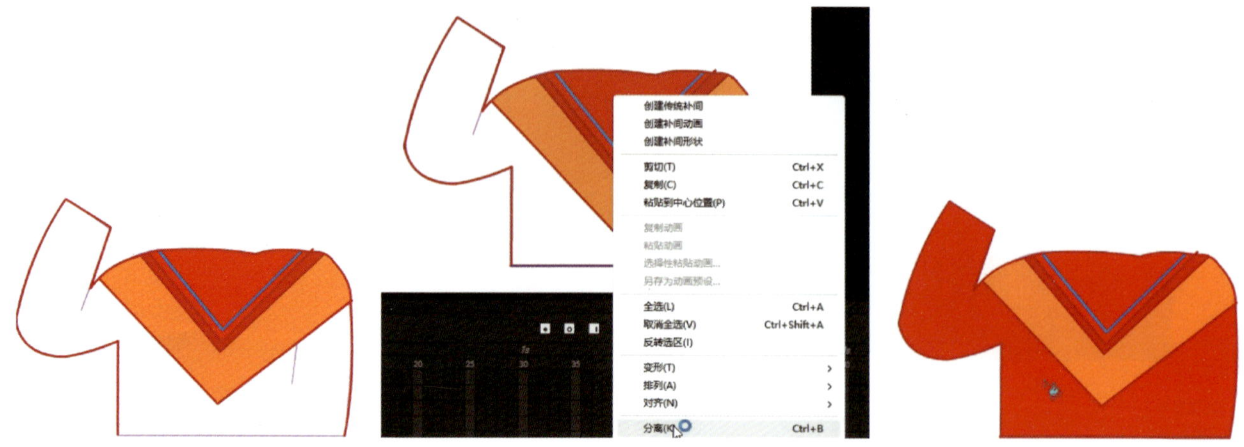


图 2-3-73　毛衣的填充

41. 解除锁定所有的图层，删除掉“图层 _1”“图层 _3”“图层 _5”“图层 _7”图层，如图 2-3-74 所示。

42. 移动“头”图层到“平安喜乐 _ 手”图层的下一层，即完成了角色的绘制，如图 2-3-75 所示。

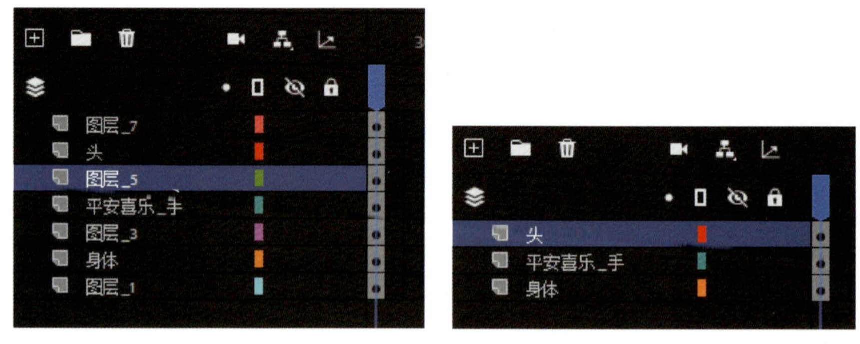


图 2-3-74　删除参考图层

图 2-3-75　图层排列正确的作品

## 思考与练习

一、思考题

1. 说一说“显示图层”和“隐藏图层”的方法。

2. 如何将用“线条工具”画出的直线改成曲线？

3. 使用“颜料桶工具”填充颜色时，如何取色？

二、实操练习

请运用本任务所学知识绘制一只卡通兔子，如图 2-3-76 所示。

图 2-3-76　卡通兔子

# 任务 4　动画场景绘制——自然风光场景

### 任务目标

1. 能运用“宽度工具”“钢笔工具”绘制图形。

2. 能使用画笔工具组中的工具绘制图形。

## 任务描述

在本任务中，要利用画笔工具组、“钢笔工具”等，通过对多个图层进行设计和处理，绘制包括云朵、山、树林、草坪、花朵、汽车、小房子等元素的自然风光场景，如图 2-4-1 所示。

图 2-4-1　自然风光场景

## 知识学习

### 一、“宽度工具”

在 Animate 中，使用“宽度工具”可以更改笔触的宽度，还可以将调整后的笔触保存为样式，以便将其应用于其他图形中。

选择“线条工具”，在舞台中绘制一条线段，如图 2-4-2 所示。选择“宽度工具”，将鼠标指针靠近线段上，当鼠标指针变为▸₊时，按住鼠标左键并拖拽鼠标可更改笔触的宽度，如图 2-4-3 至图 2-4-5 所示。用相同的方法也可在其他位置更改笔触的宽度，如图 2-4-6 所示。

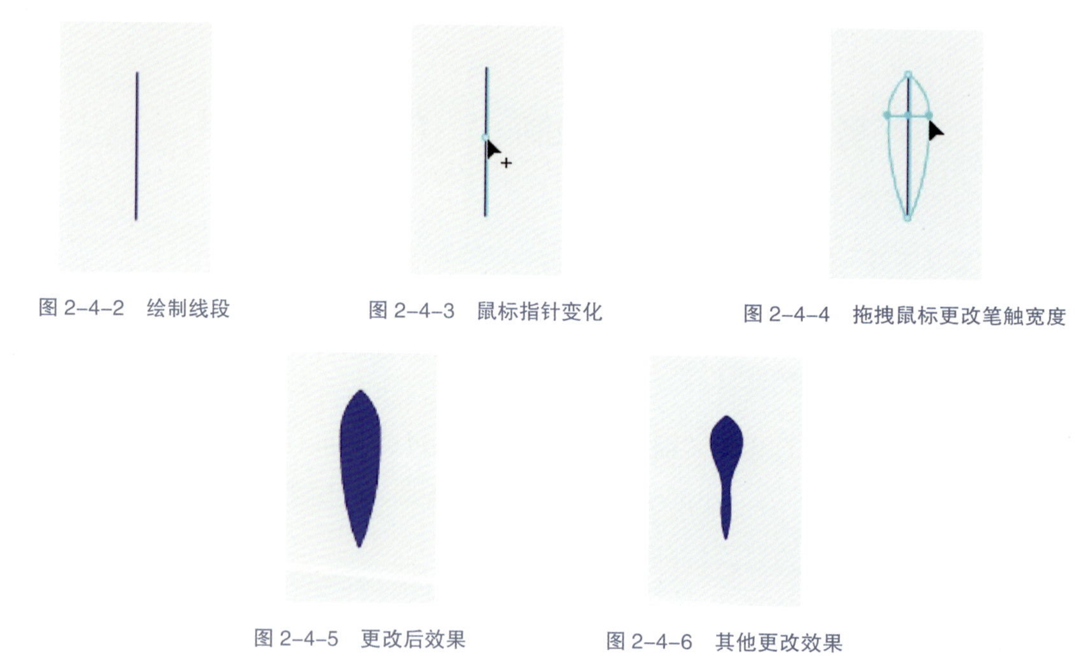

图 2-4-2　绘制线段　图 2-4-3　鼠标指针变化　图 2-4-4　拖拽鼠标更改笔触宽度

图 2-4-5　更改后效果　图 2-4-6　其他更改效果

### 二、“钢笔工具”组

#### 1. “钢笔工具”

“钢笔工具”是以贝塞尔曲线的方式绘制和编辑图形的，主要用于绘制精确的路径，如直线或平滑流畅的曲线。

在绘制时，选择“钢笔工具”，在舞台上想要绘制曲线的起始位置单击鼠标左键，此时第一个锚点出现，如图 2-4-7 所示。将鼠标指针放置在想要绘制的第二个锚点的位置，单击鼠标左键，一条直线段生成，如图 2-4-8 所示。如果在第二个锚点的位置按住鼠标左键并向其他方向拖拽鼠标，可将直线段变为曲线段，如图 2-4-9 所示。松开鼠标，一条曲线段绘制完成，如图 2-4-10 所示。

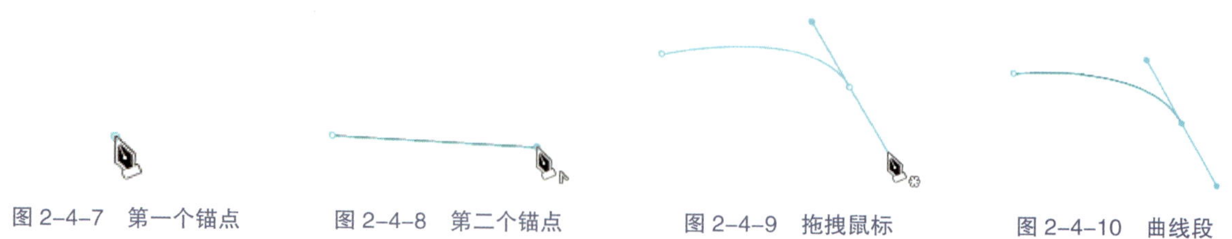

图 2-4-7　第一个锚点　图 2-4-8　第二个锚点　图 2-4-9　拖拽鼠标　图 2-4-10　曲线段

使用相同的方法可以绘制出由多条曲线段组合而成的曲线图形，如图 2-4-11 所示。

在绘制线段时，如果同时按住“Shift”键，绘制的线段的变化角度将被限制为 45° 或 45° 的倍数，如图 2-4-12 所示。

“钢笔工具”组中除了有“钢笔工具”，还有“添加锚点工具”“删除锚点工具”和“转换锚点工具”，如图 2-4-13 所示。

使用“钢笔工具”绘制线段时，鼠标指针样式不同，其表示的含义也不同。

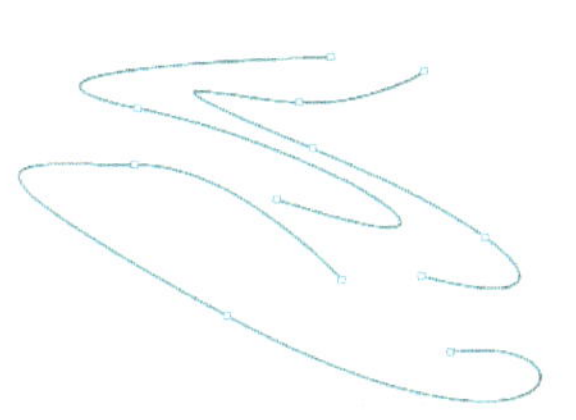

图 2-4-11　曲线图形

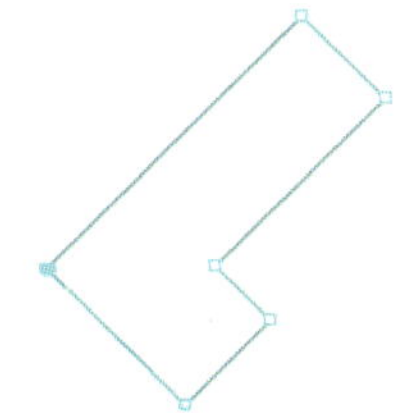

图 2-4-12　按住“Shift”键绘制的线段

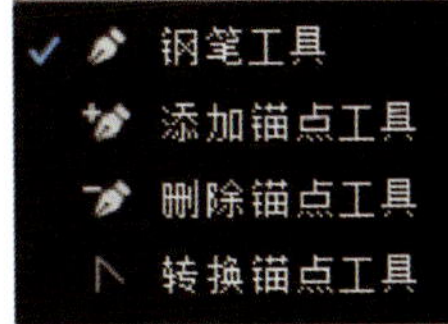


图 2-4-13　钢笔工具组

**温馨提示**

双击最后一个锚点，即可结束开放曲线的绘制，也可以按住“Ctrl”键的同时单击舞台中的任意位置结束绘制；要结束闭合曲线的绘制，可以移动鼠标指针至起始锚点位置上，当鼠标指针变为时在该位置单击，即可闭合曲线并结束绘制操作。

### 2. “添加锚点工具”

当需要对线段添加锚点时，要借助钢笔工具组中的“添加锚点工具”。将鼠标指针靠近线段，当鼠标指针变为时（见图 2-4-14），在线段上单击鼠标左键就会添加一个锚点，这有助于更精确地调整线段。添加锚点后线段的调整效果如图 2-4-15 所示。

图 2-4-14　添加锚点时鼠标指针变化

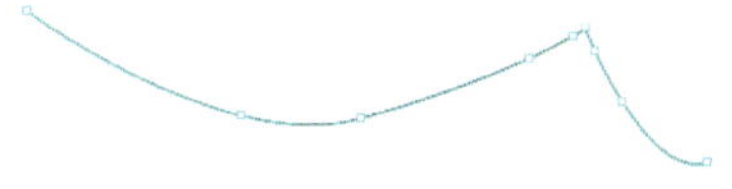

图 2-4-15　添加锚点后线段的调整效果

### 3. “删除锚点工具”

在处理线段时，还可以删除线段上的锚点。选择“删除锚点工具”，将鼠标指针靠近需要删除的线段锚点，当鼠标指针变为时（见图 2-4-16），在线段上单击锚点，即可将它删除。删除锚点后线段的调整效果如图 2-4-17 所示。

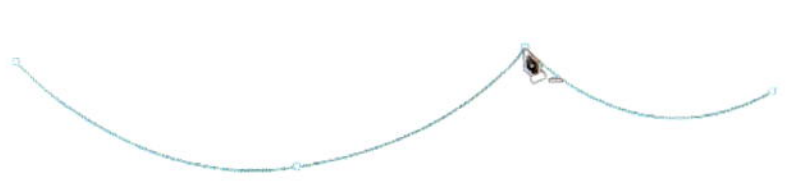

图 2-4-16　删除锚点时鼠标指针变化

图 2-4-17　删除锚点后线段的调整效果

### 4.“转换锚点工具”

在绘制线段时，有时线段形状会因为线段的锚点类型不同而不同，“转换锚点工具”主要用于转换锚点类型，从而调整线段形状。选择“转换锚点工具”，将鼠标指针靠近需要调整的锚点，在线段上单击锚点，就会将相应锚点从曲线锚点转换为直线锚点，如图 2-4-18、图 2-4-19 所示。

图 2-4-18　转换锚点

图 2-4-19　转换锚点后线段的调整效果

**温馨提示**

选择“钢笔工具”，在用其他绘图工具创建的对象上单击鼠标左键，就可以通过调整对象上的锚点来改变这些对象的形态。

## 三、画笔工具组

### 1.“画笔工具”

Animate 中的“画笔工具”主要用来辅助“钢笔工具”完成图形绘制，常用于绘制线稿。

在绘制时，选择“画笔工具”，在舞台上单击鼠标左键，然后长按鼠标左键并拖动鼠标即可随意绘制图形，如图 2-4-20 所示。如果想绘制出平滑或伸直的线条和形状，可以在【工具箱】中的选项区为“画笔工具”选择一种画笔模式，如图 2-4-21 所示。

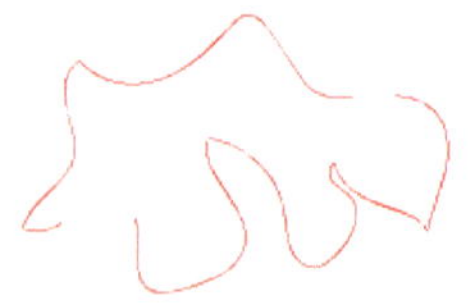
图 2-4-20　“画笔工具”绘制效果

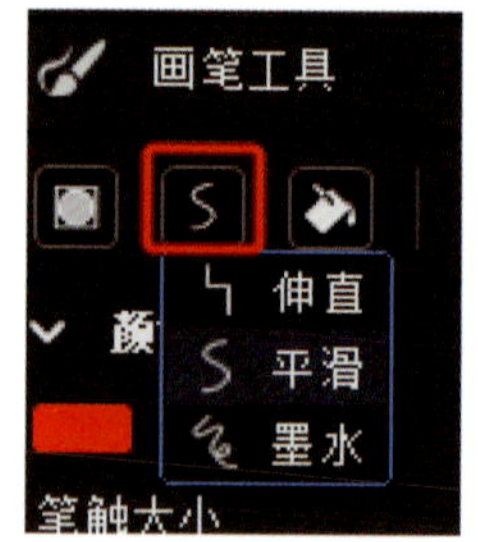

图 2-4-21　画笔模式

可以在“画笔工具”的【属性】面板中设置笔触颜色、大小、样式等，如图 2-4-22 所示。设置不同的参数后，绘制的线条如图 2-4-23 所示。

单击【属性】面板样式右侧 ••• 按钮，系统会弹出【笔触样式】对话框，如图 2-4-24 所示，在该对话框中可以自定义笔触样式。

“画笔工具”笔触样式为极细线和实线时，可在宽的下拉列表中选择不同选项，改变线条的压感效果，如图 2-4-25 所示。

图 2-4-22　“画笔工具”的【属性】面板

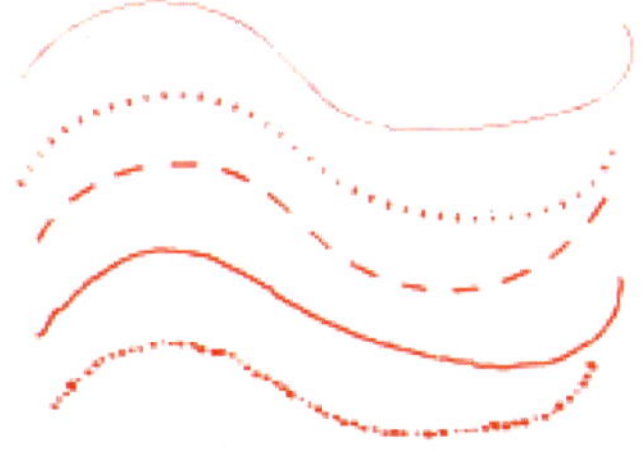

图 2-4-23　不同样式的线条

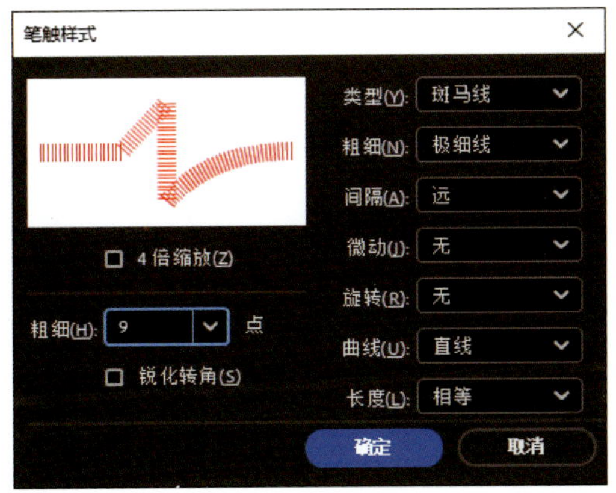


图 2-4-24　自定义“笔触样式”

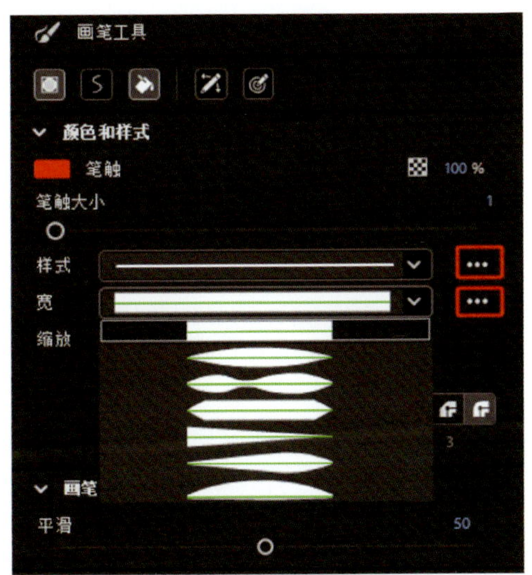


图 2-4-25　设置不同的压感效果

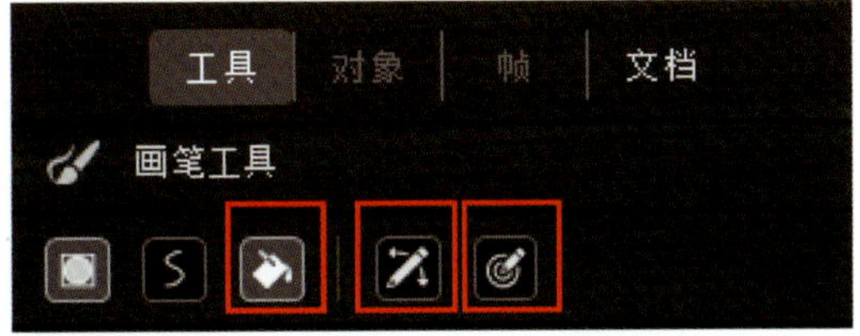


图 2-4-26　不同的绘制模式

选择“画笔工具”后，在【属性】面板中除了可选择“对象绘制模式”“画笔模式”外，还可选择另外 3 种绘制模式，如图 2-4-26 所示。一是绘制为填充色。单击“绘制为填充色”按钮，单击鼠标左键进行绘制，不是绘制线条，而是填充区域。二是使用倾斜。单击“使用倾斜”按钮，宽将自动被设置为“斜度感应”，在绘制图形时，系统将根据绘制笔触的轻重程度自动调整线条形态。三是使用压力。单击“使用压力”按钮，宽度将自动被设置为“使用压力”。在绘制图形时，可通过画笔压力调整笔触效果。

### 2. “传统画笔工具”

“传统画笔工具”绘制方法与“画笔工具”的基本相同。在“传统画笔工具”【属性】面板中，可通过设置画笔类型和画笔大小来设置笔刷的形状和大小，不同类型笔刷的绘制效果如图 2-4-27 所示。

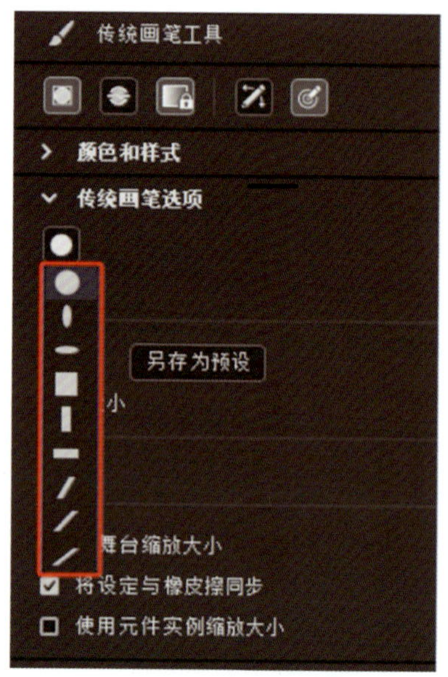


图 2-4-27　不同类型笔刷的绘制效果

“传统画笔工具”还提供了以下 5 种画笔模式供用户选择（见图 2-4-28）:

“标准绘画”模式：采用该模式绘制的图形会直接覆盖下面图形的笔触和颜色填充部分。

“仅绘制填充”模式：采用该模式绘制的图形将只覆盖颜色填充部分，而不会覆盖笔触。

“后面绘画”模式：采用该模式绘制的图形将会呈现在其他图形的下方。

“颜料选择”模式：采用该模式后，需先选定颜色，随后仅限于在已选颜色的填充区域内进行绘制操作，不可在笔触路径及舞台其他未选定颜色的区域进行绘制。

“内部绘画”模式：采用该模式，只能在图形的内部填充区域进行绘制。

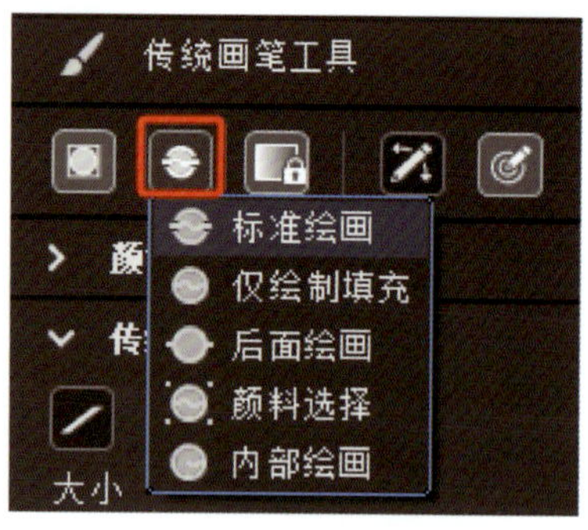


图 2-4-28　5 种画笔模式

### 3.“流畅画笔工具”

“流畅画笔工具”不但具有“传统画笔工具”的特性，使用时还可设置线条样式相关参数，使绘制的图形更加连贯、美观，如图 2-4-29 所示。

“流畅画笔工具”的【属性】面板中有稳定器、曲线平滑、速度、压力等参数，方便用户绘制与编

辑图像，如图 2-4-30 所示。

稳定器：通过设置不同数值，可避免绘制时轻微的波动和变化。

曲线平滑：有助于降低绘制线条过程中产生的总锚点数量，从而使线条更为流畅。

速度：根据线条的绘制速度来调节笔触的外观效果。

压力：根据施加于画笔的压力大小来调整笔触的形态。

图 2-4-29　利用“流畅画笔工具”绘制的线条

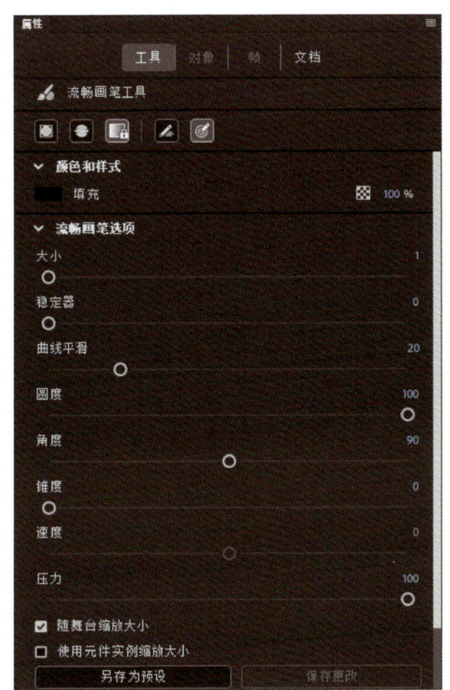


图 2-4-30　“流畅画笔工具”的【属性】面板

## 任务实施

1. 创建一个尺寸为 640 像素 × 480 像素的文档，帧速率值设置为“30”，保存文件并命名为“动画场景”。

2. 单击“新建图层”按钮创建绘制云朵的图层，将该图层命名为“云朵”，如图 2-4-31 所示。

图 2-4-31　创建“云朵”图层

3. 绘制云朵：利用“传统画笔工具”绘制云朵，利用“颜料桶工具”填充云朵颜色，填充颜色值为“#C5E2F0”。使用“选择工具”调整绘制的云朵的形状、大小、位置，绘制效果如图 2-4-32 所示。

图 2-4-32　云朵绘制效果

4. 新建绘制远山与草坪的图层，命名为“远山与草坪”，如图 2-4-33 所示。

5. 选择“流畅画笔工具”，绘制远山和草坪。选择合适的颜色绘制不同颜色的远山和草坪，同样可使用“选择工具”或“任意变形工具”调整远山和草坪的形状、大小和位置，如图 2-4-34 所示。在绘制时，要注意图形的排列方式。

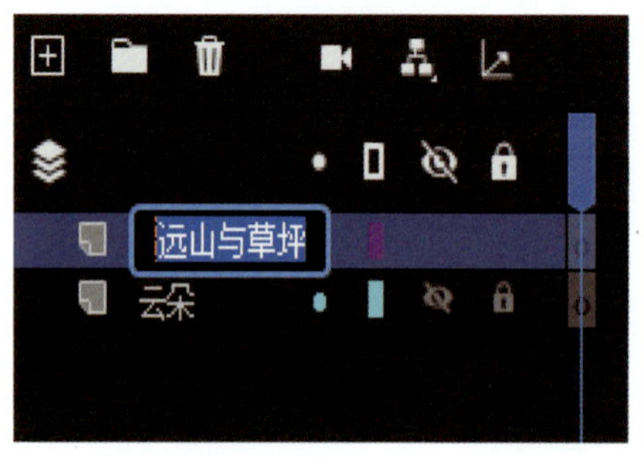


图 2-4-33　“远山与草坪”图层

图 2-4-34　远山和草坪绘制效果

6. 新建绘制树木的图层，命名为“树木”，如图 2-4-35 所示。

7. 选择“传统画笔工具”，绘制树木，树冠填充颜色值为“#145A28”，树干填充颜色值为“#4F3620”。在绘制时，同样可使用“选择工具”或“任意变形工具”调整树木的形状、大小和位置，绘制效果如图 2-4-36 所示。

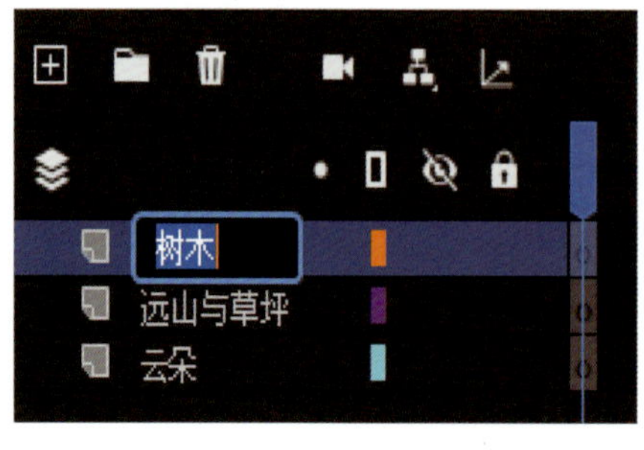


图 2-4-35　“树木”图层

图 2-4-36　树木绘制效果

8. 新建绘制小房子的图层，命名为“小房子”，如图 2-4-37 所示。

9. 选择“钢笔工具”，绘制小房子框架，再使用“颜料桶工具”填充颜色，房顶填充颜色值为“#EC6060”，墙面填充颜色值为“#FFCCCC”。使用“选择工具”把小房子全部选中，设置笔触颜色为无填充，绘制效果如图 2-4-38 所示。

10. 新建绘制汽车的图层，命名为“汽车”，如图 2-4-39 所示。

11. 使用“钢笔工具”绘制汽车的框架，使用“椭圆工具”绘制汽车的轮子和车灯，使用“画笔工具”绘制玻璃的高光效果，再填充适合的颜色；使用“线条工具”绘制汽车上的线条，绘制效果如图 2-4-40 所示。

图 2-4-37　“小房子”图层

图 2-4-38　小房子绘制效果

图 2-4-39　“汽车”图层

图 2-4-40　汽车绘制效果

12. 新建绘制草坪的图层，命名为“草坪”，如图 2-4-41 所示。

13. 利用“流畅画笔工具”绘制草坪，填充颜色值分别为“#A2C43A”“#74BB50”“#3B9E42”，绘制效果如图 2-4-42 所示。

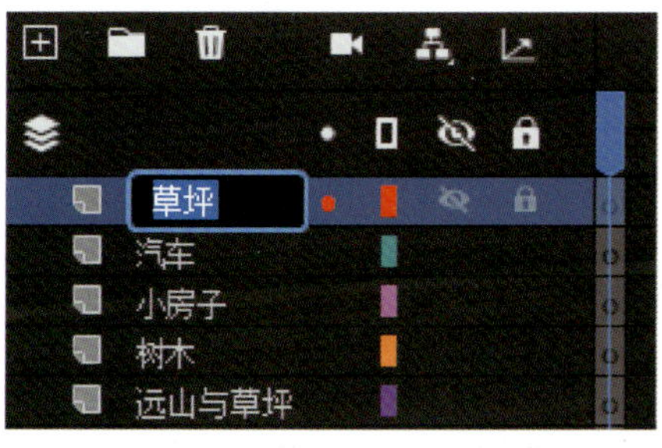

图 2-4-41　“草坪”图层

图 2-4-42　草坪绘制效果

14. 新建绘制花朵的图层，命名为“花朵”，如图 2-4-43 所示。

15. 利用“流畅画笔工具”绘制花朵，选择适合的颜色绘制各色各样的花朵，绘制效果如图 2-4-44 所示。

图 2-4-43　“花朵”图层

图 2-4-44　花朵绘制效果

16. 使用“选择工具”适当地调整各图层图形的大小、位置、排列方式等，完成作品的绘制，按“Ctrl+S”快捷键保存文件。

**思考与练习**

一、简答题

1. “画笔工具”“传统画笔工具”“流畅画笔工具”有何相同和不同之处？

2. 使用“钢笔工具”时，怎样能绘制出变化角度为 45° 的倍数的曲线？

二、实操练习

利用本任务所学知识绘制一个有白云、草坪、花朵等元素的动画场景图。

# 任务 5　特效绘制——甜品蛋糕

### 任务目标

1. 能正确应用“橡皮擦工具”的各种擦除模式。

2. 能使用【柔化填充边缘】命令对图形进行调整。

## 任务描述

在本任务中，通过甜品蛋糕的绘制（见图 2-5-1），学习利用“合并绘制模式”进行图形绘制，利用“对象绘制模式”修改图形，使用“橡皮擦工具”“颜料桶工具”修复图形。

图 2-5-1　甜品蛋糕

## 知识学习

### 一、【柔化填充边缘】命令

【柔化填充边缘】命令允许用户对图形或对象的填充边缘进行柔化处理，从而创造出更加自然和流畅的视觉效果，利用它还可以制作发光、爆炸等效果。在绘制时，选中要进行柔化填充边缘处理的对

象后，在菜单栏选择【修改】>【形状】>【柔化填充边缘】，在打开的【柔化填充边缘】对话框中设置距离、步长数、方向等，即可柔化所选对象的填充边缘，如图 2-5-2 所示。

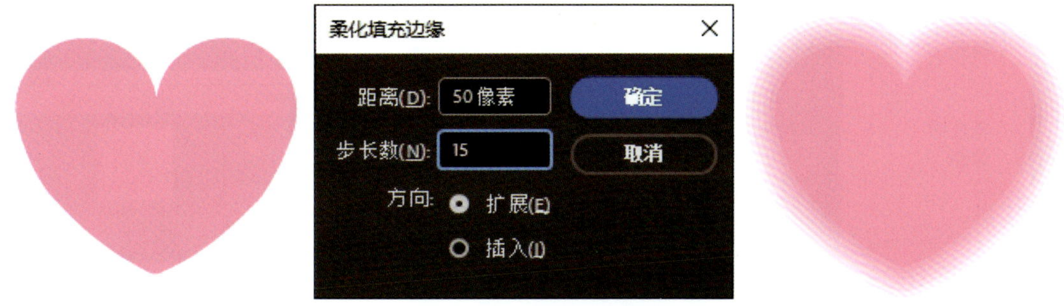


图 2-5-2　柔化爱心的填充边缘

距离：此参数的数值填写框用于设定柔化效果的宽度，单位为像素，有效输入数值范围为 1～144。

步长数：此参数数值填写框用于调整边缘柔化的程度，数值越高，柔化效果越显著，且透明度会按比例变化，数值范围限定在 1～50。

方向：共有两个选项，如选择“扩展”，则会向外扩展填充区域；如选择“插入”，则会向内缩小填充区域（见图 2-5-3）。

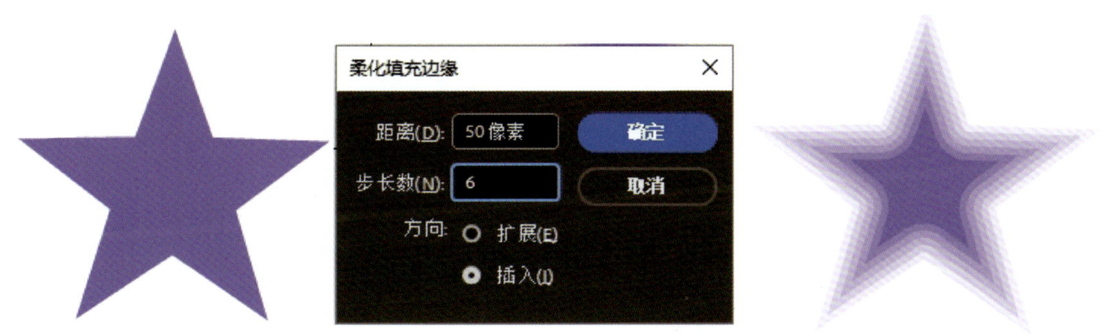


图 2-5-3　选择“插入”时填充边缘柔化效果

## 二、“橡皮擦工具”

利用“橡皮擦工具”，用户可以快速擦除舞台上的任何内容，如擦除笔触段或填充区域。“橡皮擦工具”的【属性】面板如图 2-5-4 所示。

“橡皮擦工具”不可以擦除位图、文字、元件或图形组的非矢量图，如果要使用“橡皮擦工具”，可以按“Ctrl+B”快捷键将它们分离成矢量图。

### 1. “橡皮擦工具”的功能

在使用时，用户可以自定义“橡皮擦工具”的模式、大小。“橡皮擦工具”可以是圆的或方的，它有 5 种类型供用户选择。“橡皮擦工具”的主要功能和操作方法如下：

（1）快速删除舞台上的所有内容：双击“橡皮擦工具”。

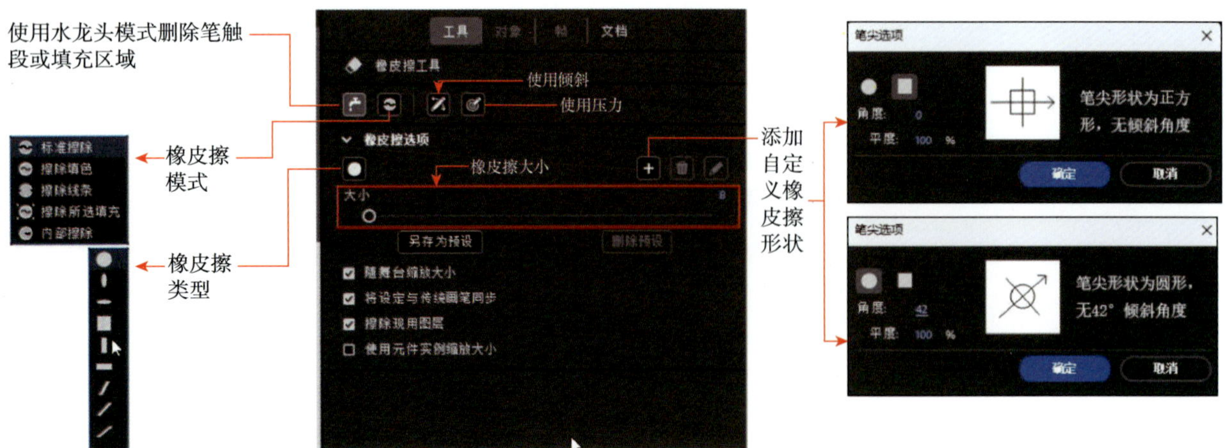


图 2-5-4 “橡皮擦工具”的【属性】面板

（2）通过单击鼠标左键进行擦除：选择“橡皮擦工具”，然后单击【属性】面板中的水龙头状按钮 （“使用水龙头模式删除笔触段或填充区域”按钮），选择需要擦除的笔触段或填充区域，用鼠标左键单击即可擦除。

（3）通过拖动进行擦除：单击【属性】面板中的“橡皮擦类型”按钮，选择一种橡皮擦类型并设置其大小，在舞台上长按鼠标左键并拖动即可。此时确保“使用水龙头模式删除笔触段或填充区域”按钮未被按下。

## 2. 橡皮擦模式

如果想得到特殊的擦除效果，可以在【属性】面板设置橡皮擦模式，它共有 5 种模式。

（1）“标准擦除”模式：采用该模式，只能擦除同一图层上的笔触段和填充区域，如图 2-5-5 所示。

（2）“擦除填色”模式：采用该模式，只能擦除填充区域，不可擦除笔触段，如图 2-5-6 所示。

图 2-5-5 采用“标准擦除”模式擦除效果　　图 2-5-6 采用“擦除填色”模式擦除效果

（3）“擦除线条”模式：采用该模式，只能擦除笔触段，不能擦除填充区域，如图 2-5-7 所示。

（4）“擦除所选填充”模式：采用该模式，只能擦除当前选定的填充区域，不能擦除笔触段（不论笔触段是否被选中）。在使用前，要选择填充区域，如图 2-5-8 所示。

图 2-5-7　采用“擦除线条”模式擦除效果

图 2-5-8　采用“擦除所选填充”模式擦除效果

（5）“内部擦除”模式：采用该模式，只能擦去橡皮擦笔触起始点所在的填充部分。若橡皮擦的笔触起始点为空白处，则不会擦除任何内容。采用该模式操作时，不会影响图形原有笔触效果，如图 2-5-9 所示。

图 2-5-9　采用“内部擦除”模式擦除效果

## 任务实施

1. 新建一个尺寸为 640 像素 × 480 像素的文档，保存并命名为“甜品蛋糕”。

2. 为了方便观察要绘制的图形，在菜单栏选择【修改】>【文档】，设置舞台颜色值为“#66FFFF”，如图 2-5-10 所示。

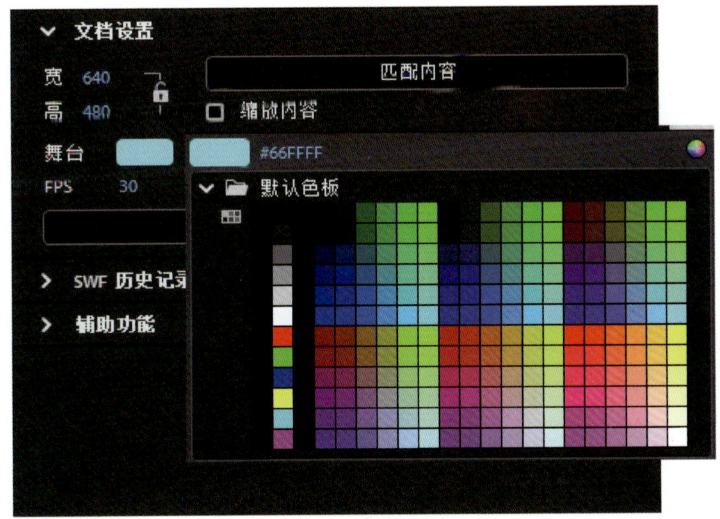

图 2-5-10　设置舞台颜色值

3. 选择“椭圆工具”，在【属性】面板设置填充颜色值为“#FFFFFF”，笔触颜色值为“#000000”，笔触大小为“4”，如图 2-5-11 所示。

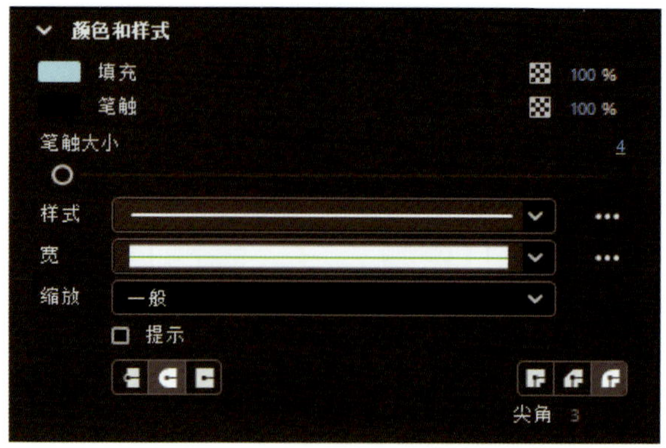

图 2-5-11　设置“椭圆工具”相关参数

4. 绘制蛋糕的头：在舞台上按住“Shift”键的同时分别绘制宽、高均为 52 像素的正圆形 1 个，宽、高均为 84 像素的正圆形 2 个，宽、高均为 62 像素的正圆形 1 个。如图 2-5-12 所示，调整宽、高均为 84 像素的 2 个正圆形，使其顶部平齐，左圆定位 X 值为“278”，Y 值为“128”；右圆定位 X 值为“340”，Y 值为“128”。将宽、高均为 52 像素的正圆形移动，定位 X 值为“240”，Y 值为“200”，最后将宽、高均为 62 像素的正圆形移动，定位 X 值为“390”，Y 值为“200”。在“合并绘制模式”下，在舞台空白处单击鼠标左键，锁定图形的位置。

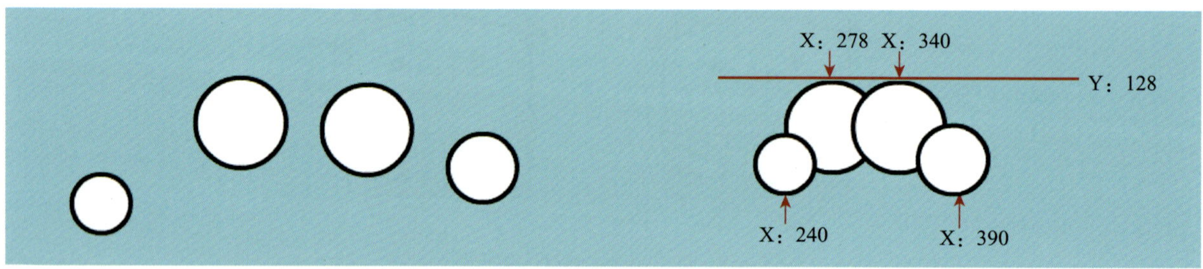

图 2-5-12　绘制蛋糕的头并调整位置

### 提示

在默认绘制模式下，当在同一图层中绘制图形且这些图形重叠时，系统会自动合并它们，位于顶层的图形将遮盖其下层与之重叠的形状部分。因此，在此绘制模式下绘制图形是一种具有破坏性的绘制方式，它会影响并改变图形重叠部分的表现形态。

5. 删除笔触段：利用“橡皮擦工具”删除笔触段的方法有以下两种。

方法一：在【属性】面板单击“使用水龙头模式删除笔触段或填充区域”按钮，选择图形重叠部分笔触段，单击鼠标左键即可擦除，如图 2-5-13 所示。

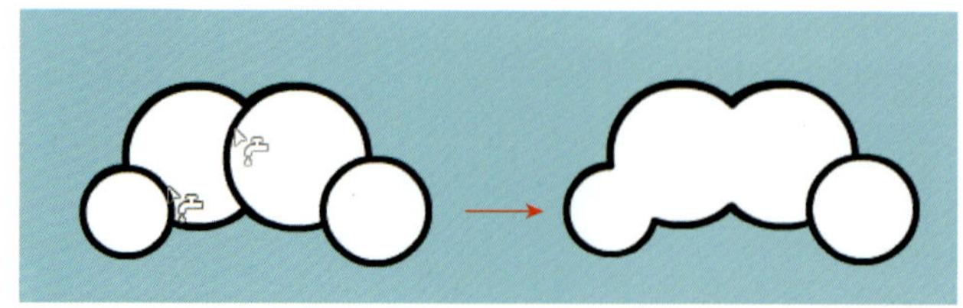
图 2-5-13　方法一

方法二：确保“使用水龙头模式删除笔触段或填充区域”按钮未按下，单击“橡皮擦模式”按钮，选择“擦除线条”，长按鼠标左键并拖动鼠标即可擦除笔触段，如图 2-5-14 所示。

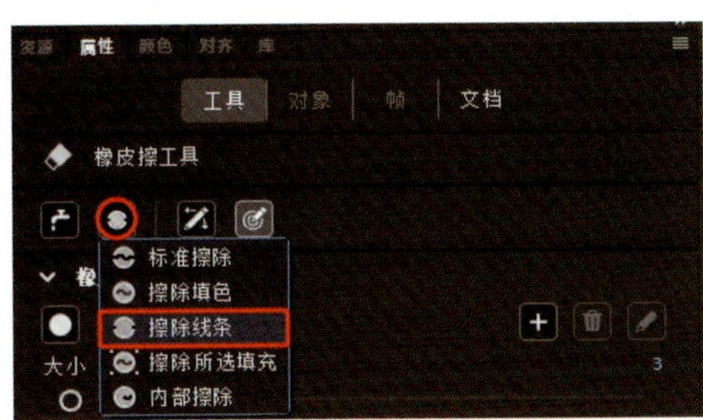

图 2-5-14 方法二

6. 组合蛋糕的头：利用“选择工具”框选卡通蛋糕头的所有的填充区域和笔触段，按“Ctrl+G”快捷键将它们组成一个组，如图 2-5-15 所示。

图 2-5-15 组合卡通蛋糕头的图形

7. 修改背景颜色：通过 1 ~ 6 步骤可以看出，使用“橡皮擦工具”，蛋糕的头的填充颜色并没有改变。现在可以将舞台背景颜色改回白色，单击“选择工具”，在舞台空白处单击鼠标左键，在【属性】面板将舞台颜色值设置为“#FFFFFF”，如图 2-5-16 所示。

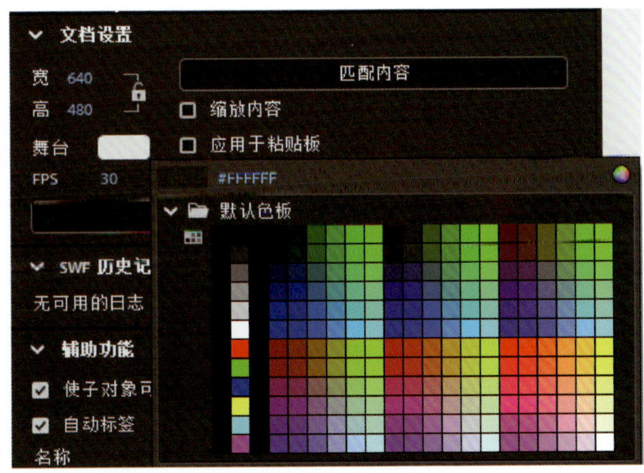


图 2-5-16 修改舞台背景颜色

8. 在菜单栏选择【视图】>【标尺】，或按“Ctrl+Shift+Alt+R”快捷键，打开标尺，长按鼠标左键从横坐标向下拖动鼠标，分别在 130、360 坐标位置放置 2 条横向的辅助线；用同样的方法，分别在 210、410 坐标位置放置 2 条竖向的辅助线，如图 2-5-17 所示。

图 2-5-17　添加 2 条辅助线

9. 绘制蛋糕碗：利用“矩形工具”，在默认绘制模式下，在【属性】面板设置填充颜色值为“#FFFFCC”，笔触颜色为不填充，单击“单个矩形边角半径”按钮，设置左上角、右上角数值均为“10”，如图 2-5-18 所示。

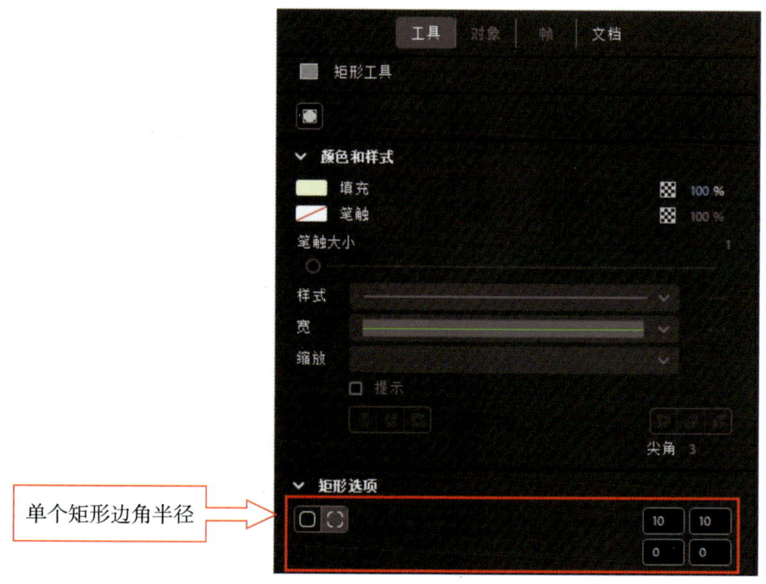


图 2-5-18　设置“矩形工具”参数

在对齐 360 坐标位置的横向辅助线上，绘制宽为 181 像素、高为 77 像素的矩形。选中矩形后，选择“任意变形工具”，单击【工具箱】下方的“任意变形”按钮，选择【扭曲】命令，然后将鼠标指针移动到变形框左下角的控制手柄上，长按鼠标左键并拖拽来扭曲图形，用同样的方法通过拖拽右下角的控制手柄来扭曲图形，最终效果如图 2-5-19 所示。

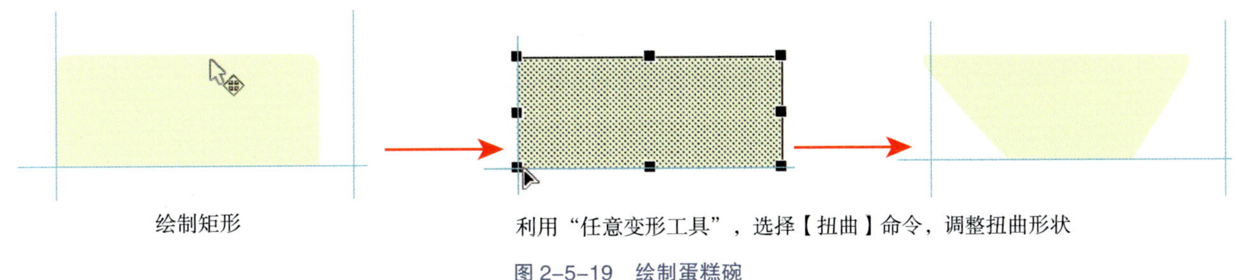


图 2-5-19　绘制蛋糕碗

10. 给蛋糕碗添加阴影：选择“选择工具”，选中蛋糕碗图形并按“Alt”键，复制一个图形，在【属性】面板中设置复制图形的填充颜色值为“#E7E7BA”；选择“任意变形工具”，将复制的图形拉宽至宽为 211 像素，然后将小蛋糕碗图形移动到大蛋糕碗图形上层，如图 2-5-20 所示。

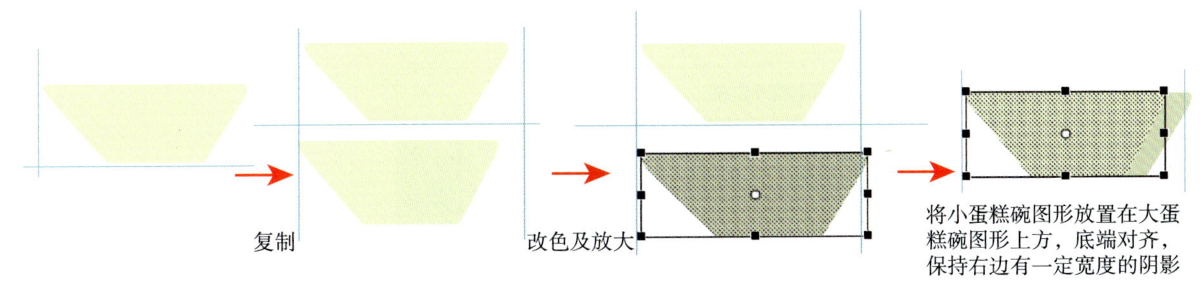


图 2-5-20　给蛋糕碗添加阴影

11. 给蛋糕碗添加边：用鼠标左键长按“颜料桶工具”，在工具列表中选择“墨水瓶工具”，此时，笔触颜色值仍为“#000000”，笔触大小仍为“4”，将鼠标指针靠近蛋糕碗边缘，单击鼠标左键给蛋糕碗添加边，如图 2-5-21 所示。框选蛋糕碗，按“Ctrl+G”快捷键将蛋糕碗及其边组成一个组。

图 2-5-21　给蛋糕碗添加边

12. 绘制蛋糕肚子：选择“椭圆工具”，按下“对象绘制”按钮。在【属性】面板设置填充颜色值为“#FF3366”，笔触颜色为不填充，绘制宽为 162 像素、高为 162 像素的正圆形。在菜单栏选择【修改】>【形状】>【柔化填充边缘】，在打开的【柔化填充边缘】对话框中设置距离为“144 像素”、步长数为“5”，方向为“插入”，单击“确定”按钮，即可柔化所选对象的填充边缘，如图 2-5-22 所示。

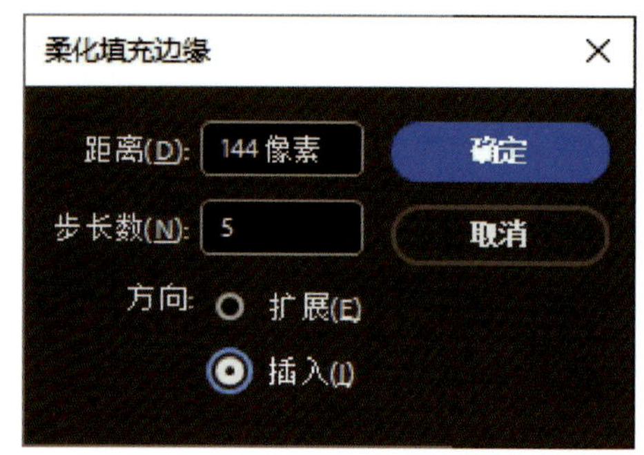


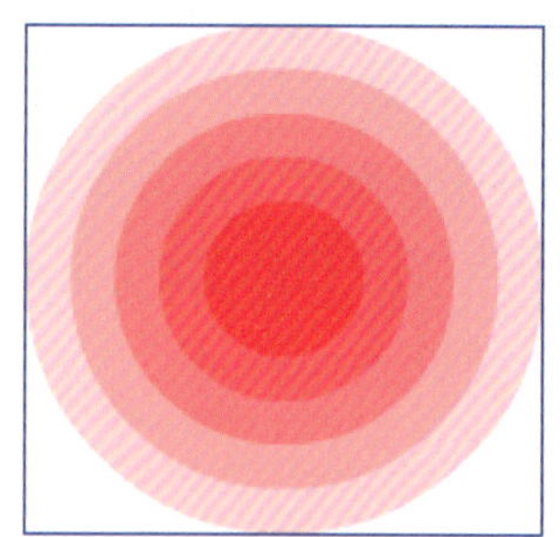

图 2-5-22　柔化正圆形的填充边缘

用步骤 11 中的方法给正圆形描边，参数设置不变。由于在“对象绘制模式”下操作，该图形自成一组。

13. 绘制蛋糕腮红：选择“椭圆工具”，在【属性】面板设置填充颜色值为“#FF6666”，笔触颜色为不填充，绘制宽为 10 像素、高为 10 像素的正圆形。然后在菜单栏选择【修改】>【形状】>【柔化填充边缘】，在打开的【柔化填充边缘】对话框中设置距离为“15 像素”、步长数为“15”，方向为“扩展”，单击“确定”按钮，即可柔化所选对象的填充边缘，如图 2-5-23 所示。将正圆形再复制一个后，一起移动到蛋糕的头中，对称放置在两边，作为蛋糕腮红。

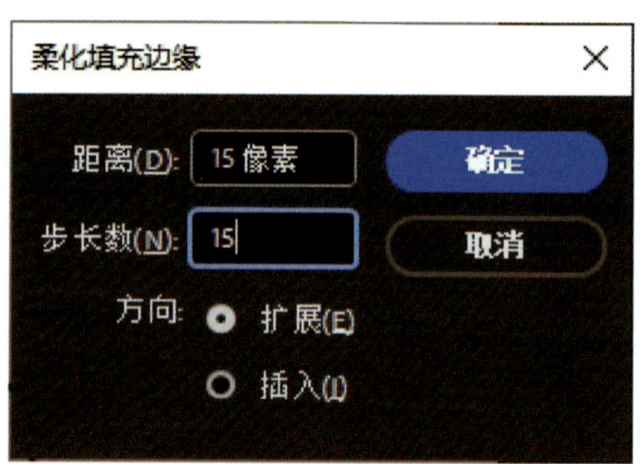


图 2-5-23　绘制蛋糕腮红

14. 调整各个图形层次：单击“选择工具”，右击蛋糕碗，在菜单中选择【排列】>【移至顶层】，然后用同样的方法对其他图形进行合理的层次排列。

15. 绘制蛋糕的帽子：选择“椭圆工具”，在【属性】面板设置填充颜色值为“#CC3333”，笔触颜色值为“#000000”，笔触大小为“4”。在舞台空白处绘制宽为 71.5 像素、高为 60.5 像素的椭圆形；用鼠标左键双击该椭圆形进入“对象绘制模式”，选择“直线工具”，在图 2-5-24 所示位置绘制一条直线（直线一定要穿越图形），然后利用“选择工具”调整该直线的形态，然后按“Ctrl+B”快捷键分离曲线；选取右侧的填充部分，在【属性】面板设置填充颜色值为“#990000”；单击“选择工具”，点选多余的线段后按“Delete”键，删除多余的线条；在舞台空白处双击鼠标左键退出“对象绘制模式”，然后在对象上绘制一个宽为 9 像素、高为 10 像素的椭圆形，设置填充颜色值为“#FFFFFF”，笔触颜色为不填充，将该椭圆形调整到合适的位置。

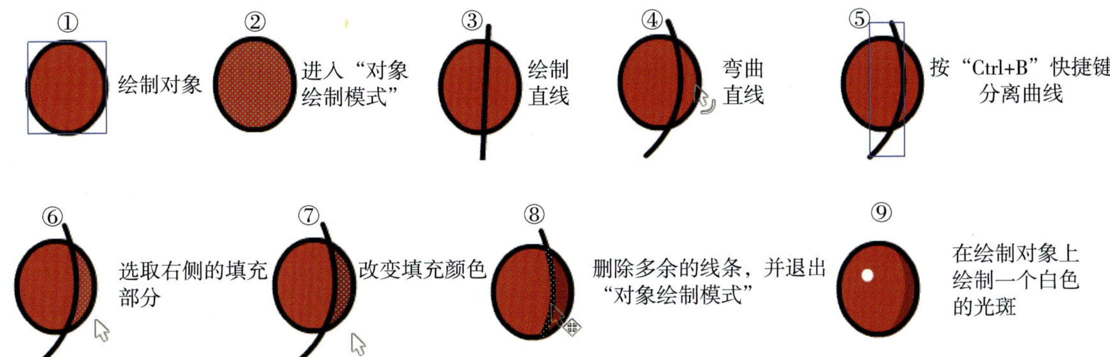


图 2-5-24　蛋糕帽子的绘制步骤

16. 绘制蛋糕的嘴巴：选择“椭圆工具”，在【属性】面板设置填充颜色为不填充、笔触颜色值为“#000000”、笔触大小为“4”，同时设置椭圆形的开始角度值为“340”，结束角度值为“200”，取消选择“闭合路径”复选框，在舞台空白处绘制宽为 14.5 像素，高为 8.5 像素的弧形线段，完成嘴巴的绘制，如图 2-5-25 所示。

17. 完成卡通眼睛、背景正圆形的绘制：选择“椭圆工具”，在【属性】面板设置填充颜色值为“#000000”、笔触颜色为不填充，单击“重置”按钮，取消角度设置，在舞台空白处绘制宽为 16.5 像素，高为 16.5 像素的正圆形，完成一只眼睛的绘制，然后再复制出另一只眼睛，将它们分别放置在两边腮红上方；改变填充颜色值为“#66CCFF”，在舞台上绘制宽、高均为 9 像素的正圆形 2 个，宽高均为 6 像素的正圆形 1 个；改变填充颜色值为“#FFCC00”，在舞台上绘制宽、高均为 9 像素的正圆形 2 个，宽、高均为 6 像素的正圆形 1 个；改变填充颜色值为“#FF9999”，在舞台上绘制宽、高均为 8 像素的正圆形 1 个，宽、高均为 6 像素的正圆形 1 个；将绘制的正圆形作为装饰圆点，按图 2-5-26 所示方式进行放置。

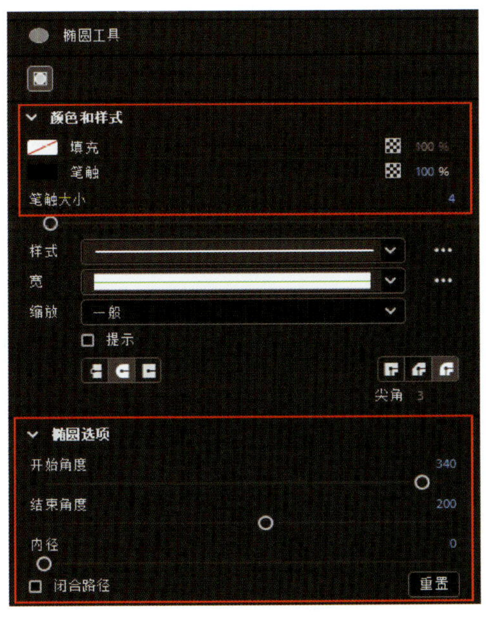


图 2-5-25　蛋糕嘴巴绘制

图 2-5-26　眼睛和正圆形装饰的排列效果

18. 绘制直线并完成背景氛围渲染：选择“直线工具”，在【属性】面板设置笔触颜色值为“#000000”，笔触大小为“4”，在360坐标横向辅助线位置，绘制一条长为233像素的长横直线和一条长为12像素的短横直线；在【属性】面板设置笔触颜色值为“#FF9999”，绘制一条长为15像素的短横直线和一条高为15像素的短竖直线，并利用“选择工具”把直线拼成“十”字图形；选择“选择工具”并按住“Alt”键，复制2个“十”字图形，并分别调整其笔触颜色值为“#FFCC00”“#66CCFF”；按图2-5-1调整3个“十”字图形的位置即可。

## 思考与练习

一、思考题

1.【柔化填充边缘】对话框中，步长数的最大值为多少？

2.【柔化填充边缘】对话框中，距离设置范围为多少？

二、实操练习

请运用本任务所学知识绘制一只甜甜圈爱心兔（见图2-5-27）。要求：舞台尺寸为640像素 ×480像素。

图2-5-27　甜甜圈爱心兔

# 项目三

# 动画制作

# 任务 1　逐帧动画制作——小女孩走路

任务目标

1. 能了解 Animate 中帧的类型、帧的基本操作方法。
2. 能导入图像的序列文件到舞台。
3. 能使用【柔化填充边缘】面板。

## 任务描述

利用逐帧动画的特点和创建方法，制作一个小女孩在草地上从右向左走动的逐帧动画，小女孩走路动态效果如图 3-1-1、图 3-1-2 所示。

图 3-1-1　小女孩走路动态效果 1

图 3-1-2　小女孩走路动态效果 2

## 知识学习

### 一、动画中帧的概念

视觉暂留是一种非常神奇的现象。简单来说，就是当人的眼睛看到某个物体或画面后，即使它消失了，人的视觉神经还会保留这个画面的影像一段时间。

动画制作就是利用了视觉暂留的原理。实际上，动画是由一张张静态的图片快速连续播放而形成的。因为视觉暂留原理，当这些图片切换得足够快时，人们就会觉得它们是连续动起来的。

### 二、帧的类型和创建

帧是构成动画的最小单位，它类似于电影胶片上的单个镜头画面。具体来说，每一帧上有一幅静止的画面，当这些帧连续播放时，便形成了动态的动画效果。提高帧速率能够增强动画的流畅度与逼真感，即每秒播放的帧的数量的增加会使动画动作展现更加顺畅。在 Animate 中，帧主要分为三种类型：关键帧、空白关键帧和普通帧，如图 3-1-3 所示。

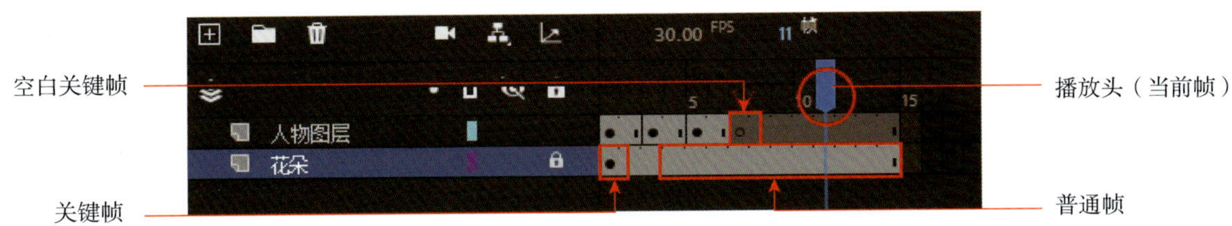

图 3-1-3　帧的类型

### 1. 关键帧

关键帧是构成动画的核心要素。它们是专门用来设定和定义动画中各种变化的帧。在制作动画的过程中，通过在选定的不同关键帧上绘制或编辑对象，可以创造出连贯的动画效果。

### 2. 空白关键帧

关键帧中若无内容，则称为空白关键帧。在时间轴上，关键帧用实心圆表示，空白关键帧用空心圆表示。空白关键帧可以被添加到时间轴中，作为预留位置，以便后续加入元件，当然也可以使其保持空白状态。

通过使用关键帧，用户可以设定对象的位置、添加锚点、定义动作以及附加评论等。

### 3. 普通帧

普通帧的主要作用是延续和展示前一个关键帧上的内容。用户无法直接对普通帧上的内容进行编辑，要想对其进行修改，需编辑位于其前边的关键帧，或者在所需位置将普通帧转换为关键帧。

## 三、帧的编辑方式

帧有多种类型，为了操作方便，Animate 在时间轴中设置了用于编辑帧的按钮，如图 3-1-4 所示。使用这些按钮可对帧进行插入、设置外观、编辑等操作。

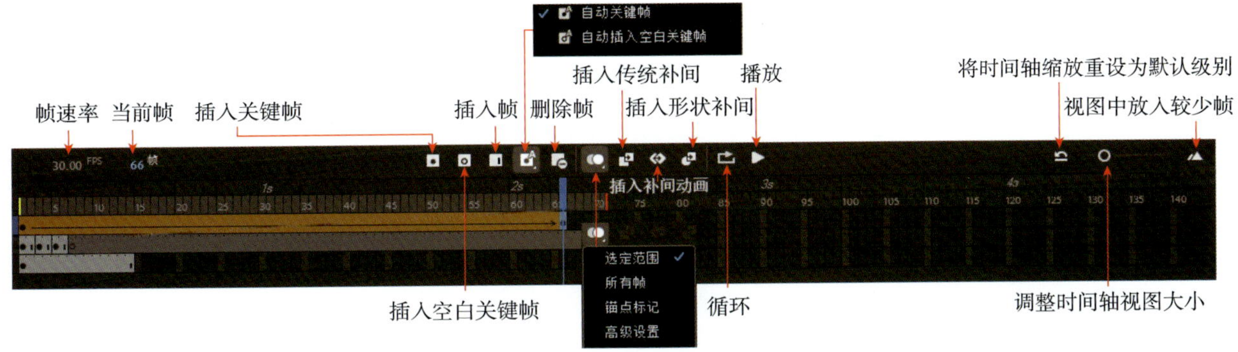

图 3-1-4　时间轴中用于编辑帧的按钮

制作动画时，经常需要进行选择、移动、复制或删除帧等操作。

### 1. 插入帧

在时间轴所选处插入一个普通帧有四种方式：一是在菜单栏选择【插入】>【时间轴】>【帧】;

二是直接按“F5”键；三是“插入帧”按钮；四是将鼠标指针放在普通帧上并右击，在弹出的菜单中选择【插入帧】。

在时间轴所选处插入一个关键帧有四种方式：一是在菜单栏选择【插入】>【时间轴】>【关键帧】；二是按“F6”键；三是单击“插入关键帧”按钮；四是将鼠标指针放在普通帧上并右击，在弹出的菜单中选择【插入关键帧】。

在时间轴所选处插入一个空白关键帧有四种方式：一是在菜单栏选择【插入】>【时间轴】>【空白关键帧】；二是按“F7”键；三是单击“插入空白关键帧”按钮；四是将鼠标指针放在普通帧上并右击，在弹出的菜单中选择【插入空白关键帧】。

### 2. 选择帧

在菜单栏选择【编辑】>【时间轴】>【选择所有帧】，或按“Ctrl+Alt+A”快捷键，即可选中时间轴中的所有帧。

如果要选择部分帧，有以下操作方式：

（1）单击要选择的帧，时间轴上该帧显示为蓝色。

（2）用鼠标左键长按要选择的帧，向前或向后拖拽鼠标，鼠标指针经过的帧可全部被选中。

（3）按住“Ctrl”键的同时，单击要选择的帧，可以选择多个不连续的帧。

（4）在按住“Shift”键的同时，单击要选择的 2 个帧，这 2 个帧中间的所有帧都会被选中。

### 3. 移动帧

移动帧有以下两种操作方式：

（1）选中一个或多个帧，长按鼠标左键并拖拽所选的帧到目标位置即可移动帧。在拖拽过程中，如果按住“Alt”键，会在目标位置上复制所选的帧。

（2）选中一个或多个帧，在菜单栏选择【编辑】>【时间轴】>【剪切帧】，或按“Ctrl+Alt+X”快捷键，剪切所选中的帧，然后选中目标位置，在菜单栏选择【编辑】>【时间轴】>【粘贴帧】，或按“Ctrl+Alt+V”快捷键，在目标位置上粘贴所选的帧。

### 4. 删除帧

右击要删除的帧，在弹出的菜单中选择【清除帧】即可。如要删除普通帧，选中该帧按“Shift+F5”快捷键即可。

### 5. 启用“绘图纸外观”

启用“绘图纸外观”后，可以在舞台上同时显示当前帧以及与之相邻的前后帧的内容，为动画制作提供参考。

单击“绘图纸外观”按钮，长按鼠标左键，弹出的菜单中有【选定范围】、【所有帧】、【锚点标记】、【高级设置】4 个命令，选择不同的命令可对帧进行不同的操作。

### 6. 插入传统补间

设置第一帧和最后一帧为关键帧，单击“插入传统补间”按钮后，原本位于这两个关键帧之

间、显示为灰色的普通帧将转变为显示为紫色且带有黑色箭头的补间帧，如图 3-1-5 所示。

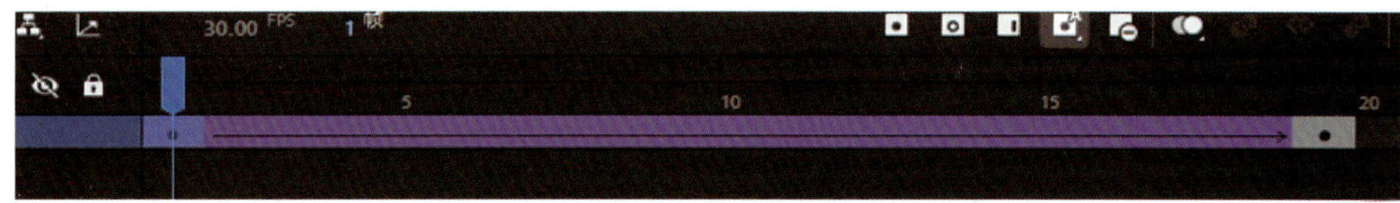
图 3-1-5　插入传统补间

### 7. 插入补间动画

在时间轴中，第一帧为关键帧，单击“插入补间动画”按钮后，普通帧会转变为显示为黄色的补间帧。在这些补间帧中的任意位置，用户都可以对元件的属性进行修改，而一旦进行了这样的修改，该帧上就会出现菱形标记，如图 3-1-6 所示。

图 3-1-6　插入补间动画

### 8. 插入形状补间

在时间轴中，设置第一帧和最后一帧为关键帧，它们之间的帧则为普通帧，在普通帧上单击“插入形状补间”按钮后，这些普通帧会转变为显示为橙色并带有黑色箭头的补间帧，如图 3-1-7 所示。

图 3-1-7　插入形状补间

## 四、逐帧动画的特点

逐帧动画是一种常见的动画形式，用户通过为时间轴上的每一帧绘制不同内容，并将这些帧连续播放来实现动画效果。

在制作逐帧动画时，用户需要为动画的每一帧分别创建不同的内容。当 Animate 逐帧播放动画时，会依次显示每一帧的内容。逐帧动画中的每一帧都是关键帧，这意味着每一帧的内容都要精心编辑。相邻关键帧之间内容变化细微，才能确保动画流畅、连贯。

## 任务实施

1. 在菜单栏选择【文件】>【新建】，单击预设模板中的“高清”（1 280 像素 ×720 像素），单击“创建”按钮，新建一个文档，保存并命名为“逐帧动画－小女孩走路”。

2. 在菜单栏选择【文件】>【导入】>【导入到舞台】，将本任务教材配套素材“天空草地”导入舞台，将“图层_1”图层重命名为“底图”并将其锁定。

3. 单击“新建图层”按钮，创建新图层并将其命名为“前景”，在菜单栏选择【文件】>【导入】>【导入到舞台】，将本任务教材配套素材“前景小白花”导入舞台，将“前景”图层锁定，如图 3-1-8 所示。

图 3-1-8　导入素材并管理图层

4. 序列的导入：首先，把准备导入的图片的名称改成连续的编号，这样 Animate 就默认它们是一系列的。单击“新建图层”按钮，创建新图层并将其命名为“女孩”，在菜单栏选择【文件】>【导入】>【导入到舞台】，选择本任务教材配套素材文件夹“人物走路”，选择第 1 个文件，在弹出的对话框中单击“是”按钮，序列文件被导入舞台，如图 3-1-9 所示。

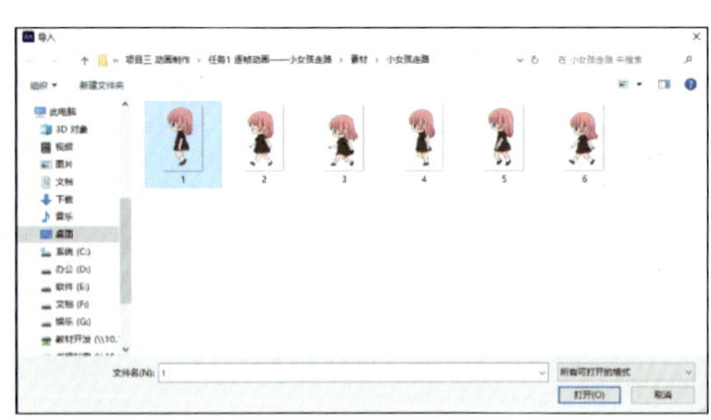

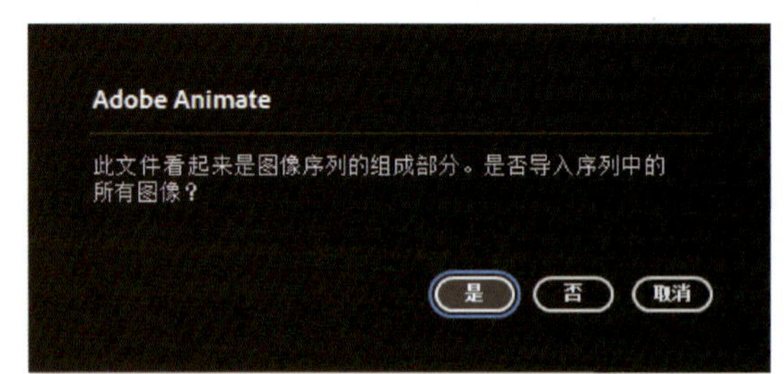


图 3-1-9　导入序列文件

5. 在“女孩”图层，单击第 1 帧，按住“Shift”键的同时单击第 6 帧，在菜单栏选择【编辑】>【时间轴】>【复制帧】，或按“Ctrl+Alt+C”快捷键，复制所选的帧。单击第 7 帧，在菜单栏选择【编辑】>【时间轴】>【粘贴帧】，或按“Ctrl+Alt+V”快捷键，粘贴帧。此时动画帧速率值为“30”，单击“女孩”图层的每一个关键帧，按“F5”键，在每个关键帧后边都插入 1 个普通帧，使动画播放慢一点，如图 3-1-10 所示。动画由原来的 12 帧动画变为 24 帧动画。按“Enter”键，可以看到女孩走路的效果，小女孩保持在原地走动，没有向前移动。

6. 改变“女孩”图层每一帧中女孩的位置：单击“绘图纸外观”按钮，如图 3-1-11 所示。单击第 1 个关键帧，将画面中的女孩移动至舞台最左端；单击第 2 个关键帧，将女孩向左移动，其位置比第 1 个关键帧画面中女孩偏右半个身，尽量保持这 2 个关键帧画面中女孩底端对齐；按照同样的方法，调整第 3～12 个关键帧画面中的女孩位置，同时保持女孩底端对齐。然后选择所有帧，调整黄色、红色标记区域，以显示所有帧的内容，如图 3-1-12 所示。

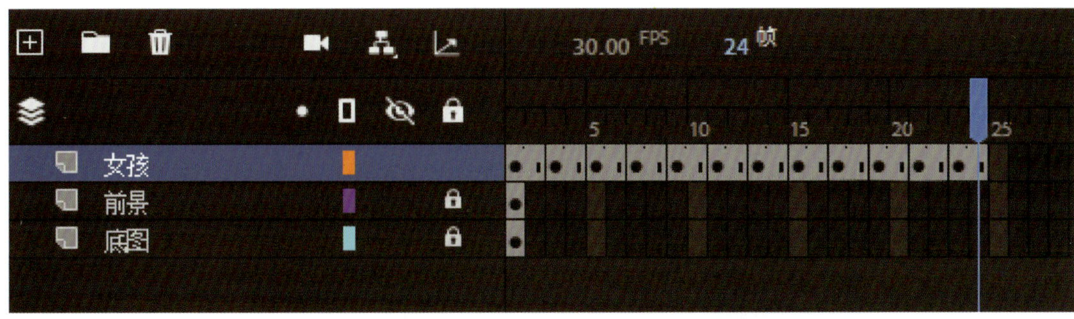


图 3-1-10　在每个关键帧后边都插入 1 个普通帧

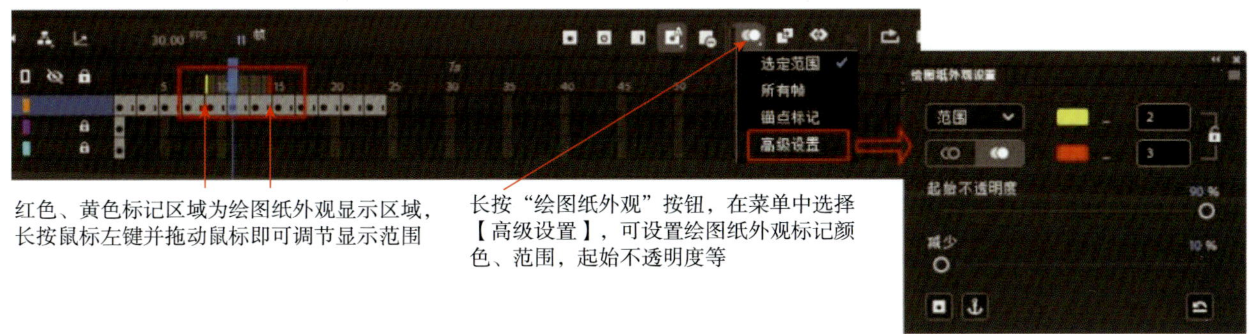


图 3-1-11　单击“绘图纸外观”按钮

图 3-1-12　显示所有帧的内容

7. 按“Enter”键，可以看到女孩走路的动画效果是女孩从左向右，倒退着走路，为了修改动画效果，单击“女孩”图层，单击第 1 帧，按住“Shift”键的同时单击第 24 帧，选择该图层所有帧内容，右击，在菜单中选择【翻转帧】，原本最后 1 个关键帧变为第 1 个关键帧，这样就完成了女孩从右向左走路的动画制作，如图 3-1-13 所示。

图 3-1-13　翻转帧

8. 选择“前景”图层，单击第 24 帧，在菜单栏选择【插入】>【时间轴】>【帧】；选择“底图”图层，单击第 24 帧，在菜单栏选择【插入】>【时间轴】>【帧】；拖动“前景”图层至“女孩”图层上方，使背景和花朵显示在女孩走路动画中，如图 3-1-14 所示。

图 3-1-14　调整图层顺序

## 思考与练习

一、思考题

“绘图纸外观”功能在逐帧动画制作过程中有什么作用？

二、实操练习

请运用本任务所学知识制作文字逐渐出现的动画。要求：场景大小设置合理，文字要填充颜色。

# 任务 2　补间形状动画制作——蛋糕奶油流动

任务目标

1. 能了解补间形状动画的概念。
2. 能熟悉创建补间形状的方法。
3. 能制作补间形状动画。

## 任务描述

通过学习补间形状动画的概念、特点和创建方法，创建补间形状动画来制作蛋糕奶油向下流动的动画效果，如图 3-2-1、图 3-2-2 所示。

图 3-2-1　第 1 帧效果

图 3-2-2　第 25 帧效果

## 知识学习

### 一、补间形状动画的概念

通过创建补间形状动画，可使舞台上的对象 A 平滑地转变为对象 B。在此过程中，对象的大小、位置、旋转角度、形状、颜色以及不透明度等均可进行调整。利用这种动画形式可以将静态平面图像和图形转化为有生动动态视觉效果的动画，同时也可以将静态文字转变为动态的文字动画。需要注意的是，如果对象是组件实例、由多个图形组成的复合对象或导入的素材对象，在制作补间形状动画之前，必须先将它们分离或取消组合。

## 二、补间形状动画的创建

### 1. 补间形状动画的创建步骤

（1）导入或绘制形状：在时间轴的第 1 个关键帧中，使用【工具箱】中的绘图工具（如“线条工具”“矩形工具”“椭圆工具”等）直接在舞台上绘制所需的起始形状，或者在菜单栏选择【文件】>【导入】，将外部形状导入到舞台中。

（2）添加关键帧：在时间轴中，定位到希望形状变化结束的位置，右击，选择【插入关键帧】或按“F6”键，在该位置添加 1 个关键帧。

（3）修改或绘制结束形状：在上一步添加的关键帧中，使用绘图工具修改起始形状，或者完全绘制一个新的形状作为动画的结束形状。然后在这个新形状与起始形状之间创建补间形状。

（4）创建补间形状：选中起始关键帧至结束关键帧中的任何一帧，然后右击，在菜单中选择【创建补间形状】。系统会自动在这两个关键帧之间插入必要的中间帧，以使形状平滑过渡。

图 3-2-3、图 3-2-4 所示为一个补间形状动画的创建过程及效果。

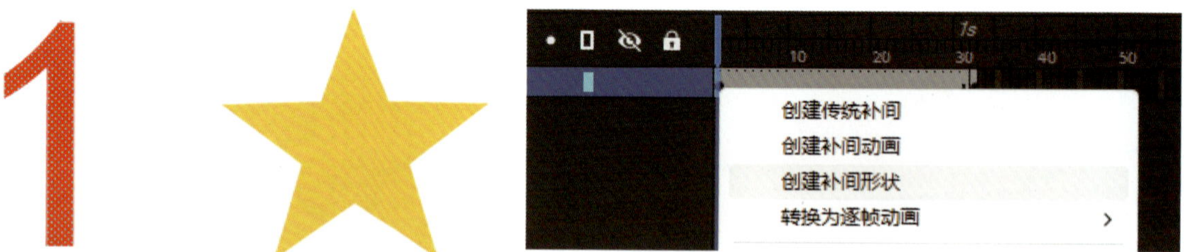


1. 第1帧：绘制数字1，并且使其处于打散状态　2. 第30帧：绘制五角星图形　3. 在第1帧上右击，在菜单中选择【创建补间形状】

图 3-2-3　创建补间形状动画

第4帧状态　第15帧状态　第25帧状态

图 3-2-4　补间形状动画效果

### 2. 补间形状的【属性】面板

补间形状的【属性】面板如图 3-2-5 所示。

（1）缓动：该参数主要用于控制形状变化的速率，使变化过程更加平滑或有动态感，其中包括“属性（一起）”和“属性（单独）”2 个选项。

（2）效果：单击“Classic Ease”按钮，可打开图 3-2-6 所示缓动效果设置面板，在该面板中可以选择不同的缓动效果，还可以查看缓动效果的曲线图。

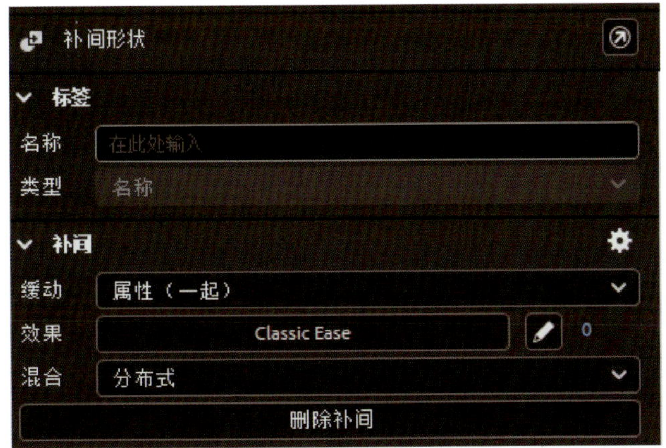


图 3-2-5　补间形状的【属性】面板

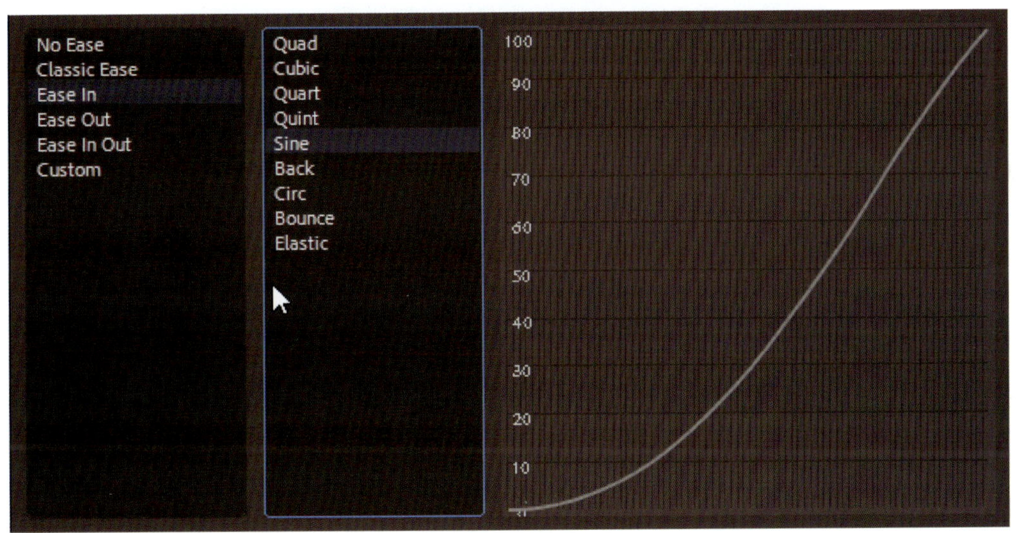


图 3-2-6　缓动效果设置面板

“Classic Ease”按钮右侧有“编辑缓动”按钮，单击该按钮，可打开图 3-2-7 所示【自定义缓动】对话框，在其中可编辑缓动效果，向上拖动滑块可提高缓动速度，向下拖动滑块可降低缓动速度。

在“编辑缓动”按钮右侧有缓动强度数值填写框，缓动强度值大于 0 时，动画开始时速度快，结束时速度慢；缓动强度值小于 0 时，动画开始时速度慢，结束时速度快。

### 3. 为补间形状添加提示点

下面我们通过为补间形状添加提示点来讲解添加提示点的方法。

补间形状动画的起始帧为已经打散的数字“1”，在同一图层的结束帧（第 30 帧）是黄色五角星图形，时间轴上第 1 帧至第 30 帧之间呈橙色并有黑色箭头。

（1）在【时间轴】面板上单击第 1 帧，在菜单栏选择【修改】>【形状】>【添加形状提示】或者按“Ctrl+Shift+H”快捷键，使得数字“1”的中间出现红色提示点“a”，然后将提示点“a”移动到数字“1”的上方角点上。

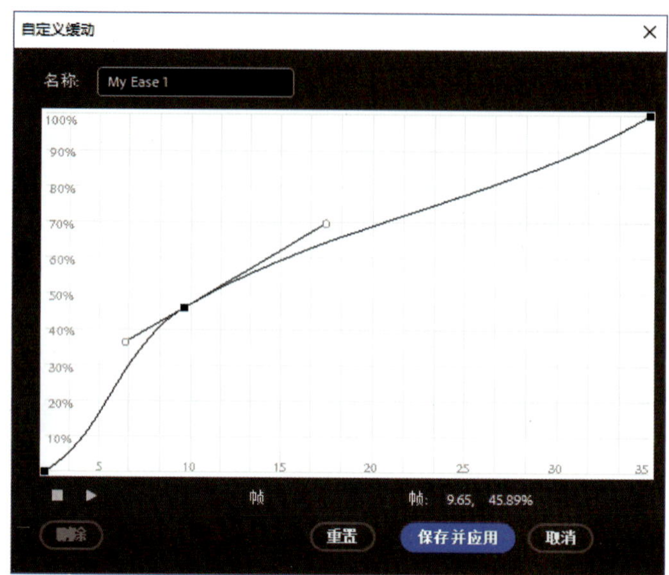


图 3-2-7 【自定义缓动】对话框

（2）把播放头放置在第 30 帧上，此时五角星图形上出现一个红色提示点“a”，将五角星图形上的提示点“a”移动到五角星图形上侧的边角点上，此时提示点由红色变为绿色。同时，第 1 帧中的数字“1”上的提示点颜色变为黄色，这一颜色变化标志着第 1 帧与第 30 帧的提示点已成功建立对应关系，如图 3-2-8 所示。对应关系成功建立后，第 1 帧中数字“1”上的提示点“a”会根据五角星图形上的提示点“a”的位置来移动。

（3）按照同样的办法可添加一个提示点“b”，如图 3-2-8 所示。

通过添加提示点，可极大地提升动画制作的可控性与精确度，进一步控制和优化补间形状动画的过渡效果，使得数字“1”变化到黄色五角星图形的过程更加自然。

图 3-2-8 为补间形状添加提示点

## 三、元件的类型和创建

元件是 Animate 动画的重要组成元素，元件具有独立的创作环境，并且可以不断重复使用。

### 1. 元件的特点

元件主要有以下特点：

（1）独立性。每个元件都有自己独立的时间轴和工作区，允许用户在其中创建动画，而且不会影响主场景或其他元件。

（2）可重用性。制作动画时如果需要反复使用某个对象，如图形等，可以将此对象转换为元件，或新建一个元件，并在元件内部创建需要反复使用的对象。元件一旦被创建，就可以在整个项目或多个项目中重复使用，无须重新创建。

（3）嵌套性。一个元件中可以包含其他元件，以实现更复杂的动画效果。

（4）库存储。创建的任何元件都会自动存储在 Animate 的库中，方便用户管理和查找。

### 2. 元件的类型

（1）图形元件。图形元件一般用于制作可重复使用的静态图像，以及附属于主时间轴的可重复使用的动画片段，如果在场景中创建元件的实例，那么实例将受到主场景时间轴的约束。换句话说，图形元件中的时间轴与其实例在主场景的时间轴保持同步。另外，可以在图形元件中使用矢量图、图像、音频和动画等元素，但不能在动作脚本中引用图形元件，并且在图形元件中不可播放音频。

（2）按钮元件。按钮元件用于建立交互按钮，使得用户可以在动画中触发特定的动作或事件。创建按钮元件的关键在于设定其 4 种不同状态的帧，具体为："弹起"状态（表示按钮未按下时）、"指针经过"状态（鼠标指针移动到按钮上方时）、"按下"状态（按下按钮时）以及"点击"状态（定义鼠标响应的有效区域，需注意的是，此状态下创建的图形不会直接显示在界面上）。

（3）影片剪辑元件。影片剪辑元件可以理解为动画中的"小电影"，它也像图形元件一样有自己的工作区和时间轴，但它们又不完全相同。影片剪辑元件的时间轴是独立的，它可以独立于主场景时间轴进行动画播放，且其播放不受主场景时间轴长度的制约。例如，在电影场景中创建影片剪辑元件的实例，此时即便该场景只有 1 帧画面，实例也可以播放。另外，在影片剪辑元件中可以使用矢量图、图像、音频、影片剪辑元件、图形组件和按钮组件等元素，也可以使用动作脚本控制影片剪辑元件。

### 3. 图形元件的创建方法

图形元件的创建方法有 2 种：一种是将现有对象转换成图形元件；另一种是直接创建图形元件，然后在图形元件内部绘制、导入或修改对象。

打开本任务教材配套素材"草莓 2"，我们以该素材为例，介绍创建和应用图形元件的方法。

方法一：直接创建图形元件。

（1）在菜单栏选择【插入】>【新建元件】，或按"Ctrl+F8"快捷键，在【创建新元件】对话框中设置名称为"草莓 2"，在类型的下拉列表中选择"图形"，如图 3-2-9 所示。

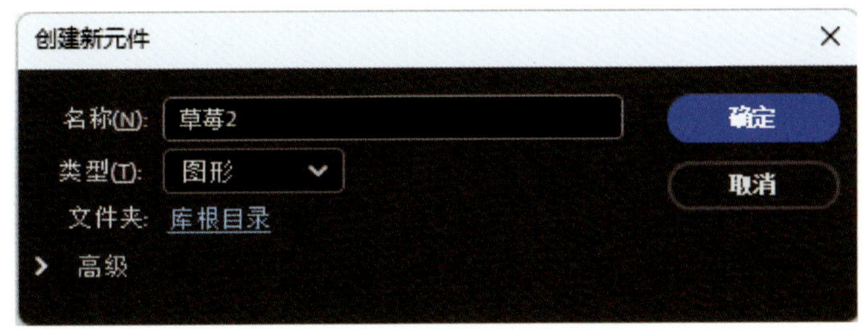


图 3-2-9 【创建新元件】对话框

（2）此时，图形元件的名称出现在舞台左上角，舞台中心多了个"+"图标，代表图形元件"草莓 2”的舞台处于可编辑状态，而舞台上“+”图标的位置即为图形元件的舞台中心，如图 3-2-10 所示。同时，【库】面板中也出现了名称为“草莓 2”的图形元件，如图 3-2-11 所示。

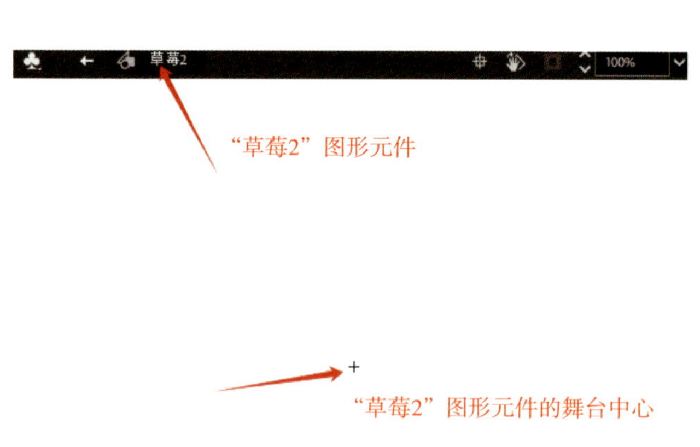


图 3-2-10 “草莓 2”图形元件的舞台

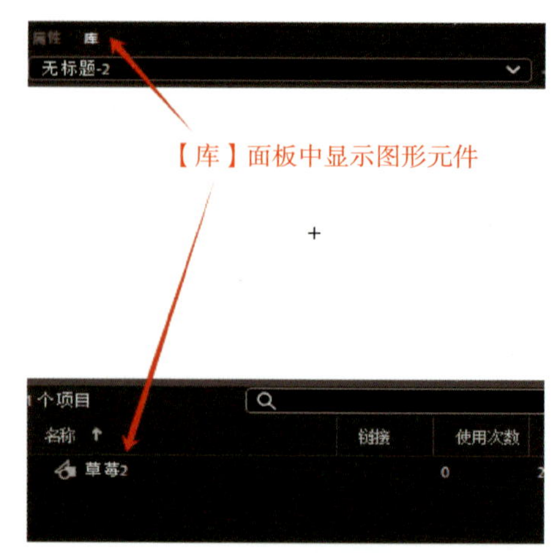


图 3-2-11 【库】面板显示出“草莓 2”图形元件

（3）在菜单栏选择【文件】>【导入】>【导入到舞台】，将配套素材“草莓 2”导入场景中，这样就完成了“草莓 2”图形元件的创建，如图 3-2-12 所示。

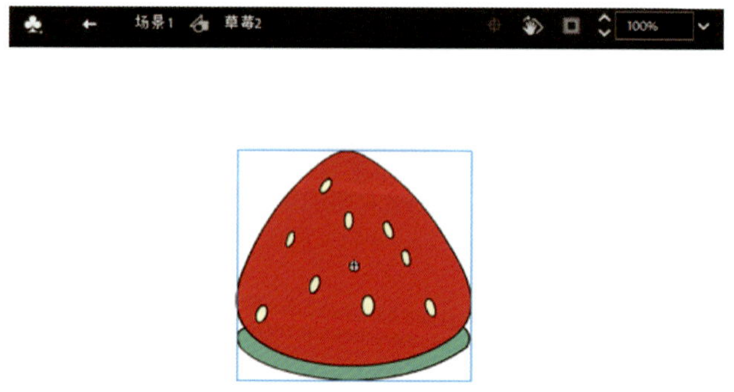


图 3-2-12 将草莓图形导入

方法二：将现有对象转换成图形元件。

选中舞台上需要转换的对象，然后在菜单栏选择【修改】>【转换为元件】，或按“F8”键，在弹出的“转换为元件”对话框中输入元件名称、选择元件类型、设置元件对齐点，单击“确定”按钮，即可将所选对象转换为图形元件，如图 3-2-13 所示。

### 4. 其他类型的元件的创建方法

（1）影片剪辑元件的创建。影片剪辑元件的创建方法与直接创建图形元件方法相似。不同之处是创建图形元件时，设置元件类型为“图形”，新建元件后直接导入图形素材即可；创建影片剪辑元件时，设置元件类型为“影片剪辑”，新建元件后需要制作一个补间形状动画。影片剪辑元件在【库】面板中的图标为，如图 3-2-14 所示。

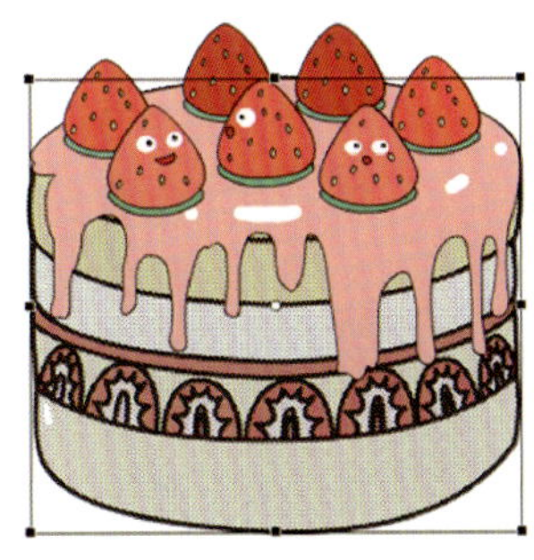

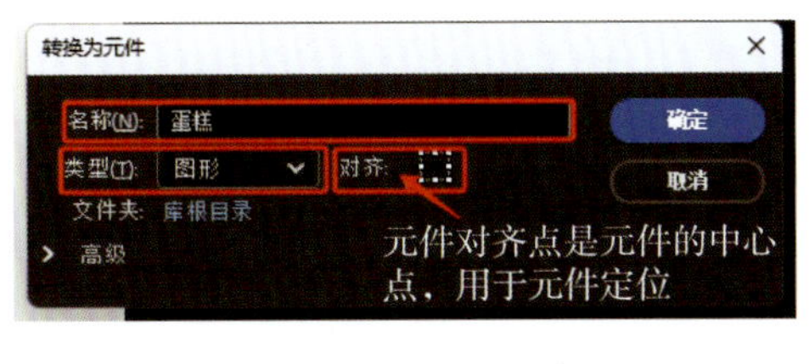


1. 选择“蛋糕”图层的所有对象

2. 在【转换为元件】对话框中，输入元件名称、选择元件类型、设置元件对齐点，单击“确定”按钮

图 3-2-13 将对象转换为元件

（2）按钮元件的创建。我们以创建一个名为“机器人”的按钮元件为例介绍按钮元件的创建方法。

1）创建按钮元件时，也要先新建元件，然后设置元件类型为“按钮”，如图 3-2-15 所示。

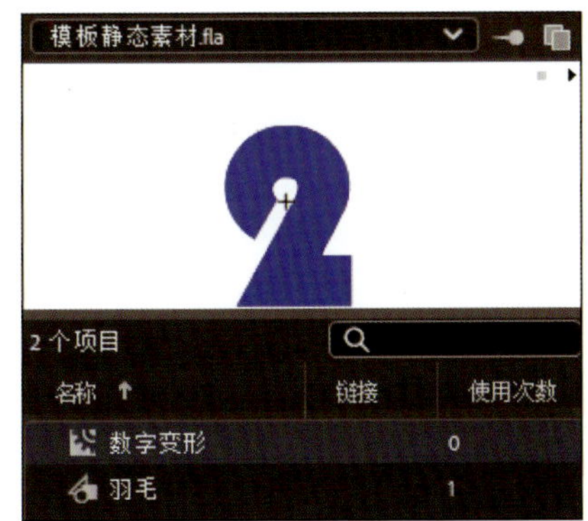


图 3-2-14 【库】面板显示的影片剪辑元件

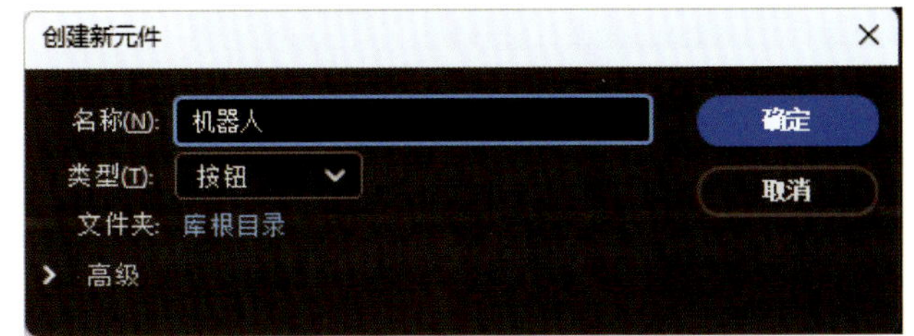


图 3-2-15 设置元件类型为“按钮”

2）在按钮元件的名称出现在场景名称下方时，舞台切换为按钮元件的舞台。时间轴显示的 4 个状态分别为“弹起”“指针经过”“按下”“点击”状态，如图 3 2 16 所示。将机器人素材粘贴到“弹起”状态帧舞台中，如图 3-2-17 所示。

3）选中“指针经过”状态帧，按“F6”键，插入关键帧，利用“任意变形工具”将机器人右臂向右旋转，如图 3-2-18 所示。

4）选中“按下”状态帧，按“F6”键，插入关键帧，利用“任意变形工具”将机器人左腿向左旋转、右腿向右旋转，如图 3-2-19 所示。

5）选中“点击”状态帧，按“F7”键，插入空白关键帧，选择“矩形工具”，设置笔触颜色为无填充、填充颜色为黑色，在舞台中心位置绘制一个和机器人大小差不多的矩形，该矩形区域即为鼠标响应的有效区域，如图 3-2-20 所示。

6）按钮元件制作完成，在各个关键帧上，舞台中的图形如图 3-2-21 所示，在【库】面板中显示的按钮元件的图标为▣，如图 3-2-22 所示。

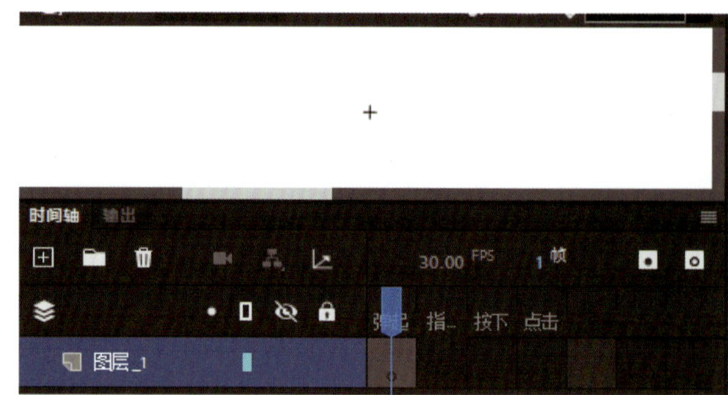


图 3-2-16　按钮元件编辑状态

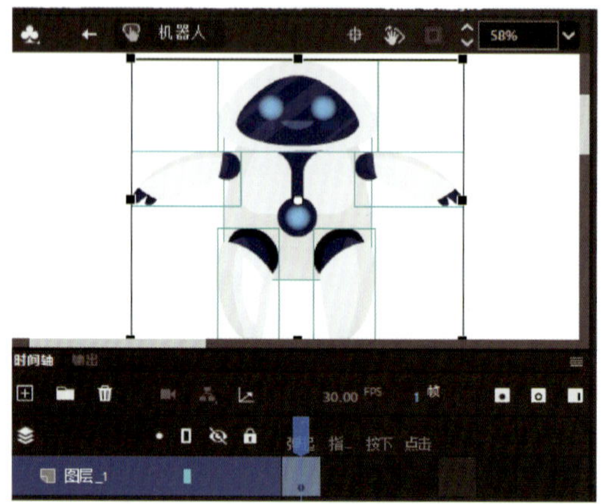


图 3-2-17　“弹起”状态帧的舞台

图 3-2-18　“指针经过”状态帧的舞台

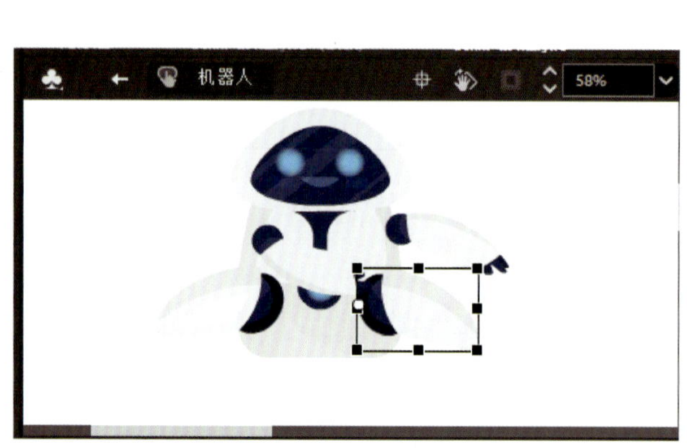


图 3-2-19　“按下”状态帧的舞台

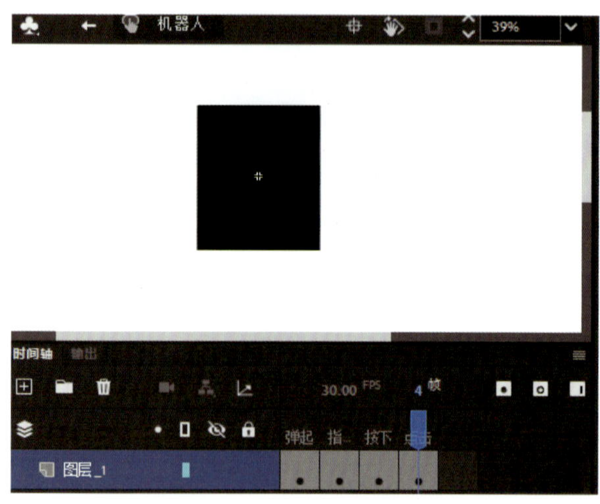


图 3-2-20　“点击”状态帧的舞台

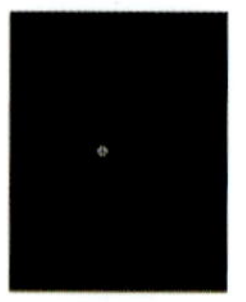

“弹起”状态帧　“指针经过”状态帧　“按下”状态帧　“点击”状态帧

图 3-2-21　各个关键帧上舞台中的图形

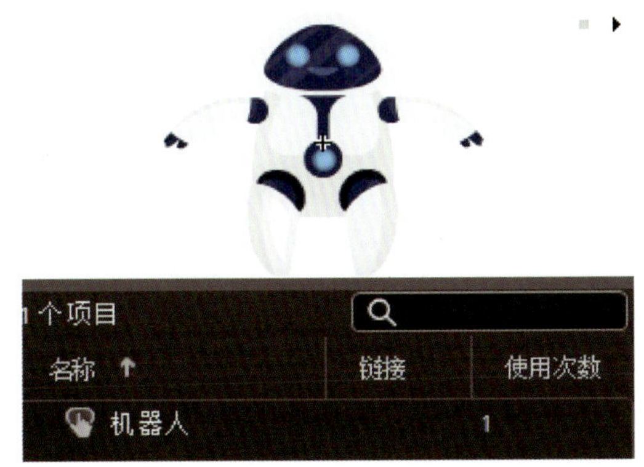


图 3-2-22 【库】面板中显示的按钮元件

### 5. 元件的应用

元件是用于保存动画片段或图形等的载体，它无法直接用于动画制作中。一旦创建了元件，它会自动保存在 Animate 的库中，库是一个很方便的地方，在其中可以查看、管理和组织元件。在 Animate 主界面中，用户可以从库中拖拽元件到舞台上，这样就可以在动画中使用这些元件。同时，用户可以根据需要调整元件的大小、位置等，还可以通过修改元件实例【属性】面板的相关参数来创造变化效果。

在【属性】面板中，“色彩效果”区域有多个颜色样式供用户选择，如图 3-2-23 所示。

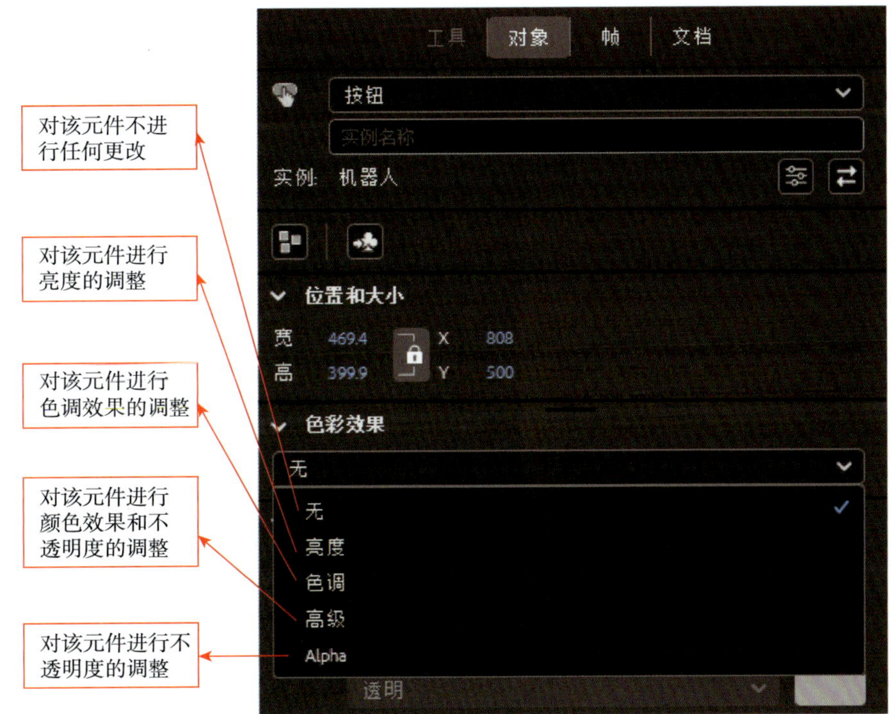


图 3-2-23　颜色样式选项

（1）设置亮度值后，元件调整效果如图 3-2-24 所示。

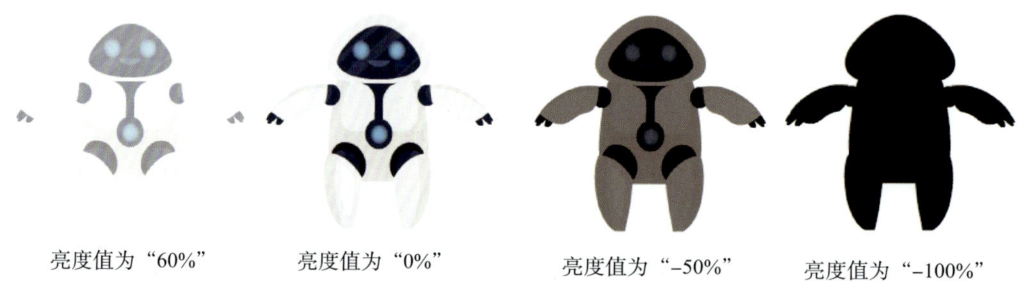


图 3-2-24　元件亮度调整效果

（2）设置色调相关参数后，元件调整效果如图 3-2-25 所示。

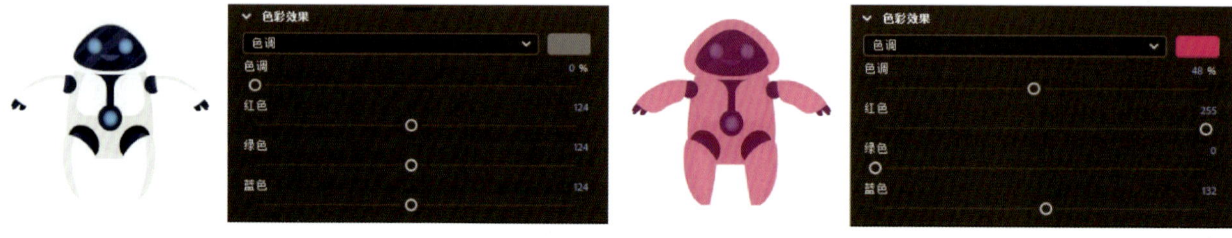


图 3-2-25　元件色调调整效果

（3）设置高级相关参数后，元件调整效果如图 3-2-26 所示。

图 3-2-26　设置高级相关参数后元件调整效果

（4）设置 Alpha（不透明度）值后，元件调整效果如图 3-2-27 所示。

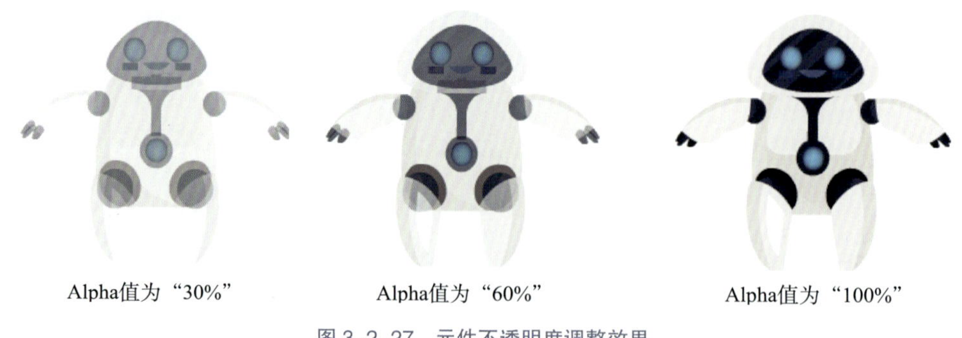


图 3-2-27　元件不透明度调整效果

## 任务实施

1. 在菜单栏选择【文件】>【新建】，新建一个尺寸为 640 像素 ×480 像素的文档，保存并命名为“形状补间动画 – 蛋糕奶油流动”。

2. 在菜单栏选择【文件】>【打开】，打开本任务教材配套素材“蛋糕奶油”，在【库】面板中找到名称为“蛋糕”“草莓 1”“草莓 2”“草莓 3”的元件，拖拽到舞台中合理的位置上，然后连续 2 次使用“草莓 4”“草莓 5”元件，并将它们拖拽到舞台中合理的位置上；选中“图层_1”图层，该图层中的对象即被全部选中，在菜单栏选择【修改】>【时间轴】>【分散到图层】，将该图层中的对象分散到独立层，如图 3-2-28 所示。

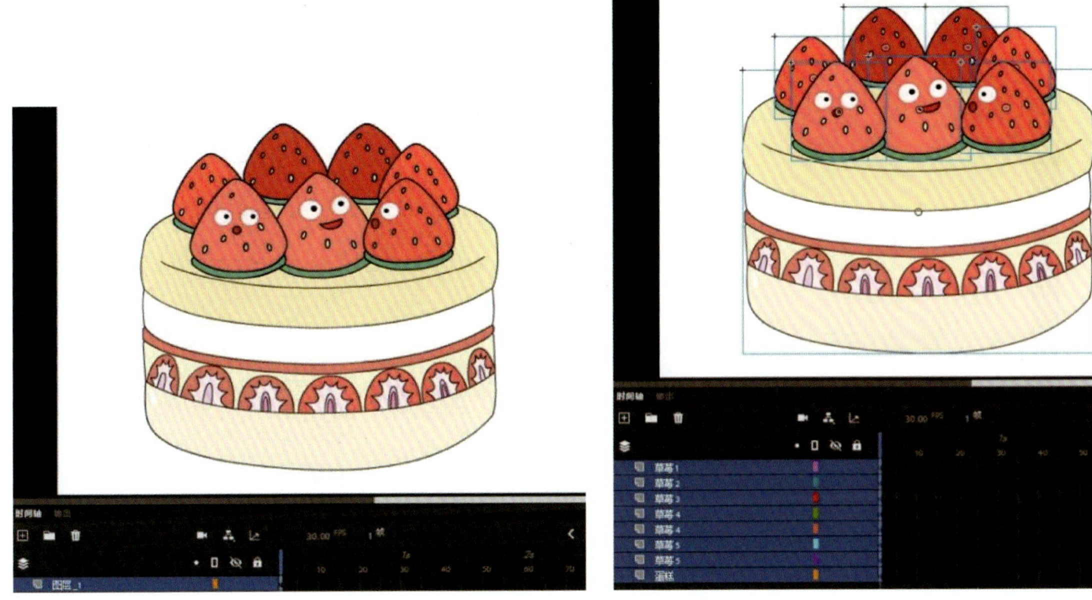

图 3-2-28　分散到图层

3. 新建名称为“奶油”的图层，将除“奶油”图层以外的所有图层锁定，同时也可以隐藏“草莓 1”到“草莓 5”5 个图层，防止它们干扰奶油的绘制。单击“奶油”图层的空白关键帧，选择“钢笔工具”，确保“对象绘制”按钮处于未按下状态，在【属性】面板的【工具】选项卡中设置笔触颜色值为“#000000”、笔触大小为“1”，在蛋糕上，绘制如图 3-2-29a 所示奶油的外形；单击第 30 帧，插入关键帧，修改第 30 帧的奶油的状态。

4. 选择“颜料桶工具”，在【属性】面板的【工具】选项卡中设置填充颜色值为“##FFACAD”，分别给第 1 帧、第 30 帧画面中的奶油填充颜色。

5. 在第 1 帧右击，在弹出的菜单中选择【创建补间形状】，创建补间形状动画。

6. 单击除“奶油”图层以外的所有图层的第 30 帧，按“F5”键插入帧，使所有图层处于显示状态，移动“奶油”图层到“蛋糕”图层的上方，如图 3-2-30 所示。

7. 在【属性】面板修改舞台颜色值为“CCFFFF”，在菜单栏选择【控制】>【测试】，观看动画效果，如对动画效果满意，在菜单栏选择【文件】>【导出】>【导出影片】，导出 SWF 格式的影片。

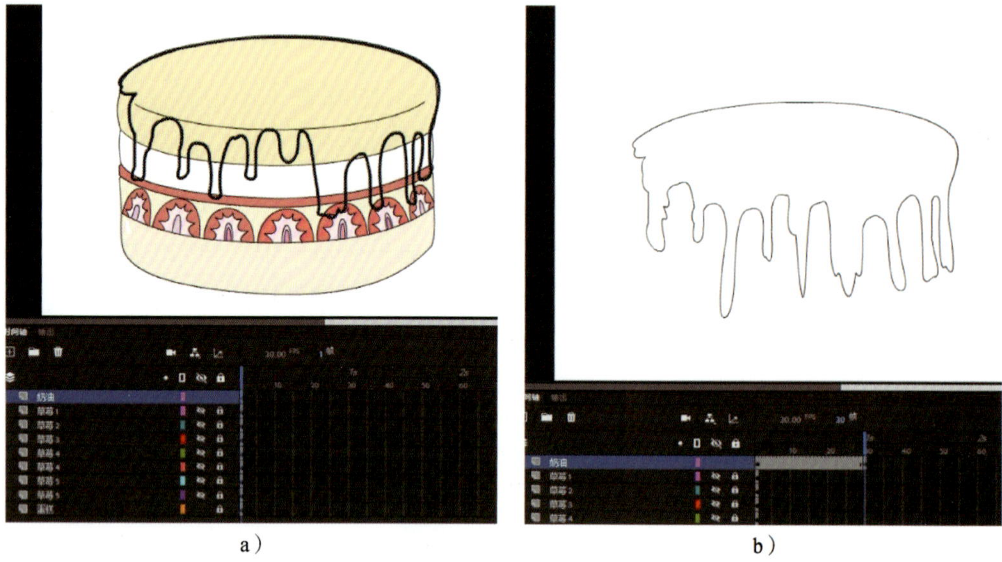

图 3-2-29　绘制奶油的外形

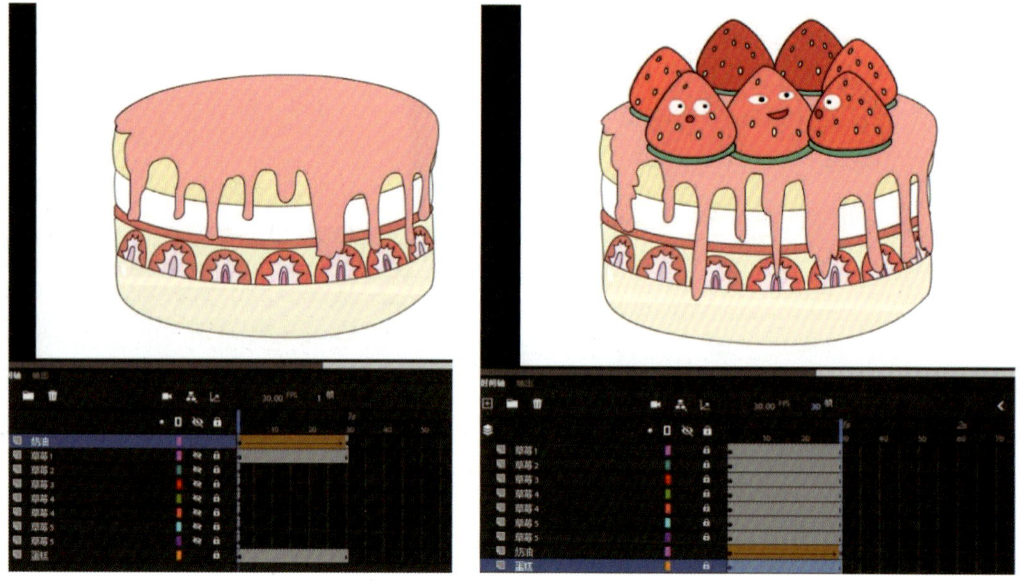

图 3-2-30　调整图层顺序

## 思考与练习

一、思考题

1. 说一说制作补间形状动画的步骤。

2. 如何给补间形状动画添加形状提示点？

二、实操练习

请运用本任务所学知识制作一个自己姓氏的首字母变为名的首字母的补间形状动画。

# 任务 3　动作补间动画制作——小兔子在草丛中捉迷藏

任务目标

1. 能掌握动作补间动画的制作原理和方法。
2. 能掌握动作补间动画的正误检查方法。
3. 能制作简单的动作补间动画。

## 任务描述

通过学习动作补间动画的概念、特点、父子关系创建方法等知识，制作一个小兔子在草丛中出现的动作补间动画，第 5 帧画面如图 3-3-1 所示，第 10 帧画面如图 3-3-2 所示，第 45 帧画面如图 3-3-3 所示，第 50 帧画面如图 3-3-4 所示。

图 3-3-1　第 5 帧画面

图 3-3-2　第 10 帧画面

图 3-3-3　第 45 帧画面

图 3-3-4　第 50 帧画面

## 知识学习

### 一、动作补间动画制作步骤

Animate 动画最鲜明的特征就是利用补间技术进行动画创作。补间技术是指在两个关键帧之间创造所需的变化效果，随后通过应用补间指令，自动生成这两个关键帧之间的平滑过渡动画。

动作补间动画就是在两个关键帧之间为同一个对象建立一种运动补间关系的动画。利用 Animate 制作动画时，可以根据动画制作的需求使元件若隐若现，打造移动、缩放、旋转等的过渡效果。运用动作补间技术时，只需对关键帧中对象的属性进行调整，如改变大小、颜色、位置或不透明度等，系统便会自动生成这些关键帧之间的平滑过渡的过程动画，如图 3-3-5 所示。

色彩的变化

不透明度的变化

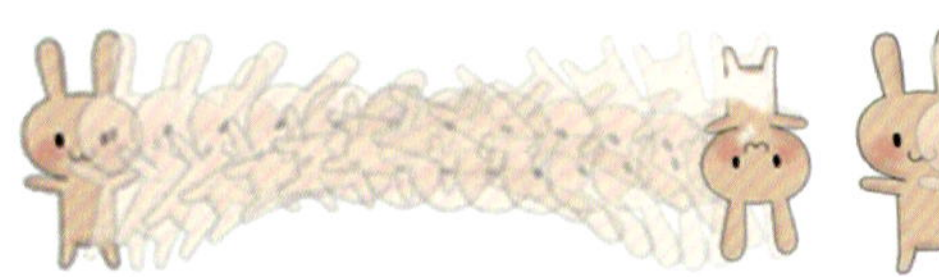

旋转的变化

大小的变化

图 3-3-5　动作补间动画的变化形式

动作补间动画的制作步骤如下：

### 1. 设计元件

在制作动作补间动画前，要确定动画中需要使用的元件。在 Animate 中，动作补间动画的制作素材必须是元件。因此，如果制作素材为一个形状或图片，需要先将其转化为元件。

### 2. 创建关键帧

设置起始帧：在时间轴动画起始位置创建或设置一个关键帧，并在该关键帧中放置一个元件实例。

设置结束帧：在动画结束位置创建或设置一个关键帧，并在该关键帧中改变元件实例的属性（如位置、大小、颜色、不透明度等）。

### 3. 创建动作补间动画

选择补间类型：右击起始帧，在菜单中选择补间动画类型，如选择【创建传统补间】、【创建补间动画】等。

确认动画效果：选择补间动画类型后，起始帧和结束帧之间会显示为淡紫色并出现一个长箭头，这表示动作补间动画已创建成功。

## 二、动作补间动画的制作要求

1. 关键帧设定：动作补间动画必须包含起始帧和结束帧，且这两帧均须定义为关键帧，它们是动画变化的起点与终点。

2. 元件属性变化：关键帧中的内容应体现元件属性的变化，起始帧和结束帧分别代表元件属性的起始状态与结束状态。

3. 图层一致性：制作动作补间动画时，确保所涉及的两个关键帧位于同一图层内，这是实现动画连贯的基础。

4. 元件对应原则：每个关键帧中的元素必须为元件，且在动作补间动画中，元件的对应关系必须是一对一的，即一个起始元件对应一个结束元件。

## 三、动作补间动画的【属性】面板

在时间轴选中动作补间帧后，【属性】面板如图 3-3-6 所示。在【属性】面板中可以为补间动画设置缓动参数和不同效果，还可以设置其他参数以实现更丰富的动画效果。

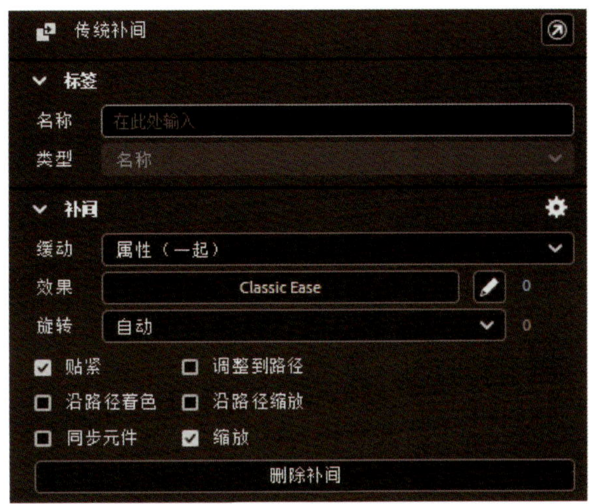


图 3-3-6 【属性】面板

1. 旋转：选择“无”，意味着对象将保持静止，不发生旋转；选择“自动”，对象将以最小必要角度旋转至终点；选择“顺时针”，对象会沿顺时针方向旋转至指定终点，且可在数值填写框内输入旋转的具体次数。

2. 贴紧：勾选复选框后，对象会自动对齐并贴合路径轨迹移动。

3. 调整到路径：勾选复选框，对象不仅会沿预设路径移动，还会根据路径的变化自动调整其行进方向。

4. 沿路径着色：勾选复选框，对象将依据预设的路径进行颜色渐变，随着路径的延展，对象颜色相应变化。

5. 沿路径缩放：勾选复选框，对象在沿特定路径移动时，会根据路径的形态自动调整其大小，实现动态缩放效果。

6. 同步元件：勾选复选框，动画将在场景开始与结束时无缝循环播放，确保动画连贯。

7. 缩放：勾选复选框，对象在移动过程中会按照预设比例进行缩放，并保持形态的一致性。

## 四、父子关系

Animate 中，父子关系机制主要用于管理和控制对象间的层次结构及其移动特性，以提升动画的灵活性与可扩展性。

### 1. 父子关系的建立

在时间轴中，首先定位到希望设定为父对象的图层。接着，将鼠标指针移至该图层名称右侧的图层控制柄上（即小方块区域），按下鼠标左键并保持不放，然后拖动鼠标至希望设为子对象的图层上方，松开鼠标左键。此时，两个图层控制柄间会出现一条线，这标志着父子关系成功建立。

### 2. 父子关系的特性

子对象会继承其父对象的位置与旋转等核心属性。这意味着，当对父对象进行移动或旋转操作时，其子对象也会相应地跟随移动或旋转。

在动画制作时，可以自由地创建多个父子关系，从而构建一个层次分明的结构。以动画角色绘制为例，一个复杂的角色可能由多个身体部位（如头部、手部、脚部等）构成，而每个部位都可以被设定为一个独立的图层，并通过建立父子关系将它们有机地组合在一起。

自 Animate 2022 版本起，该软件父子关系编辑功能得到了显著提升，不仅可以传递位置和旋转属性，还可以传递缩放、倾斜以及翻转等更多属性。这些属性的设置，都可以在时间轴的【调整】选项卡里方便地进行。

### 3. 父子关系的解除

如果想要解除已经建立的父子关系，只需要将鼠标指针移动到连接两个图层控制柄的线上，按住鼠标左键并将其拖至空白区域即可；也可以在图层控制柄区域单击鼠标左键，在菜单中选择【删除父级】来解除父子关系。

父子关系建立与解除步骤如图 3-3-7 所示。

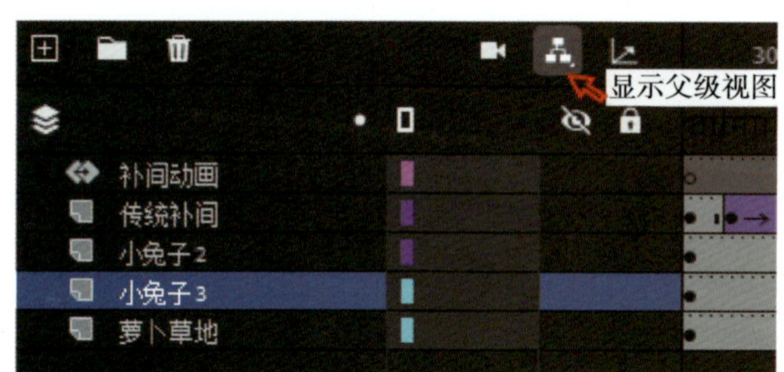


1. 单击“显示父级视图”按钮打开父子关系视图

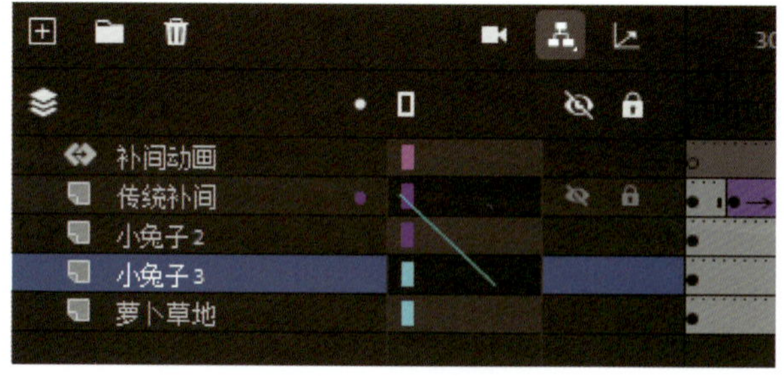


2. 拖拽子对象至父对象可建立父子关系

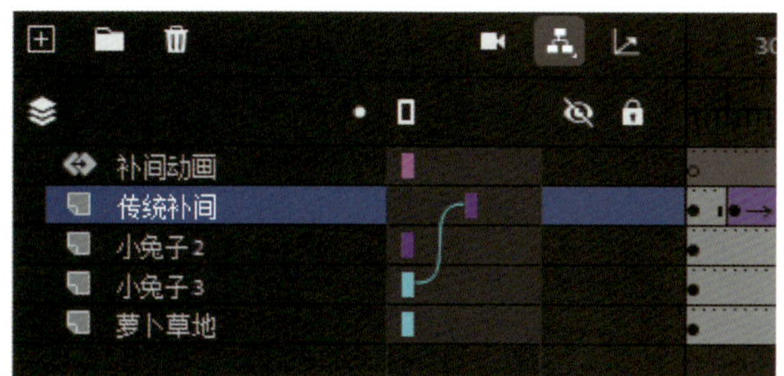


3. “小兔子3”图层是父对象，“传统补间”图层是子对象

4. 单击鼠标左键会显示快捷菜单，可选择【删除父级】，从而解除父子关系

图 3-3-7　父子关系的建立与解除

## 任务实施

1. 在菜单栏选择【文件】>【新建】，新建一个尺寸为 640 像素 × 480 像素，名称为“补间动画－草丛小兔子”的文档。

2. 在菜单栏选择【文件】>【导入】>【导入到库】，导入本任务教材配套素材“萝卜草地”和“小兔子”，在【库】面板中找到“萝卜草地”图片，将其拖拽到“图层_1”图层舞台的合理位置上，修改“图层_1”图层名称为“萝卜草地”；新建名称为“传统补间”的图层，将【库】面板中的“小兔子”图片拖拽到舞台中，右击“小兔子”图形，在菜单中选择【转换为元件】或按“F8”键，将“小兔子”转换为图形元件，将元件名称设置为“小兔子”，如图 3-3-8 所示。

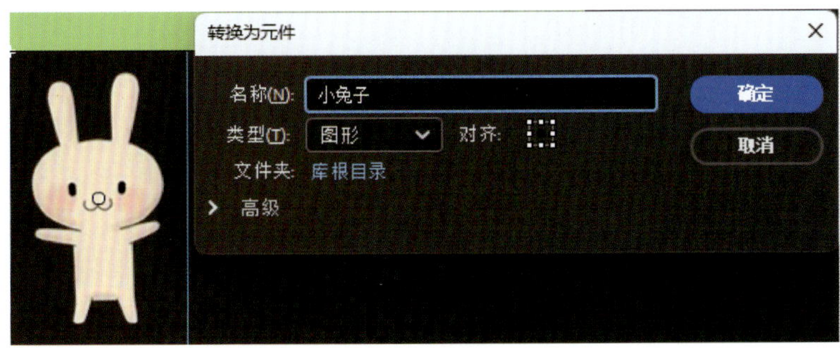


图 3-3-8　将元件名称设置为“小兔子”

3. 调整元件“小兔子”的位置，使其位于舞台下方外侧，如图 3-3-9 所示。选择“萝卜草地”图层，单击第 80 帧，按“F5”键插入帧；分别选择“传统补间”图层的第 5 帧、第 20 帧，按“F6”键插入关键帧。

图 3-3-9　调整元件“小兔子”位置

4. 选择“传统补间”图层的第 10 帧，按“F6”键插入关键帧，将元件“小兔子”移动到舞台边，如图 3-3-10 所示；选择第 15 帧，按“F6”键插入关键帧。

5. 保持元件“小兔子”在“传统补间”图层的位置，将播放头放置在第 5 帧处，选择“选择工具”，右击，在菜单中选择【创建传统补间】，创建传统补间动画；用同样的方法，在第 15 帧处，创建传统补间动画，完成第一段传统补间动画制作，如图 3-3-11 所示。

图 3-3-10 元件“小兔子”在不同帧中的表现 1

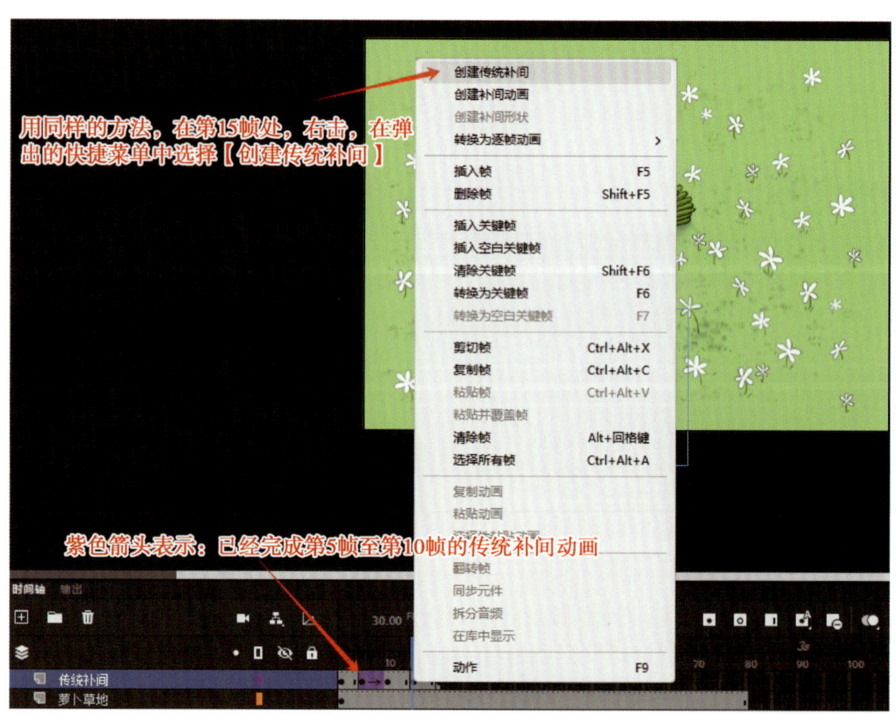


图 3-3-11 在菜单中选择【创建传统补间】

6. 用同样的方法，在第 25 帧处按“F6”键插入关键帧，将元件“小兔子”移动到图 3-3-12a 所示的位置，在第 40 帧处按“F6”键插入关键帧；在第 30 帧处按“F6”键插入关键帧，将元件“小兔子”移动到图 3-3-12b 所示位置，在第 35 帧处按“F6”键插入关键帧；将播放头放置在第 30 帧处，使用“选择工具”，右击，在菜单中选择【创建传统补间】；用同样的方法，在第 35 帧处，创建传统补间动画，选择第 80 帧，按“F5”键插入帧，完成第二段传统补间动画。

a） b）

图 3-3-12 元件“小兔子”在不同帧中的表现 2

7. 补间动画的创建：新建图层，修改其名称为“补间动画”，选择【库】面板中元件“小兔子”，将元件“小兔子”拖拽到舞台外侧，利用“任意变形工具”，将元件“小兔子”旋转 180°，如图 3-3-13 所示。选择第 45 帧，按“F6”键插入关键帧，右击，在菜单中选择【创建补间动画】，创建补间动画，如图 3-3-14 所示。

图 3-3-13 将元件“小兔子”旋转 180°

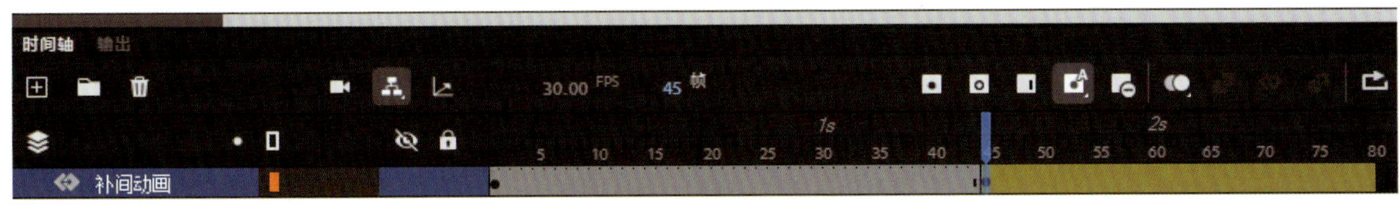


图 3-3-14 创建补间动画

8. 修改补间动画：将播放头放置在第 50 帧处，拖拽元件“小兔子”到舞台里，第 50 帧将自动变为关键帧，如图 3-3-15 所示。

图 3-3-15　改变元件“小兔子”的位置

9. 选择第 55 帧，右击，在菜单中选择【插入关键帧】>【位置】，插入一个位置关键帧，如图 3-3-16 所示。选择第 60 帧，拖拽元件“小兔子”到舞台外侧（可参考第 45 帧位置）；元件“小兔子”将在第 50 帧到第 55 帧时保持在舞台里，在第 55 帧到第 60 帧时向舞台外侧移动；用同样的方法，选择第 65 帧，拖拽元件“小兔子”到图 3-3-17 所示位置；选择第 70 帧，拖拽元件“小兔子”到舞台里；选择第 75 帧，右击，在菜单中选择【插入关键帧】>【位置】，在第 75 帧处插入一个位置关键帧；选择第 80 帧，拖拽元件“小兔子”到舞台外侧，完成完整的补间动画。

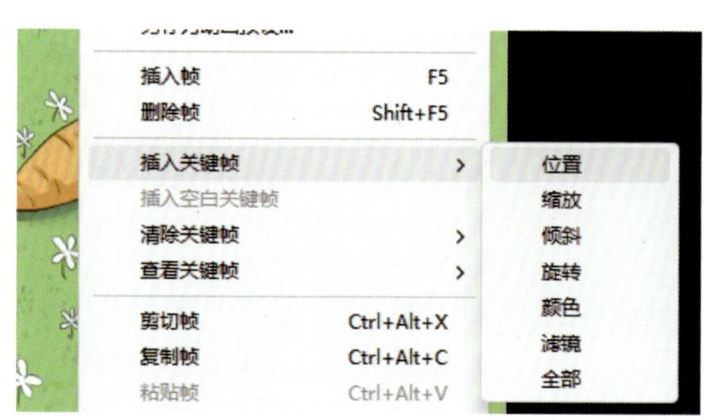


图 3-3-16　插入“位置”关键帧

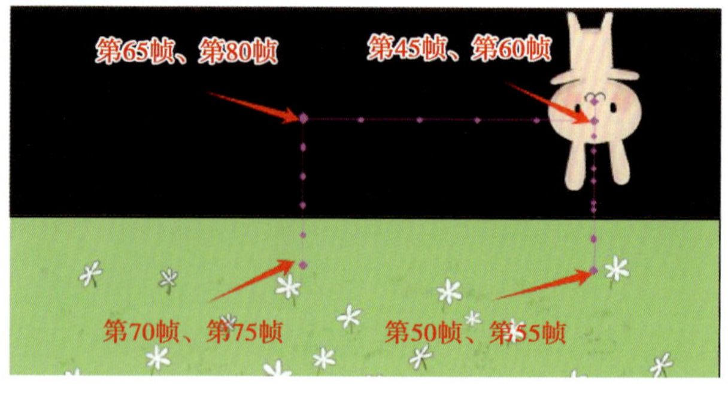


图 3-3-17　元件“小兔子”在不同关键帧的位置参考

10. 新建 2 个图层，修改“图层 _4”图层名称为“小灰兔”，选择【库】面板中元件“小兔子”并拖拽到舞台中；修改“图层 _5”图层名称为“小粉兔”，选择【库】面板中元件“小兔子”并拖拽到舞台中。选中“小粉兔”图层中的元件“小兔子”，在【属性】面板颜色样式下拉列表中选择“色调”，设置色调值为“45%”、红色值为“219”、绿色值为“82”、蓝色值为“80”；选中“小

灰兔”图层中的元件“小兔子”，在【属性】面板颜色样式下拉列表中选择“亮度”，设置亮度值为“-54%”，如图 3-3-18 所示。将“小粉兔”“小灰兔”图层中的元件“小兔子”放到“传统补间”图层中元件“小兔子”下方，位置排列、图层排列如图 3-3-19 所示。

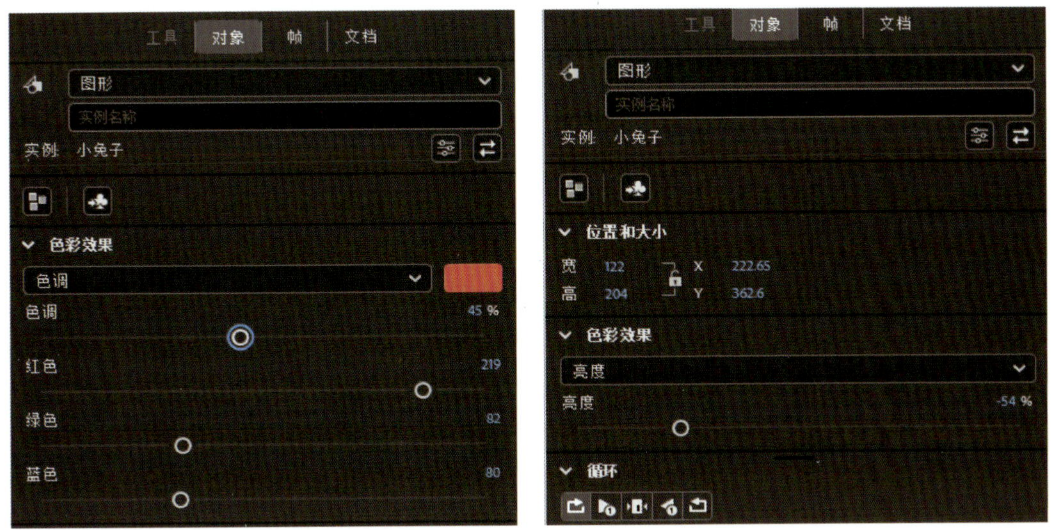

图 3-3-18　小粉兔、小灰兔色彩效果调整

图 3-3-19　小粉兔、小灰兔位置排列及图层排列

11. 父子关系的建立：选择“选择工具”，单击时间轴中“显示父级视图”按钮，拖拽“小粉兔”“小灰兔”图层控制柄至“传统补间”图层，这样“小粉兔”“小灰兔”图层成为“传统补间”图层的子级，它们会随着“传统补间”图层动画的运动而产生运动变化，如图 3-3-20 所示。

12. 在菜单栏选择【控制】>【测试】，观看效果，如对效果满意，在菜单栏选择【文件】>【导出】>【导出影片】，导出 SWF 格式影片。

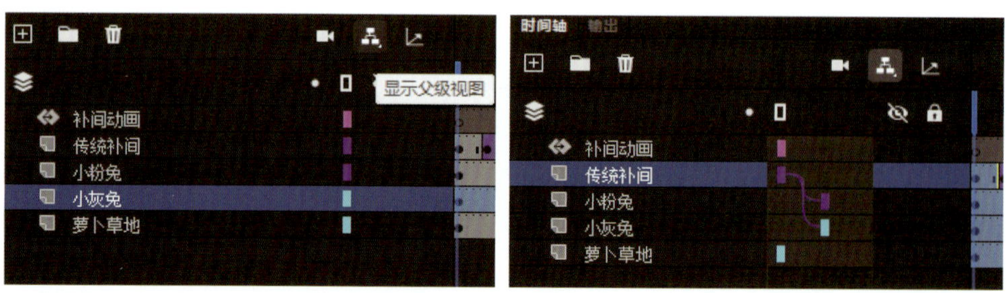


图 3-3-20　建立父子关系

## 思考与练习

一、思考题

1. 说一说动作补间动画的制作要求。

2. 说一说父子关系的创建和删除方法。

二、实操练习

请运用本任务所学知识制作一个“篮球跳跃”的动作补间动画。

# 任务 4　遮罩层动画制作——小恶魔变小天使

### 任务目标

1. 能掌握不同类型图层的特点和基本操作方法。

2. 能运用遮罩层制作动画效果。

3. 能使用“静态遮罩层”和“动态遮罩层”制作动画效果。

## 任务描述

通过学习不同类型图层的操作方法，使用“矩形工具”“椭圆工具”绘制“光线”和“灯”元件，利用遮罩层制作灯光照射使小恶魔变成小天使的动画效果，如图 3-4-1 所示。

图 3-4-1　小恶魔变成小天使的动画效果

## 知识学习

### 一、图层的类型

图层的类型主要有普通层、引导层和遮罩层等。

#### 1. 普通层

在 Animate 中新建一个文档，系统默认新建的图层为普通层，如图 3-4-2 所示。

#### 2. 引导层

引导层是 Animate 中用于绘制路径的图层，这些路径是其他图层（称为“被引导层”）中对象运动的轨迹。简单来说，引导层就像一个隐形的轨道，指导着被引导层中的对象按照特定的路径进行移动。

在 Animate 中，新建文档，在“图层 _1”图层中创建一个传统补间动画，选中“图层 _1”图层，然后右击，在菜单中选择【添加传统运动引导层】，此时“图层 _1”图层上方会出现引导层，引导层的图标为 ，在它下面的图层中的对象将被引导运动，如图 3-4-3 所示。

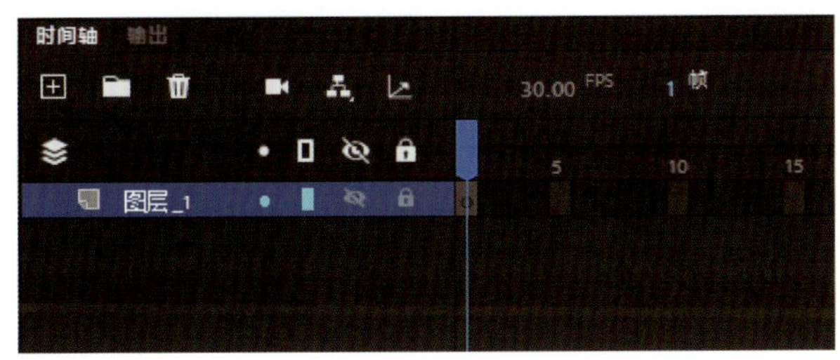

图 3-4-2　普通层

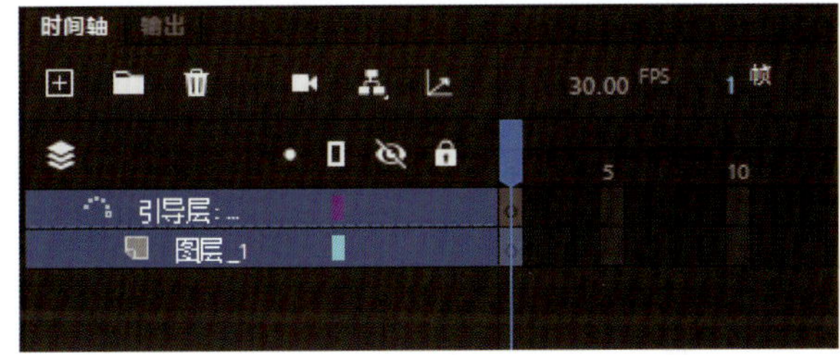

图 3-4-3　引导层

#### 3. 遮罩层

遮罩层是 Animate 中非常重要的一种图层类型，常用来制作图层的特殊效果或场景的过渡效果。顾名思义，其基本作用就是遮盖住下方图层的某部分，有选择性地显示其他部分，就像在纸板上挖了一个孔，只有透过这个孔才可以看到下方的图层，而其他区域是被遮住的。遮罩层必须至少由 2 个图层组成：一个是作为遮罩的图层（称为“遮罩层”），另一个是被遮罩的图层（称为“被遮罩层”）。不管是遮罩对象还是被遮罩对象，它们都可以为任何形式的动画，所以两者结合起来就可以完成一些非常有趣和炫酷的动画效果。

在 Animate 中，新建文档，在“图层 _1”图层中创建一个传统补间动画，单击“新建图层”按钮，新建一个“图层 _2”图层。在“图层 _2”图层中创建一个图形对象或文本，右击“图层 2”图层，在菜单中选择【遮罩层】。遮罩层的图标为 ，被遮罩层的图标为 。创建完成的遮罩层如图 3-4-4 所示。

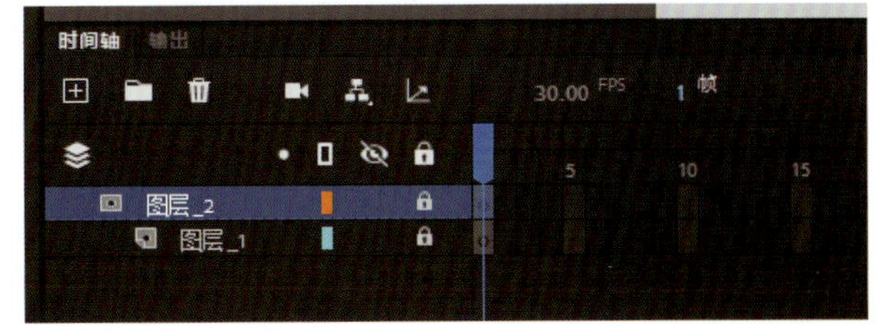

图 3-4-4　遮罩层

## 二、创建遮罩层的方法

### 1. 创建遮罩层

若要创建遮罩，要先将图层指定为遮罩层，然后在该图层上绘制或放置一个填充形状。可以将任何填充形状用作遮罩，如组、文本和元件等。透过遮罩层可查看该填充形状下的链接层区域。

创建遮罩层的操作方法如下：右击要转换为遮罩层的图层，在菜单中选择【遮罩层】，该图层将转换为遮罩层，其下方的图层自动转换为被遮罩层，并且它们都会被自动锁定，如图 3-4-5 所示。

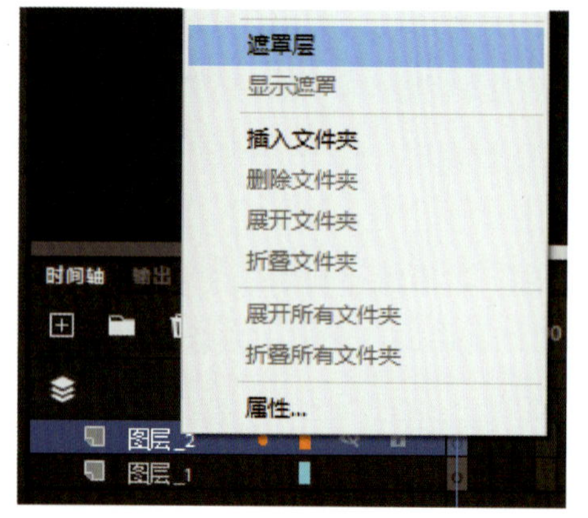

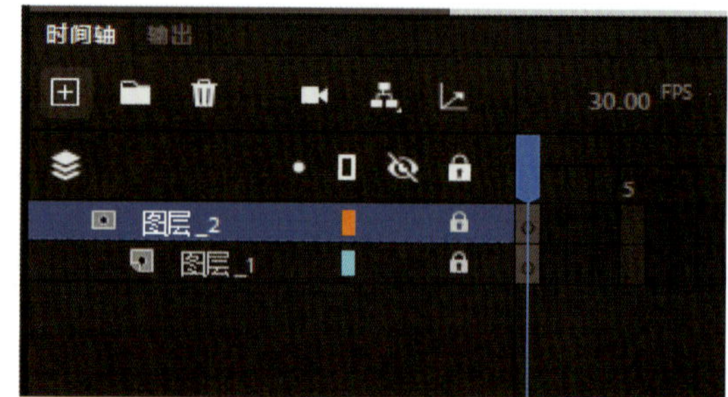


图 3-4-5　创建遮罩层

### 2. 将遮罩层转换为普通层

将遮罩层转换为普通层的操作方法如下：右击要转换的遮罩层，在菜单中选择【遮罩层】，遮罩层即可转换为普通层，如图 3-4-6 所示。

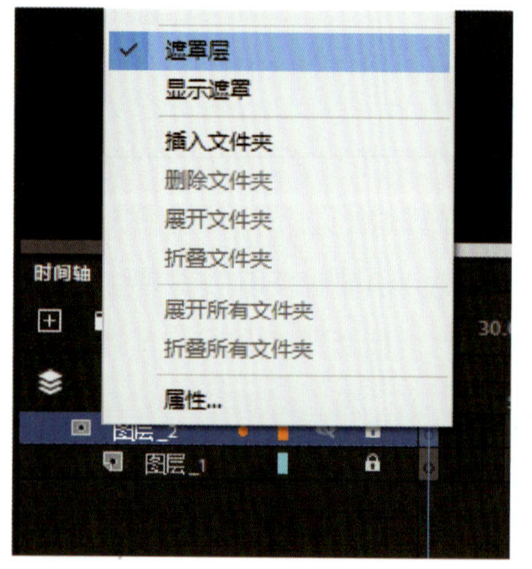

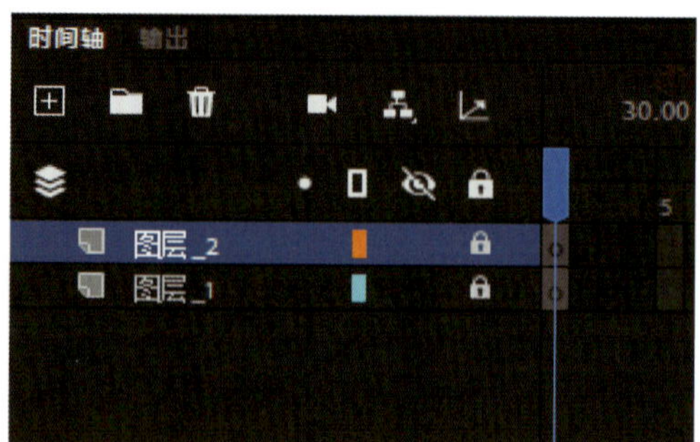


图 3-4-6　将遮罩层转换为普通层

## 三、创建静态遮罩动画

比起单独的纯画面组成的动画，静态遮罩动画就要生动得多。为了增强画面的表现力，用户可以创建静态遮罩。创建静态遮罩动画的操作方法如下：

### 1. 导入素材

如果制作遮罩动画需要使用图片或其他图形素材，可以通过在菜单栏选择【文件】>【导入】>【导入到舞台】来导入它们。

### 2. 放置被遮罩对象

在舞台上放置想要被遮罩的对象，可以是图片、文本或其他图形等，如图 3-4-7 所示。

图 3-4-7　放置想要被遮罩的对象

### 3. 新建图层

单击“新建图层”按钮，新建一个图层，这个新图层将用作遮罩层。

### 4. 绘制遮罩形状

在遮罩层中，使用【工具箱】中的绘图工具（如“矩形工具”“椭圆工具”等）绘制一个形状，或从导入的素材中将一个形状拖拽到舞台，该形状将作为遮罩使用。确保遮罩可完全覆盖被遮罩对象，或者至少可部分覆盖以产生所需的遮罩效果，如图 3-4-8 所示。

### 5. 选择遮罩层

右击遮罩层，在菜单中选择【遮罩层】，系统将自动链接遮罩层下方的图层（被遮罩层），并应用遮罩效果，如图 3-4-9 所示。

## 四、创建动态遮罩动画

相比静态遮罩动画制作，动态遮罩动画制作要稍微复杂一点，因为静态遮罩不动，而动态遮罩则需要通过添加一系列关键帧对遮罩层和被遮罩层进行动画控制，并调整关键帧中遮罩形状的位置或大小。在制作时，一般要在遮罩层和被遮罩层之间创建补间动画（如补间形状动画或补间动画）以实现动态效果。下面通过一个制作实例介绍动态遮罩动画的制作方法。

图 3-4-8　绘制形状

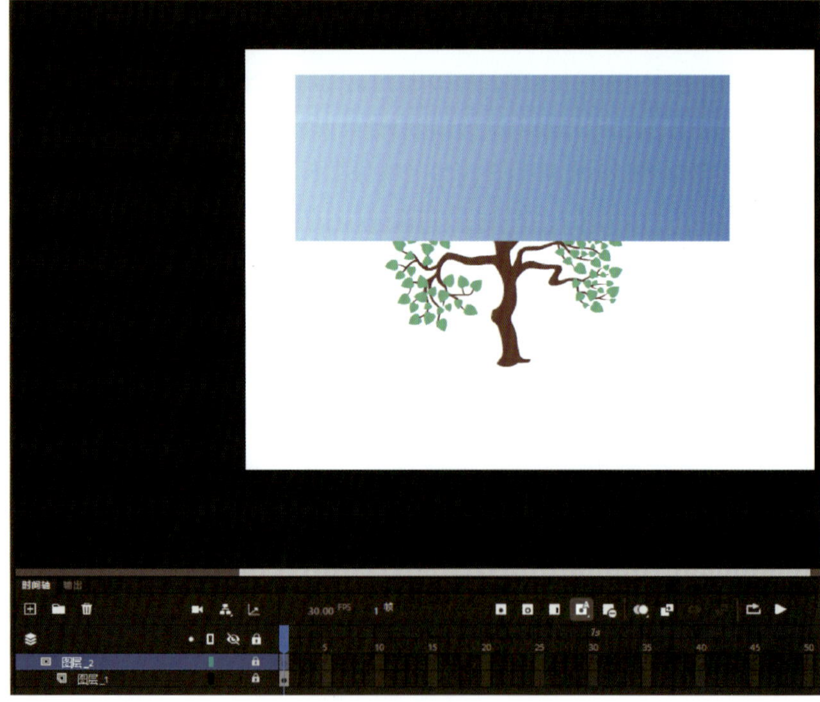
图 3-4-9　系统自动链接遮罩层下方的图层

1. 打开本任务教材配套素材“动态遮罩动画”，选中“图层 _1”图层的第 20 帧，按“F5”键插入帧，如图 3-4-10 所示。

2. 创建新图层并将其命名为“背景”。将【库】面板中的图形元件“背景”拖拽到舞台中，并放置在适当的位置，如图 3-4-11 所示。

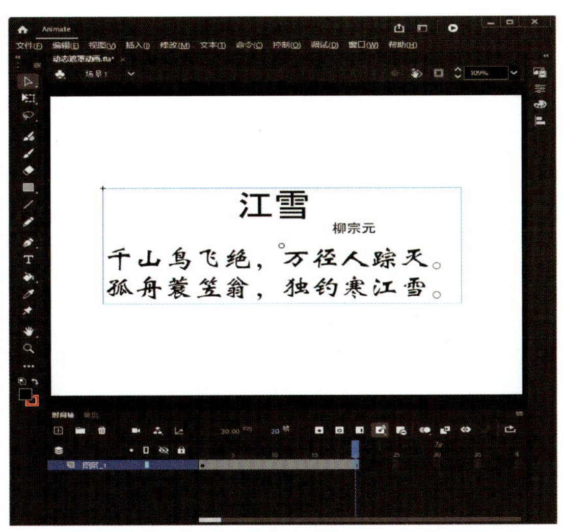


图 3-4-10　插入帧

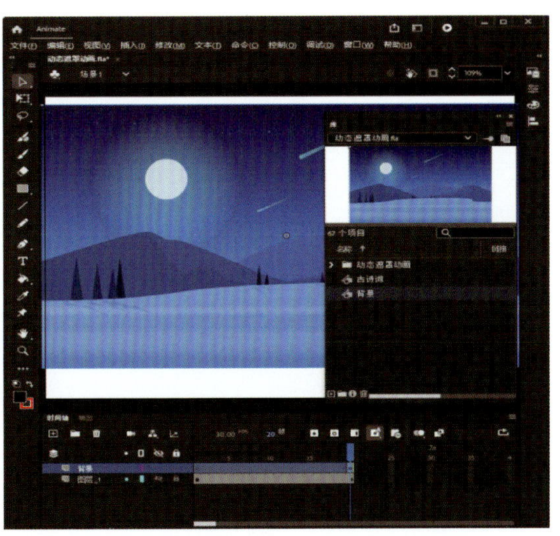

图 3-4-11　将图形元件“背景”拖拽到舞台中

3. 选中“背景”图层的第 20 帧，按“F6”键插入关键帧，在舞台中将元件“背景”水平向左拖拽到适当的位置，如图 3-4-12 所示。

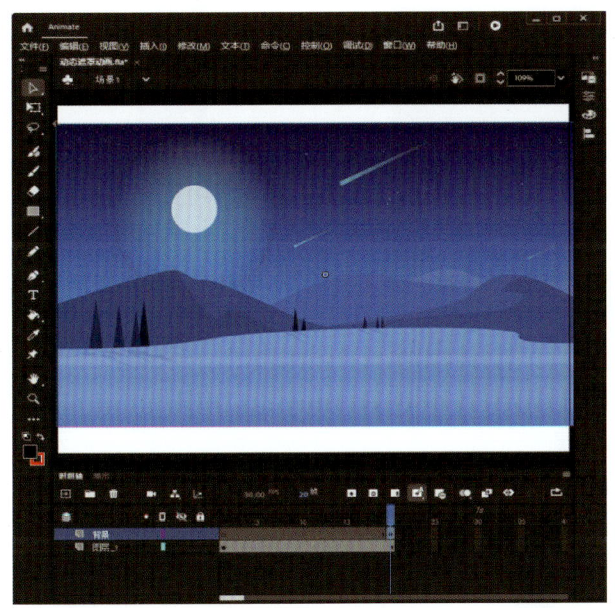

图 3-4-12　插入关键帧

4. 右击“背景”图层的第 1 帧，在菜单中选择【创建传统补间】，即可生成传统补间动画，如图 3-4-13、图 3-4-14 所示。

5. 将“背景”图层拖拽到“图层 _1”图层的下方，如图 3-4-15 所示。

6. 右击“图层 _1”图层，在菜单中选择【遮罩层】，如图 3-4-16 所示，即可将“图层 _1”图层转换为遮罩层，“背景”图层转换为被遮罩层，这样就完成了动态遮罩动画的制作，如图 3-4-17 所示。

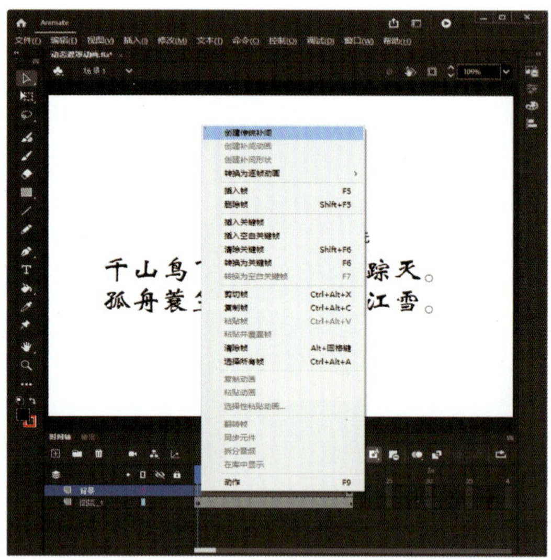

图 3-4-13　选择【创建传统补间】

图 3-4-14　生成传统补间动画

图 3-4-15　改变图层顺序

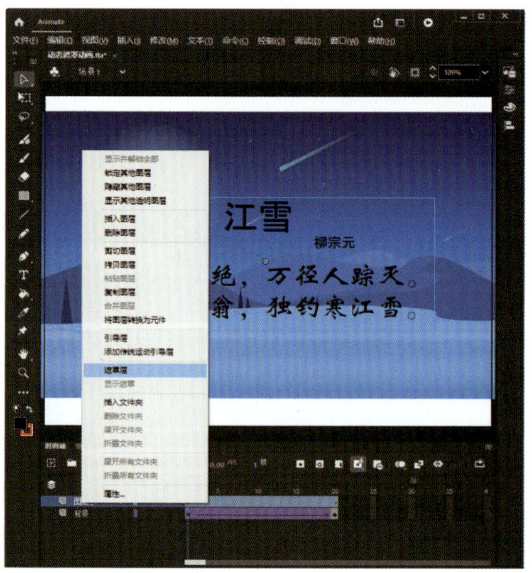


图 3-4-16　选择【遮罩层】

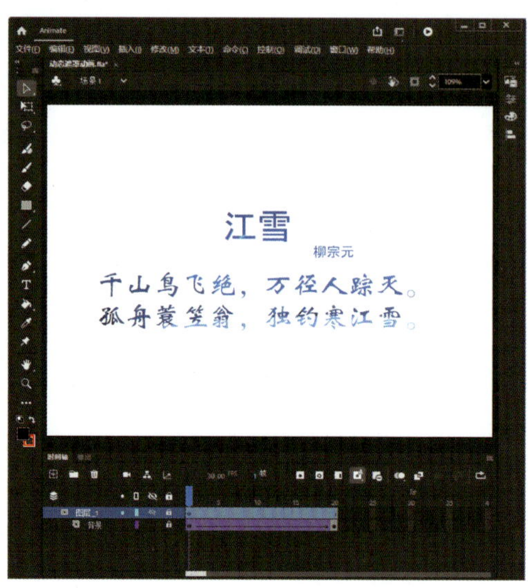


图 3-4-17　最终效果

## 任务实施

1. 在菜单栏选择【文件】>【新建】，创建一个宽为 800 像素、高为 600 像素的文档，帧速率值设置为“30”，保存文件并命名为“小恶魔变天使”。

2. 将“图层_1”图层重命名为“小恶魔”，按“Ctrl+R”快捷键，系统弹出【导入】对话框，将本任务教材配套素材“小恶魔”导入舞台中。

3. 在【属性】面板的【对象】选项卡中，设置小恶魔图像宽为“800”像素，高为“600”像素，X 值为“0”，Y 值为“0”，如图 3-4-18 所示。

图 3-4-18 设置小恶魔图像的尺寸和位置

4. 单击“新建图层”按钮，新建一个名为“小天使”的新图层，按“Ctrl+R”快捷键，系统弹出【导入】对话框，将本任务教材配套素材“小天使”导入舞台，并调整图像大小与位置（宽为“800”像素，高为“600”像素，X 和 Y 值均为“0”），如图 3-4-19 所示。

5. 选中“小恶魔”和“小天使”2 个图层的第 80 帧，按“F5”键插入帧，如图 3-4-20 所示。

6. 将“小天使”图层锁定；单击“新建图层”按钮，新建一个名为“光线”的新图层；选择“矩形工具”，在【属性】面板的【工具】选项卡中，设置填充颜色值为“#FFCC66”，笔触颜色值为“#CCCCC”，在舞台上绘制矩形；利用“选择工具”调整矩形形态，使其形似光线，如图 3-4-21 所示。

7. 将“光线”图层锁定，然后新建一个名为“灯”的新图层，使用“矩形工具”“椭圆工具”和“选择工具”等绘制灯，效果如图 3-4-22 所示。

8. 选中“光线”图层，在舞台中选中光线图形，右击，在菜单中选择【转换为元件】，在【转换为元件】对话框中设置元件名称为“光线”，类型为“图形”，把光线图形转换为名为“光线”的元件，如图 3-4-23 所示；利用同样方法将灯图形转换为图形元件“灯”，如图 3-4-24 所示。

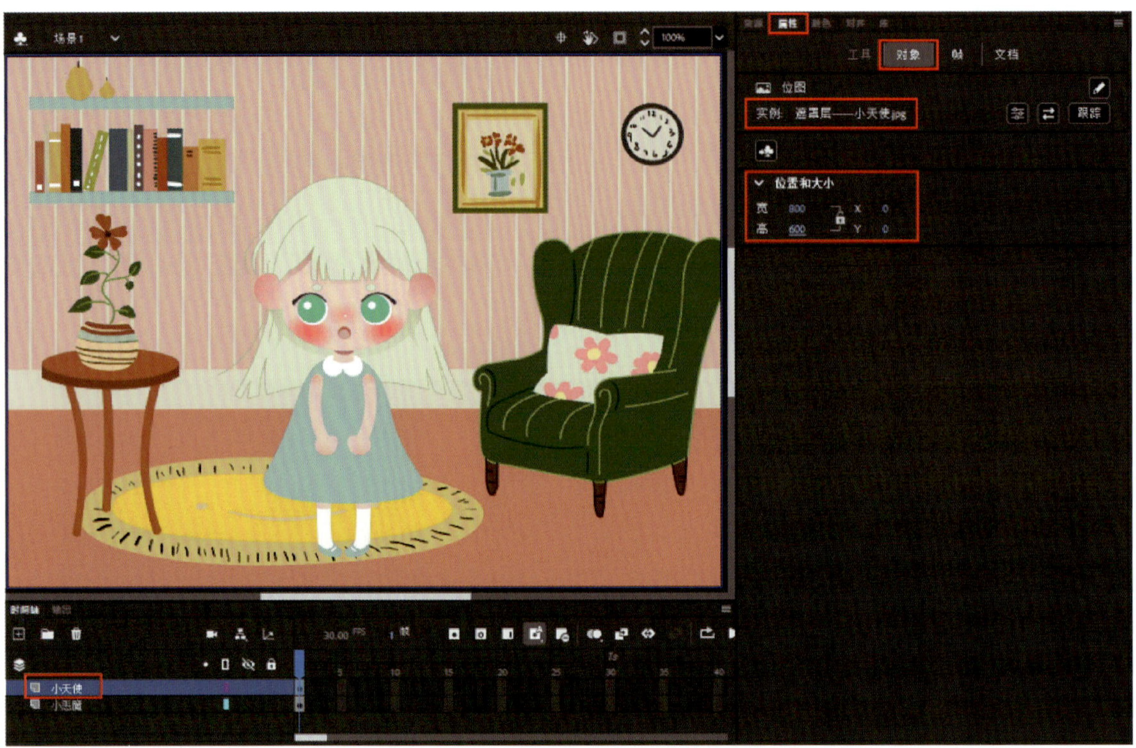

图 3-4-19　调整小天使图像大小和位置

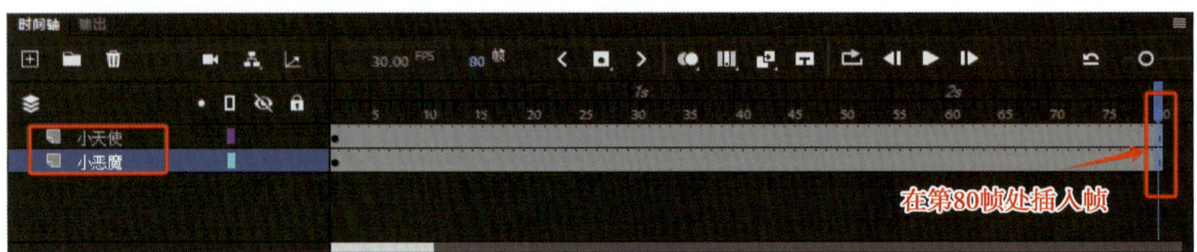


图 3-4-20　插入帧

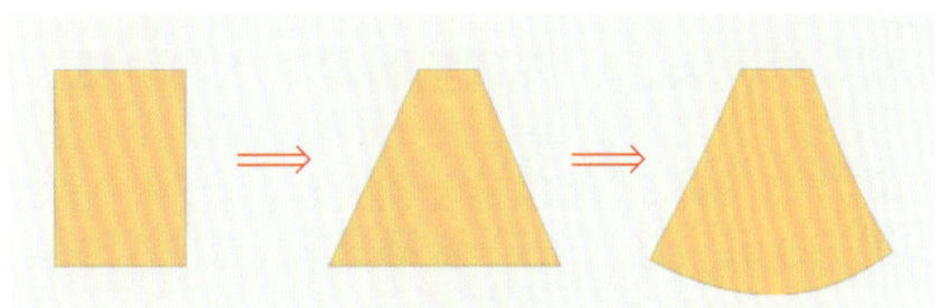

图 3-4-21　绘制光线图形

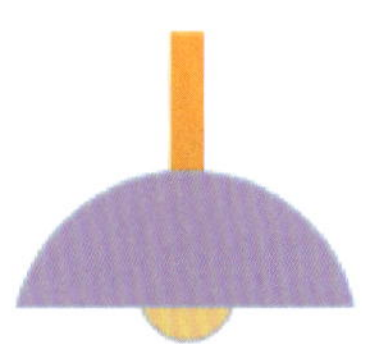

图 3-4-22　灯的绘制效果

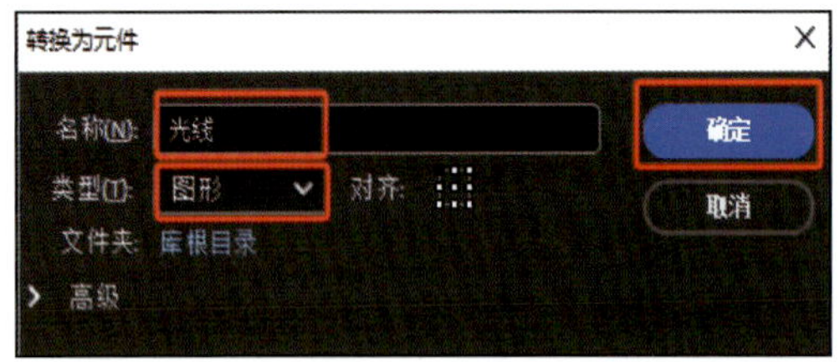


图 3-4-23　设置元件“光线”的名称和类型

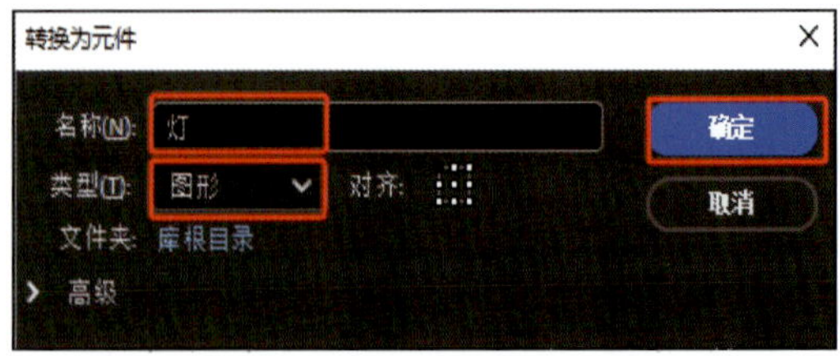


图 3-4-24　设置元件“灯”的名称和类型

9. 将元件“光线”“灯”调整好位置，利用“任意变形工具”分别将元件“光线”“灯”的变形中心点拖拽至重叠在一起，如图 3-4-25 所示。

图 3-4-25　调整变形中心点

10. 在第 1 帧处，分别将元件“光线”“灯”调整至左侧合适位置，在“光线”图层和“灯”图层中选中第 80 帧，按“F6”键插入关键帧，单击“创建传统补间”按钮，创建传统补间动画，如图 3-4-26 所示。

11. 在“光线”图层和“灯”图层中选中第 40 帧，按“F6”键插入关键帧，调整元件“光线”“灯”至右侧合适的位置，如图 3-4-27 所示。

图 3-4-26　第 80 帧画面效果

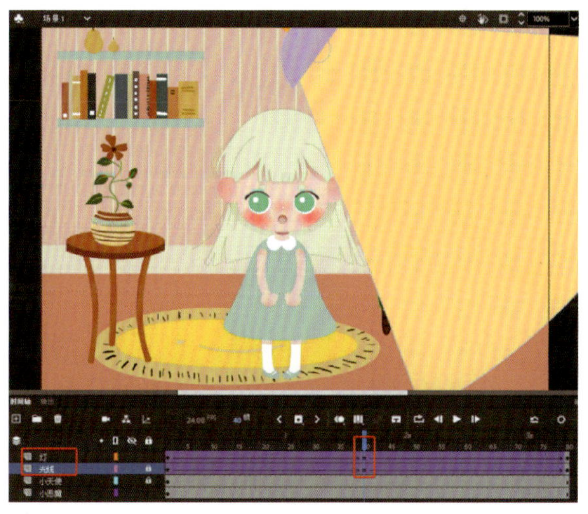

图 3-4-27　第 40 帧画面效果

12. 选中“光线”图层，右击，在菜单中选择【遮罩层】，如图 3-4-28 所示。

13. 按“Ctrl+Enter”快捷键测试影片，查看遮罩层动画效果，然后按“Ctrl+S”快捷键保存文件。

图 3-4-28　选择【遮罩层】

**思考与练习**

一、简答题

1. 如何创建遮罩层?

2. 说一说创建静态遮罩层的方法。

二、实操练习

通过本任务所学制作静态遮罩层和动态遮罩层的方法，制作一个动物或植物的剪影动画。

# 任务 5　引导层动画制作——花瓣飘落

## 任务目标

1. 能掌握引导层动画特点和基本制作方法。

2. 能运用普通引导层制作动画效果。

3. 能运用运动引导层制作动画效果。

## 任务描述

通过引导层动画相关知识学习，使用“矩形工具”“椭圆工具”“画笔工具”等绘制天空和白云并填充渐变的天空颜色，利用库项目元素布局场景，制作一个花瓣飘落的动画，如图 3-5-1 所示。

## 知识学习

图 3-5-1　花瓣飘落动画效果图

引导层主要有两个用途：一是作为参考图层，当需要将某个对象作为参照物而不需要其在最终发布的动画中呈现的时候，可以将其放置在引导层中，如描摹时参考的图、绘制时的辅助线等，这种引导层可称为“普通引导层”，它不需要被引导层；二是引导其他对象沿设计好的路径做传统补间运动，这种引导层可称为“运动引导层”，它与被引导层构成了引导关系，它的内容一般是用于定义运动路径的线条（称为引导线）。

### 一、普通引导层

普通引导层主要用于为其他图层提供辅助绘图和绘图定位功能，引导层中的图形在动画播放时不会显示。创建普通引导层的操作方法如下：

1. 右击“图层 _2”图层，在菜单中选择【引导层】，如图 3-5-2 所示。

2. 此时“图层 _2”图层已经转换为引导层，图层图标变成，这样即完成了创建引导层的操作，如图 3-5-3 所示。

图 3-5-2　选择【引导层】

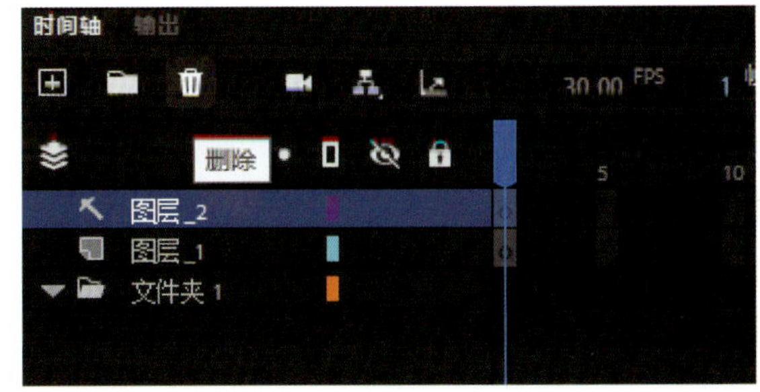


图 3-5-3　引导层创建结果

### 二、运动引导层

运动引导层的作用是为对象的运动设定引导路径，使与之相链接的被引导层中的对象沿该路径运动。运动引导层上的路径在播放动画时不显示，要创建按照轨迹运动的动画就需要添加运动引导层。添加运动引导层的操作方法如下：

1. 右击“图层 _2”图层，在菜单中选择【添加传统运动引导层】，如图 3-5-4 所示。

2. 此时在“图层 _2”图层的上方会出现一个引导层，这样即完成了添加运动引导层的操作，如图 3-5-5 所示。

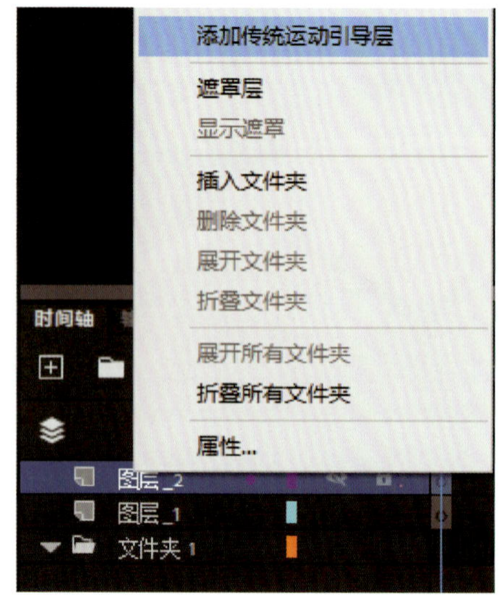


图 3-5-4　选择【添加传统运动引导层】

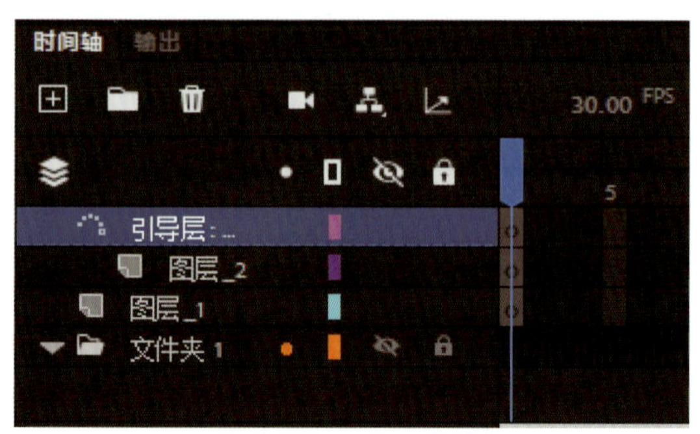


图 3-5-5　运动引导层添加结果

## 三、分散到图层

【分散到图层】命令允许用户将复杂的动画场景分解为更易于管理的多个部分，通过将对象分散到不同的图层中，实现对动画内容的精细控制和优化管理。

Animate 会根据选定的对象或元件创建新的图层，并且会根据对象的类型为这些新图层命名。如果分散的对象是库中的资源（如元件、位图或视频），新图层的名称将与该资源名称相同。对于有名称的实例，新图层的名称将采用实例的名称。如果分散的对象是分离的文本块字符，新图层将使用字符来命名。对于没有特定名称的图形对象，新图层会被命名为“图层 _1”“图层 _2”等，并且这些新图层会被插入原始图层的下方，按照创建顺序从上到下排列。这种命名和排列方式有助于用户快速识别和管理各个图层，确保动画制作的条理性。

下面以分散分离的文本块字符为例来介绍【分散到图层】命令的使用方法。

新建空白文档，选择“文本工具”，在“图层 _1”图层的舞台中输入文字“强国有我”，如图 3-5-6 所示。选中文字，按“Ctrl+B”快捷键，将文字打散，如图 3-5-7 所示。在菜单栏中选择【修改】>【时间轴】>【分散到图层】，或按“Ctrl+Shift+D”快捷键，将“图层 _1”图层中的文字分散到不同的图层中，然后系统会自动设定图层名称，如图 3-5-8 所示。

图 3-5-6　输入文字

图 3-5-7　打散文字

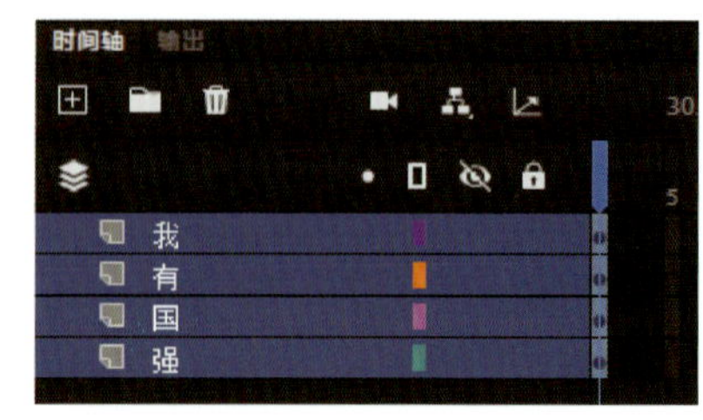


图 3-5-8　文字分散到不同的图层中

## 任务实施

1. 打开本任务教材配套素材“春日樱花”。

2. 将“图层_1”图层重命名为“天空”，使用“矩形工具”绘制天空，并填充渐变色，线性渐变颜色值依次设置为“#8AD2FF”“#EDE6F8”“#FFFFFF”，使用“渐变变形工具”调整颜色渐变区域偏色位置、颜色疏密度、渐变角度等，如图 3-5-9 所示。

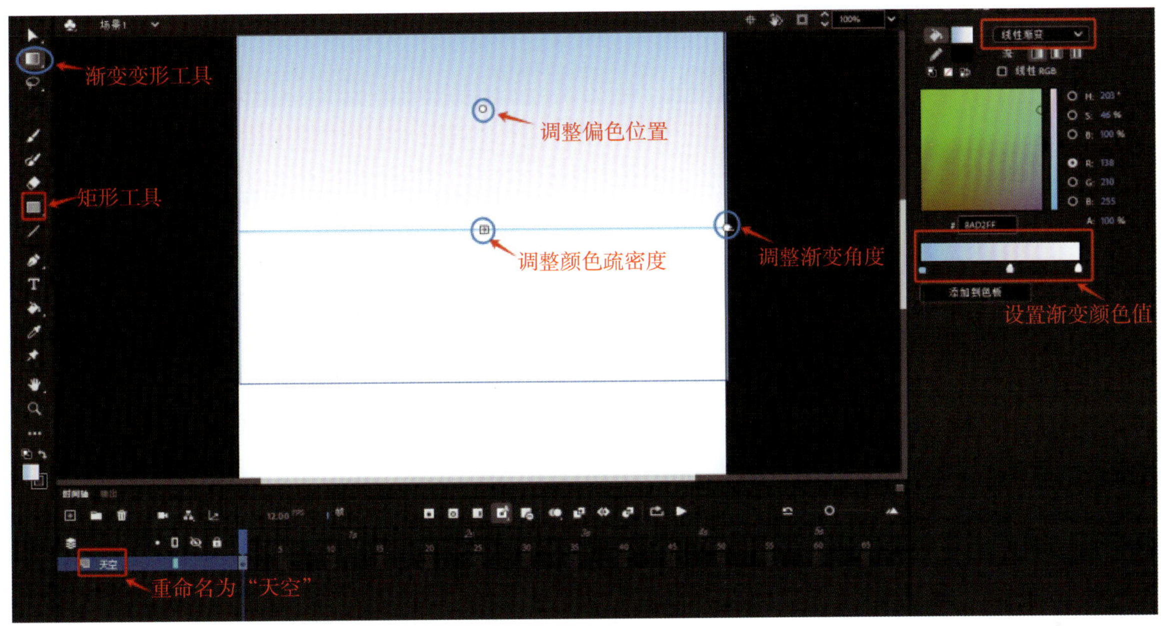


图 3-5-9　绘制天空

3. 在“天空”图层利用“椭圆工具”“画笔工具”“钢笔工具”等合适的工具绘制白云，如图 3-5-10 所示。

图 3-5-10　绘制白云

4. 将库中元件“塔”“山”“路面”拖拽到“天空”图层舞台中，然后调整白云与元件“塔”、元件“塔”与元件“山”、元件“山”与元件“路面”之间的层次关系和位置关系，如图 3-5-11 所示。

5. 单击“新建图层”按钮，新建一个名为“树 1”的图层，然后将库中元件“树 1”“树 2”拖拽到“树 1”图层舞台中，最后调整元件“树 1”“树 2”的层次、大小和位置，如图 3-5-12 所示。

6. 新建一个名为“树 2”的图层，将库中元件“树 1”“树 3”拖拽至“树 2”图层舞台中，然后调整元件“树 1”“树 3”的层次、大小和位置，如图 3-5-13 所示。

图 3-5-11　将库中元件“塔”“山”“路面”拖拽到“天空”图层舞台中

图 3-5-12　将元件“树 1”“树 2”拖拽到“树 1”图层舞台中

图 3-5-13　将库中元件“树 1”“树 3”拖拽至“树 2”图层舞台中

7. 新建一个图层，该图层默认名称为“图层 _5”；隐藏其他图层，将库中元件“花瓣”拖拽到“图层 _5”图层舞台中，然后复制 5 个花瓣放在合适的位置，选中其中一个花瓣，按“Ctr+Alt+S”快捷键，系统弹出【缩放和旋转】对话框（见图 3-5-14），调整花瓣的大小和角度，如图 3-5-15 所示。

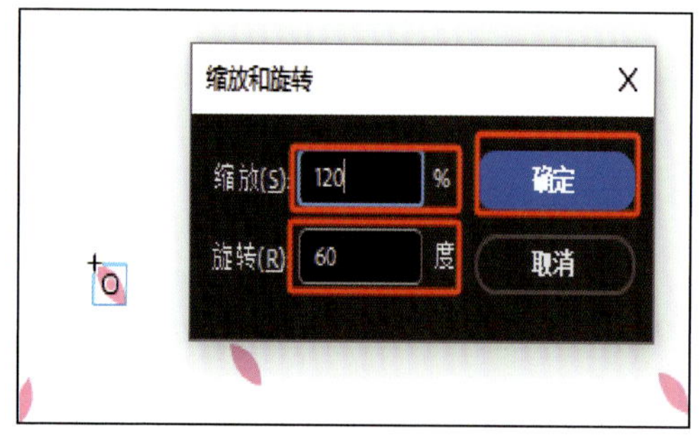


图 3-5-14 【缩放和旋转】对话框

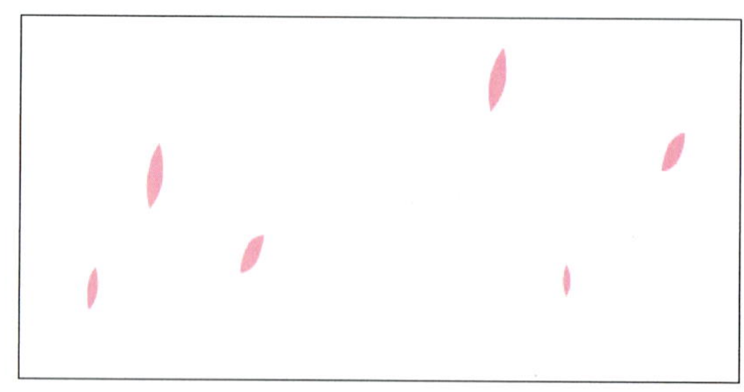

图 3-5-15　花瓣调整后效果

8. 选中“图层 _5”图层，将鼠标指针指向舞台中的一个花瓣，右击，在菜单中选择【分散到图层】或按“Ctrl+Shift+D”快捷键，分别操作 6 次，时间轴上将出现 6 个“花瓣”图层，如图 3-5-16 所示。

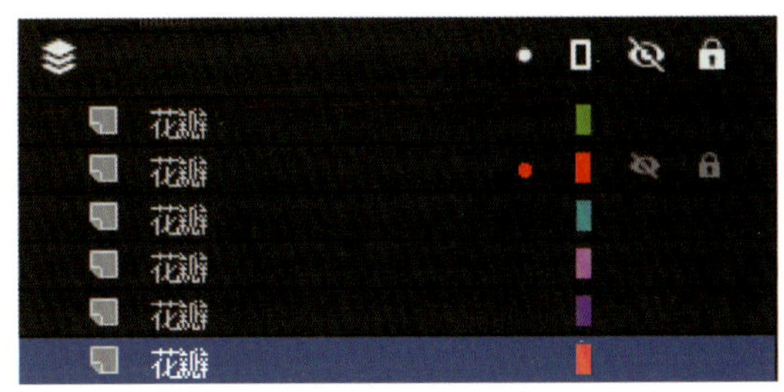


图 3-5-16　6 个“花瓣”图层

9. 选择其中一个“花瓣”图层，右击，在菜单中选择【添加传统运动引导层】(见图 3-5-17)，此时该“花瓣”图层上方会显示一个名为“引导层：花瓣”的引导层图层，如图 3-5-18 所示。

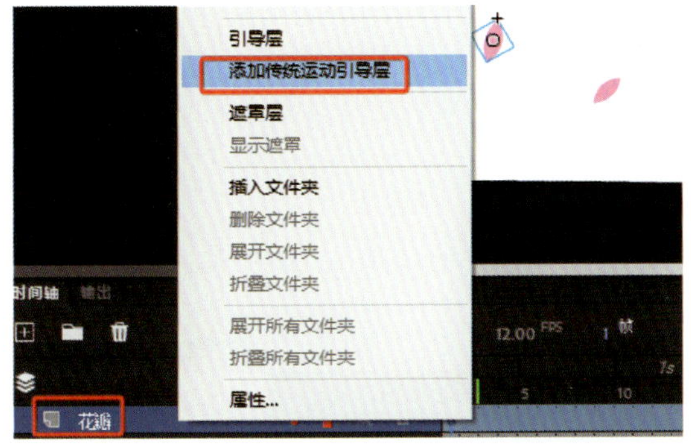


图 3-5-17　选择【添加传统运动引导层】

图 3-5-18　添加引导层后的效果

10. 使用“铅笔工具”，在“引导层：花瓣”图层舞台中绘制对应被引导的“花瓣”图层的引导线，如图 3-5-19 所示。

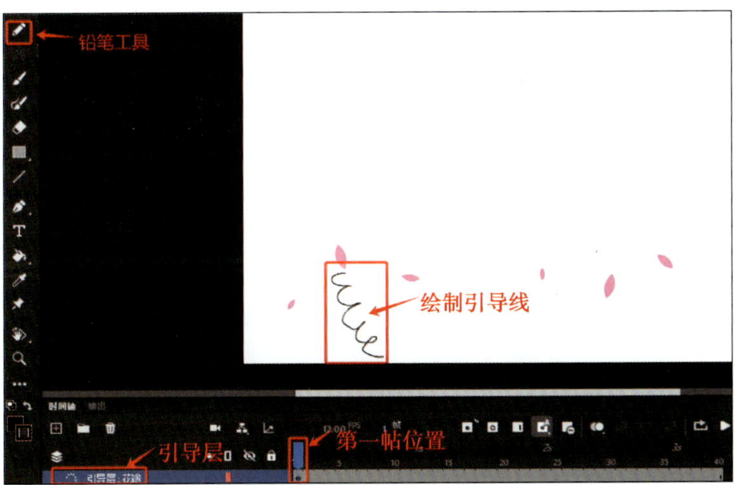


图 3-5-19　绘制引导线

11. 选择“花瓣”图层，在第 1 帧和第 40 帧处插入关键帧，在其中创建传统补间动画，如图 3-5-20 所示。

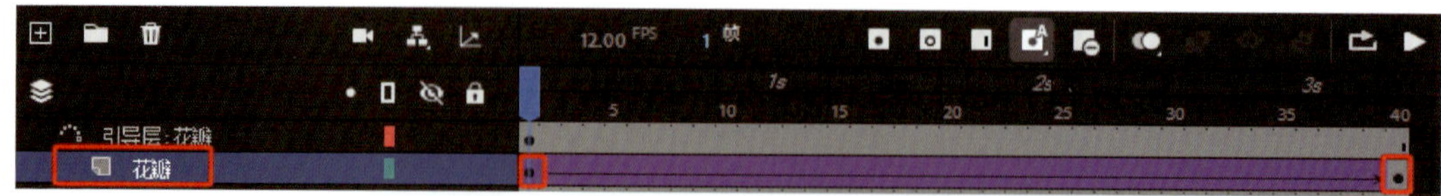

图 3-5-20　在第 1 帧和第 40 帧处插入关键帧

12. 在“花瓣”图层第 1 帧和第 40 帧处，使用“选择工具”分别把元件“花瓣”拖拽至引导线的起点和终点位置，如图 3-5-21 所示。

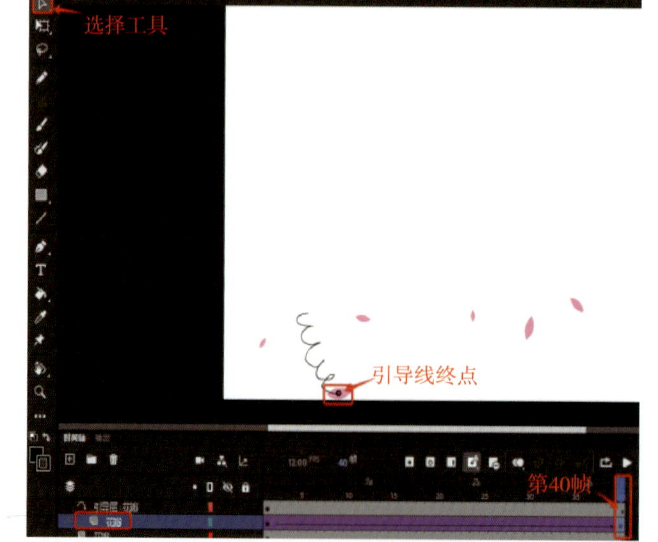


图 3-5-21　分别把元件“花瓣”拖拽至引导线的起点和终点位置

13. 其余的 5 个“花瓣”图层花瓣飘落的动画效果制作参照步骤 9-12 中的方法。在制作花瓣飘落的效果时，可以在不同的帧上调整花瓣的方向，还可以通过帧的补间设置调整动画的缓动、旋转等效果。

14. 把 6 个“花瓣”图层及对应的“引导层：花瓣”图层全部选中，右击，在菜单中选择【将图层转换为元件】，如图 3-5-22 所示。在弹出的【将图层转换为元件】对话框中设置名称为“飘落花

瓣”、类型为“图形”，单击“确定”按钮，如图 3-5-23 所示。此时，时间轴上自动生成“飘落花瓣”图层，库中新增了名为“飘落花瓣”的元件。

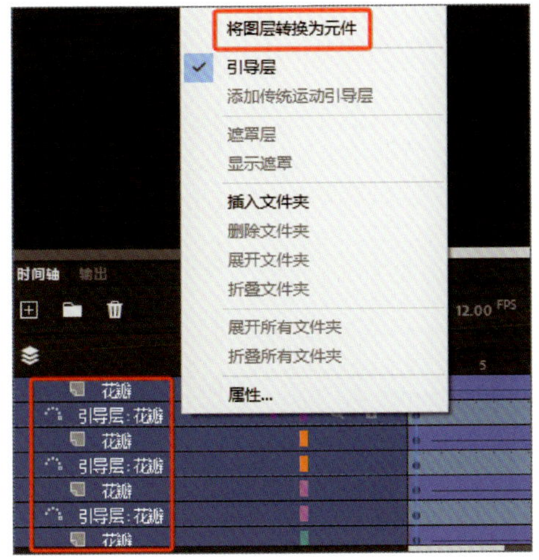


图 3-5-22　将分散的图层合并为元件

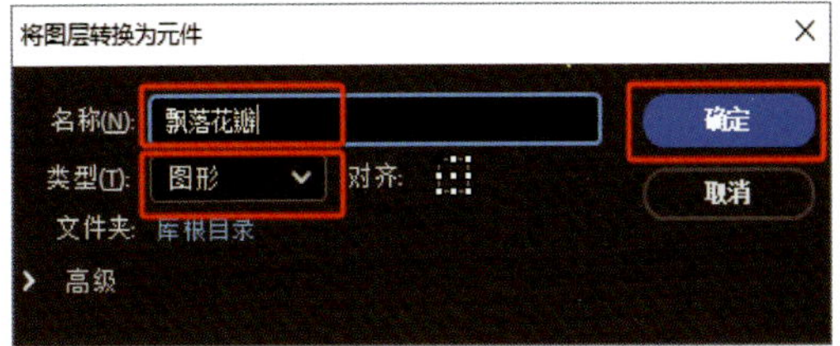


图 3-5-23 【将图层转换为元件】对话框

15. 将“飘落花瓣”图层重命名为“飘落花瓣 1”，使所有图层处于显示状态，把“飘落花瓣”元件调整到合适的位置。新建一个名为“飘落花瓣 2”的图层，在第 10 帧处按“F6”键插入关键帧，把库中的元件“飘落花瓣”拖拽到舞台合适的位置，如图 3-5-24 所示。最后，按“Ctrl+S”快捷键保存文件即可。

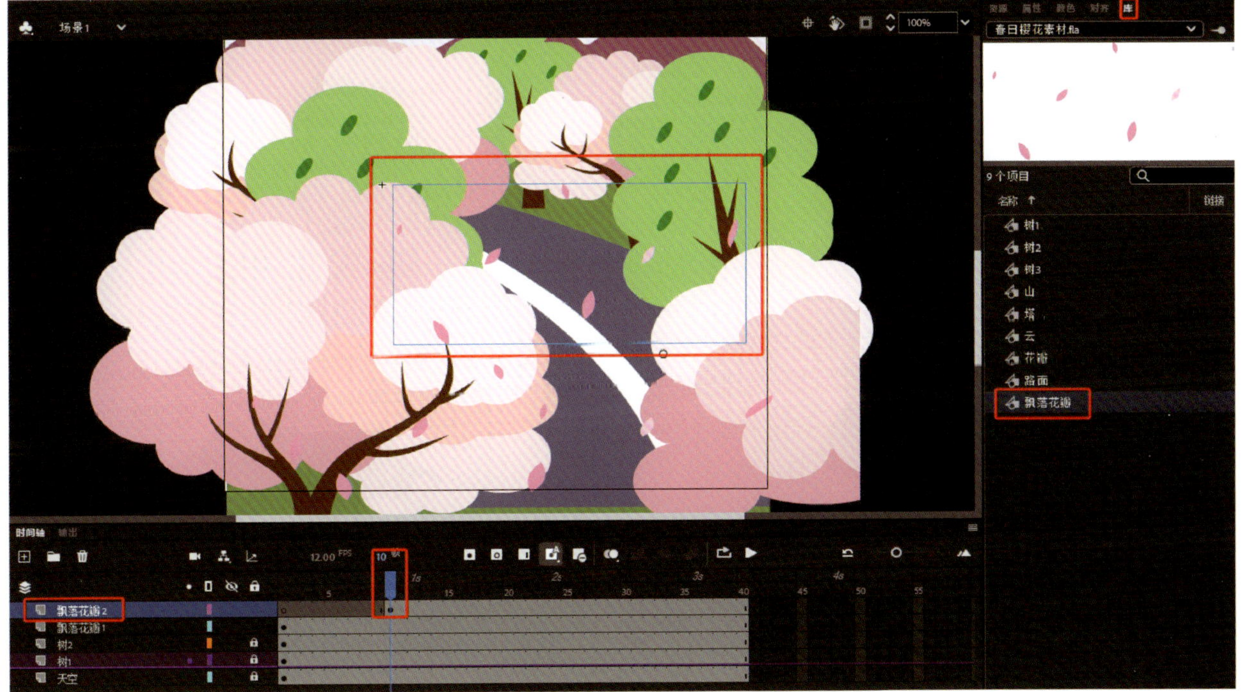


图 3-5-24 “飘落花瓣 2”图层

## 思考与练习

一、简答题

1. 如何添加运动引导层?

2. 普通引导层与运动引导层有什么不同?

二、实操练习

通过本任务所学知识，使用引导层制作树叶飘落或蝴蝶起舞的动画。

# 任务6　骨骼动画制作——猫咪女孩

### 任务目标

1. 掌握骨骼动画基础知识。

2. 会使用“骨骼工具”制作骨骼动画。

3. 培养不同类型动画的综合制作能力。

## 任务描述

通过学习骨骼动画相关知识，使用“椭圆工具”和“任意变形工具”制作尾巴形状，使用“骨骼工具”为元件和形状添加骨骼，以制作猫咪女孩手和尾巴运动的动画，动画第1帧、第43帧画面效果如图3-6-1、图3-6-2所示。

图3-6-1　第1帧画面效果

图3-6-2　第43帧画面效果

## 知识学习

### 一、骨骼动画

骨骼动画也叫反向运动（IK），是使用骨骼关节结构对一个对象或彼此相关的一组对象进行动画处

理的技术。骨骼动画可以使元件和形状对象按复杂且自然的方式移动，因此使用骨骼动画能轻松地创建人物动画，如打造人物胳膊、腿的运动效果，以及面部表情的变化效果，使整个动画的动态效果更加丰富。

## 二、添加骨骼的方法

创建骨骼动画之前，需要先为元件和图形添加骨骼。

### 1. 为元件添加骨骼

如果是较为复杂的图像，可以将图像的各个部位分别创建为元件，然后通过骨骼来连接这些元件，从而得到一个完整的骨骼结构。为元件添加骨骼的方法为：在【工具箱】中选择“骨骼工具”，单击要设定为骨骼根部或头部的元件，然后按住鼠标左键并拖拽鼠标光标至其他元件上，此时两个元件之间出现一条连接线，这样就创建好了一个骨骼。继续使用“骨骼工具”从上一个骨骼的底部按住鼠标左键并拖拽鼠标光标至下一个元件上，可以再创建一个骨骼，重复该操作可将所有元件都用骨骼连接在一起，如图 3-6-3 所示。

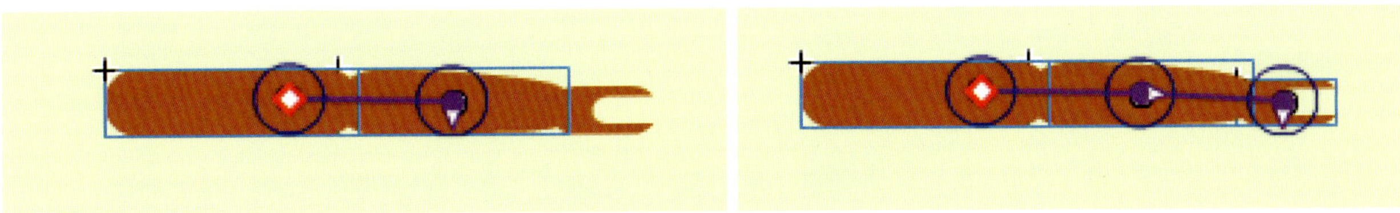

图 3-6-3　为元件添加骨骼

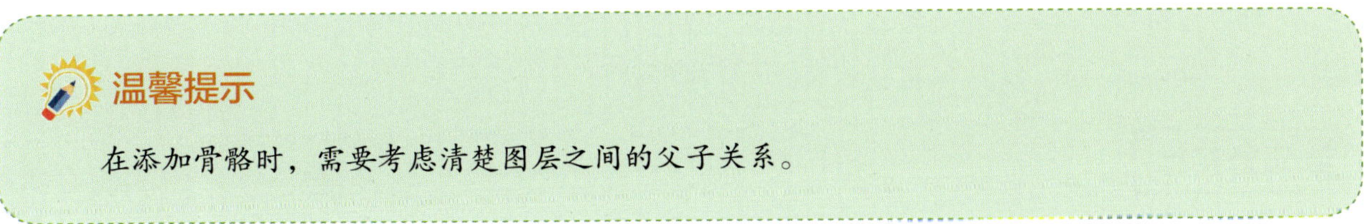

**温馨提示**

在添加骨骼时，需要考虑清楚图层之间的父子关系。

### 2. 为形状添加骨骼

为形状添加骨骼时，可以通过骨骼带动形状的各个部分运动以实现动画效果。这样操作的优势在于无须绘制运动中该形状的不同状态，也无须使用补间形状来创建动画，可以将骨骼添加到同一图层的单个形状或一组形状上。无论哪种情况，都必须先选择所有形状，然后才能添加第 1 个骨骼。添加骨骼之后，Animate 会将所有形状和骨骼转换为一个 IK 形状，并将该对象移至一个新的姿势图层中。此后，它无法再与 IK 形状以外的其他形状合并。

在将骨骼添加到一个形状上后，该形状将受到以下限制：

（1）不能将一个 IK 形状与外部的其他形状进行合并。

（2）不能使用“任意变形工具”旋转、缩放或倾斜该形状。

（3）为保持形状与骨骼系统的稳定性，不建议编辑该形状的控制点。

为形状添加骨骼的步骤如下：在舞台上绘制形状并将其选中，选择“骨骼工具”，在选中的形状内单击鼠标左键并拖动鼠标光标到该形状内的另一个位置，即可创建骨骼，如图 3-6-4 所示。单击第 1 个骨骼的尾部并拖拽鼠标光标到形状内的其他位置，可以继续添加骨骼，如图 3-6-5 所示。

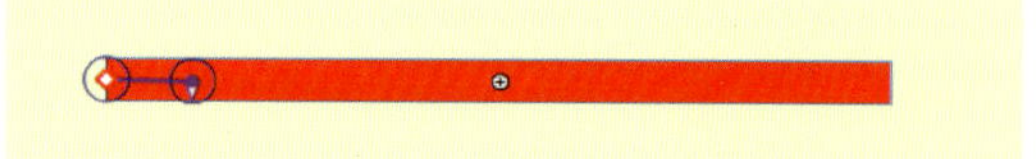

图 3-6-4　为形状添加骨骼

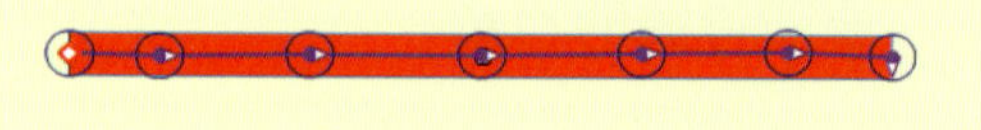

图 3-6-5　在形状内继续添加骨骼

创建完骨架后，使用“选择工具”移动骨骼即可使形状动起来，如图 3-6-6 所示。

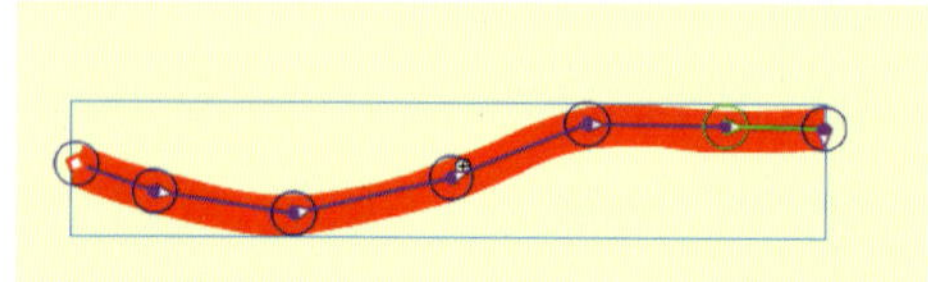
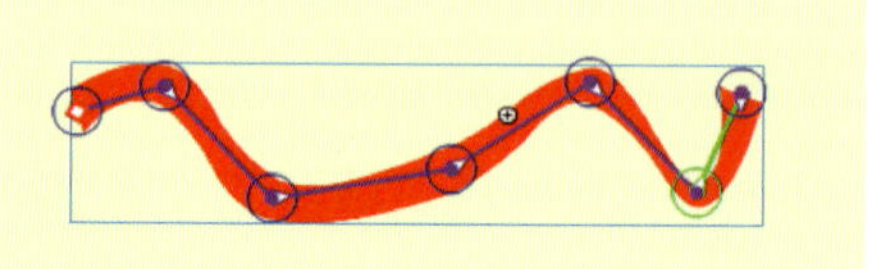

图 3-6-6　移动骨骼

## 三、删除骨骼

删除骨骼有以下几种方法：

1. 若要删除单个骨骼及其所有子级，单击该骨骼并按“Delete”键。

2. 按住“Shift”键的同时单击多个骨骼，然后按“Delete”键，可以删除选择的多个骨骼。

3. 若要从时间轴的某个 IK 形状或元件骨架中删除所有骨骼，要在时间轴中右击 IK 形状的骨架范围，然后在菜单中选择【删除骨架】。

4. 若要从舞台上的某个 IK 形状或元件骨架中删除所有骨骼，可双击骨架中的某个骨骼以选择所有骨骼，按“Delete”键，然后 IK 形状将恢复为正常形状。

## 任务实施

1. 在菜单栏选择【文件】>【新建】，新建一个宽为 710 像素、高为 810 像素、帧速率值为 30 的文档，保存文件并命名为“骨骼工具 - 猫咪女孩”。

2. 在菜单栏选择【文件】>【导入】>【导入到库】，将本任务教材配套素材文件夹中的 4 张图片导入库中。

3. 将“图层 _1”图层重命名为“身体”，然后将库中图片“身体”拖拽到“身体”图层舞台中；新建图层，默认名称为“图层 _2”，将库中图片“手 1”“手 2”“手 3”拖拽到“图层 _2”图层舞台中，并调整图形“身体”“手 1”“手 2”“手 3”的位置及两个图层的排列顺序，如图 3-6-7 所示。

4. 新建图层“图层 _3”，选择“椭圆工具”，设置填充颜色值为“#FEDC74”，笔触颜色为黑色。使用“椭圆工具”绘制椭圆形，使用“任意变形工具”调整椭圆形的形状和角度，使之呈尾巴状（见图 3-6-8），然后调整尾巴的位置，如图 3-6-9 所示。

图 3-6-7　猫咪女孩身体与手部位置

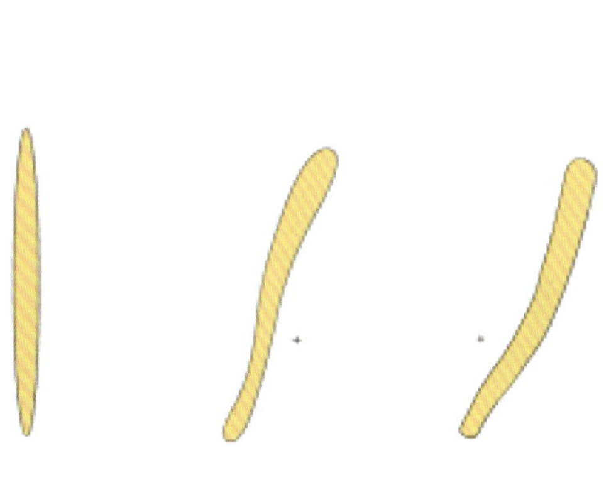

图 3-6-8　绘制尾巴

图 3-6-9　添加尾巴后的效果

5. 选中“图层 _2”图层，选择“骨骼工具”，用鼠标左键单击图形“手 1”并拖拽鼠标光标到图形“手 2”适当的位置，创建连接大臂和小臂的骨骼，此时在时间轴中将生成一个骨骼图层“骨架 _1”；继续创建连接小臂和手的骨骼，如图 3-6-10 所示。

6. 选中“骨架 _1”图层的第 1 帧，使用“选择工具”和方向键在舞台中调整手的位置及角度，如图 3-6-11 所示。

图 3-6-10　创建连接小臂和手的骨骼

图 3-6-11　调整手位置和角度

7. 使用“骨骼工具”，用鼠标左键单击图形“尾巴”的起始位置，拖拽鼠标光标至适当的位置，添加尾巴的骨骼，此时时间轴中会出现一个骨骼图层“骨架 2”，如图 3-6-12 所示。

8. 选中“身体”图层，在第 55 帧处按“F5”键插入帧，然后同时选中“骨架 _1”图层、“骨架 _2”图层的第 55 帧，按“F6”键插入关键帧，使用“选择工具”分别调整手和尾巴的位置及角度，如图 3-6-13 所示。

9. 选中“骨架 _1”图层，在第 19 帧处按“F6”键插入关键帧，使用“选择工具”调整手的位置及角度，如图 3-6-14 所示。

10. 选中“骨架 _2”图层，在第 15 帧处按“F6”键插入关键帧，使用“选择工具”调整尾巴的位置及角度，如图 3-6-15 所示；在第 29 帧处按“F6”键插入关键帧，调整尾巴的位置及角度，如图 3-6-16 所示；在第 43 帧处按“F6”键插入关键帧，调整尾巴的位置及角度，如图 3-6-17 所示。

图 3-6-12　添加尾巴的骨骼　　图 3-6-13　第 55 帧画面效果　　图 3-6-14　第 19 帧画面效果

图 3-6-15　第 15 帧画面效果　　图 3-6-16　第 29 帧画面效果　　图 3-6-17　第 43 帧画面效果

11. 完成后，时间轴如图 3-6-18 所示，然后按“Ctrl+Enter”快捷键测试动画播放效果，按“Ctrl+S”快捷键保存文件。

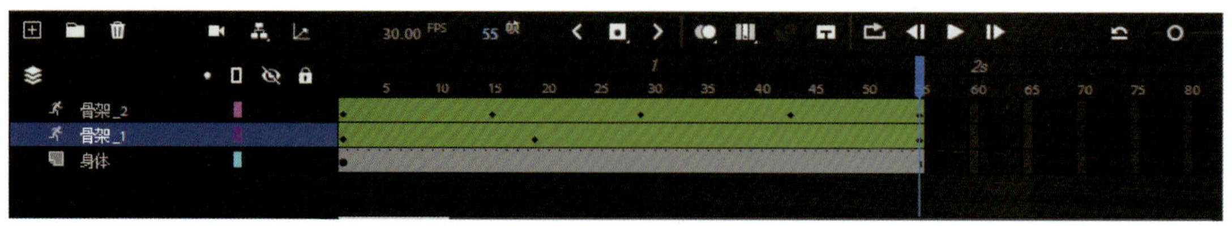


图 3-6-18　完成后的时间轴效果

## 思考与练习

一、问答题

1. 如何删除骨骼?

2. 在将骨骼添加到一个形状中后，该形状将受哪些限制?

二、操作练习

通过本任务知识学习，使用“骨骼工具”制作招财猫手上下摇动的骨骼动画。

# 任务 7　摄像头动画制作——春日有约乐园

### 任务目标

1. 能使用 Animate 进行动画广告设计制作。

2. 能熟悉“摄像头”工具的使用方法。

3. 能熟悉图层深度的基本调整方法。

## 任务描述

结合前边学习过的知识，利用“摄像头”工具进行动态动画广告设计，动画效果如图 3-7-1、图 3-7-2 所示。

图 3-7-1　动态动画广告效果 1

图 3-7-2　动态动画广告效果 2

## 知识学习

### 一、摄像头动画

在 Animate 中，“摄像头”工具主要用于模拟摄像头的视角和镜头运动，通过调整摄像头的位置、角度、焦距等参数，可以实现镜头的平移、旋转、缩放等效果，从而控制观众所看到的画面内容及其视觉焦点。

#### 1. 添加“摄像头”图层

在 Animate 中，可以通过添加“摄像头”图层来启用“摄像头”工具，“摄像头”图层的图标为 。“摄像头”图层通常位于其他图层之上，用于控制整个场景的展现视角和镜头运动。添加“摄像头”图层的操作方法如下：在【工具箱】中选择“摄像头”工具并新建图层，或在时间轴中单击“添加摄像头”按钮，此时，当前文档进入“摄像头”编辑模式，舞台变为摄像头，在舞台边界可看到摄像头边框，拖拽下方的滑块，可缩放或旋转摄像头，如图 3-7-3 所示。

图 3-7-3 “摄像头”编辑模式

#### 2. 编辑摄像头

（1）缩放。在摄像头动画中，可通过调整缩放值来进行摄像头的缩放操作。操作方法如下：选择“摄像头”工具，在【属性】面板的【工具】选项卡中输入缩放值，可放大和缩小摄像头取景范围，如图 3-7-4 所示。

操作时，也可以在舞台中单击“缩放”按钮 ，通过拖动滑块来放大和缩小摄像头取景范围。向左拖动滑块，可缩小取景范围，如图 3-7-5 所示，滑块滑至该位置时，【属性】面板中缩放值为“64”。要想无限缩放，可松开滑块，使其迅速回到中间位置，然后重复操作。

（2）旋转。在摄像头动画中，单击舞台中的“旋转” 按钮，通过拖动滑块可旋转对象，也可

在【属性】面板的【工具】选项卡中设置旋转值。要想无限旋转，可松开滑块，使其迅速回到中间位置，然后重复上述操作，如图 3-7-6 所示。

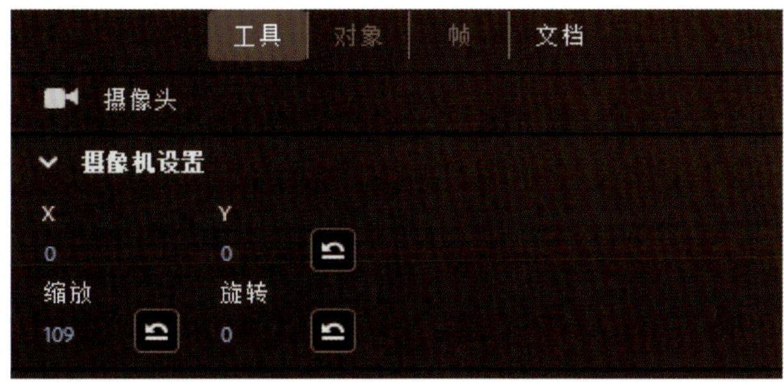

图 3-7-4　输入缩放值

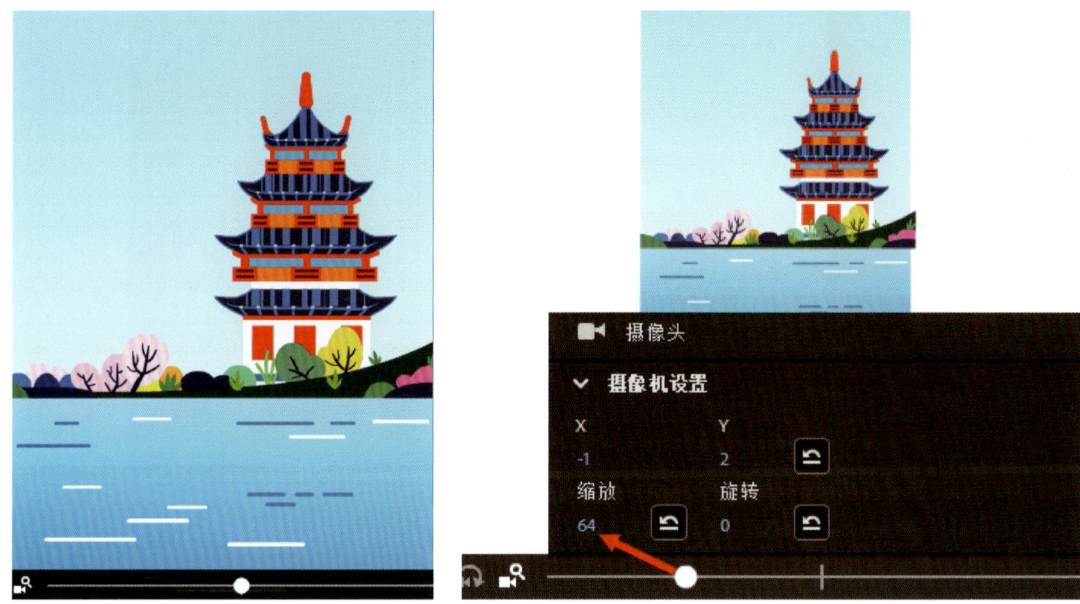

图 3-7-5　向左拖动滑块

图 3-7-6　旋转

（3）平移。在摄像头动画中，平移摄像头，可调整整个场景的视觉焦点。平移的操作方法如下：在【属性】面板的【工具】选项卡中设置 X、Y 的值，可平移舞台中的摄像头内容。也可将鼠标指针移动到舞台中，此时鼠标指针变为 ，长按鼠标左键并左右或上下拖拽鼠标，即可调整摄像头内容的位置，完成平移摄像头的操作，如图 3-7-7 所示。

（4）附加或分离“摄像头”图层。在时间轴中，单击“将所有图层附加到摄像头，或从摄像头分离所有图层” 按钮，可使“摄像头”图层下所有图层的 按钮显示或隐藏，但是如果某个图层不需要出现在摄像头动画中，可单击该图层的 按钮，然后该图层将不参与摄像头动画的平移、缩放、旋转。“背景”图层不参与摄像头动画，如图 3-7-8 所示。

图 3-7-7　平移

图 3-7-8　单击“背景”图层的 按钮效果

## 二、图层深度

图层深度在 Animate 中是指图层对象距离观察屏幕（或虚拟摄像头）的远近程度。它决定了图层对象在动画中的视觉层次。通过调整图层深度，用户可以改变图层对象之间的遮挡关系和透视效果，从而创造出更加逼真和生动的动画场景。

### 1. 改变图层深度的方法

在菜单栏选择【窗口】>【图层深度】，打开【图层深度】面板，如图 3-7-9 所示。

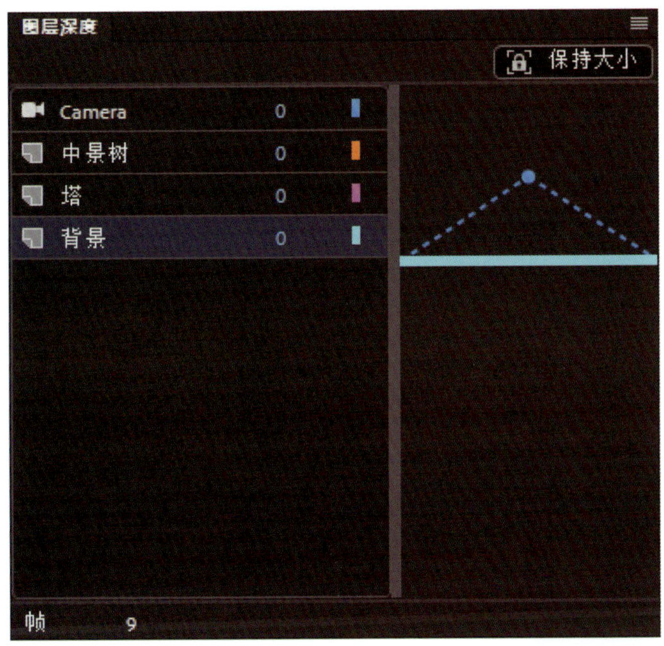


图 3-7-9 【图层深度】面板

在【图层深度】面板中，用户能够清晰地查看各图层的深度值，这些深度值以数字形式精确展现，数值越大，意味着图层对象在视觉上距离屏幕越远。用户既可以直接输入目标数值，也可以通过拖动滑块来调整图层深度。此外，该面板还为每个图层分配了独一无二的颜色线条，用户可以通过上下移动这些线条，来灵活地增加或减小对应图层舞台中的对象的深度值。在整个调整过程中，用户能够实时预览到图层对象在动画中位置的变化，从而确保调整效果符合预期。

### 2. 图层深度的应用

在动画制作过程中，通过调整图层深度，可创造视觉差异效果、明确遮挡关系、增强画面透视感。

（1）创造视觉差异效果。用户可通过为各个图层分配不同的深度值，并巧妙结合使用“摄像头”工具，轻松营造出视觉上的差异效果。随着摄像头在动画中移动，不同深度的图层对象会以各自的速度进行移动，从而精准模拟出三维空间中的视觉差异效果，为观众带来更加逼真的观看体验。

（2）明确遮挡关系。在动画制作过程中，处理不同元素间的遮挡关系至关重要。通过精细调整图层深度值，用户可以轻松实现元素间的合理遮挡，确保画面中的遮挡关系既符合逻辑又满足人们视觉审美需要，从而提升动画的整体质量。

（3）增强画面透视感。为图层设置恰当的深度值，还能显著增强动画的透视效果。例如，在绘制建筑场景时，用户可以为远处的建筑设置较大的图层深度值，使其显得更小、更远；而为近处的建筑设置较小的图层深度值，使其显得更大、更近，从而营造出更加真实、立体的画面效果。

## 任务实施

1. 在菜单栏选择【文件】>【打开】，打开本任务教材配套素材“春日有约乐园”，保存文件并重命名为“摄像头运用 - 春日有约乐园”。

2. 将库中除“文字 .png”外的所有文件拖拽到舞台中。

3. 在舞台中，按“Ctrl+A”快捷键全选所有文件，右击，在菜单中选择【分散到图层】，如图 3-7-10 所示，将文件分散到各个图层，每个图层都会以素材名称自动命名，然后如图 3-7-11 所示调整图层的排列顺序，并移动每个图层中的对象至合适的位置（见图 3-7-12）。

图 3-7-10 分散到图层

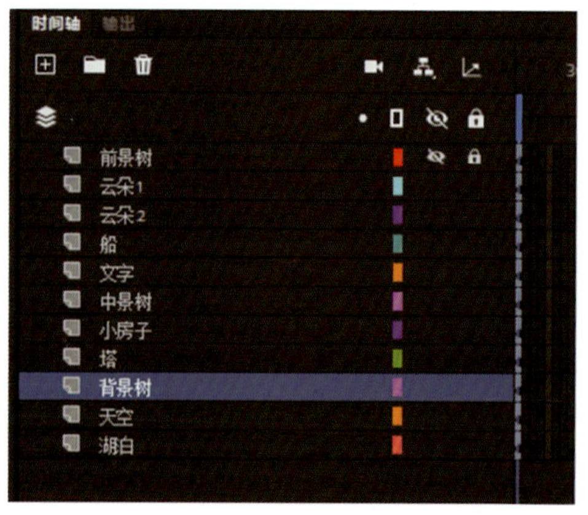


图 3-7-11 调整图层的排列顺序

图 3-7-12 调整每个图层中的对象的位置

4. 选中所有图层的第 100 帧，给每个图层插入帧，然后单击“添加摄像头”按钮以创建“摄像头”图层，如图 3-7-13 所示。

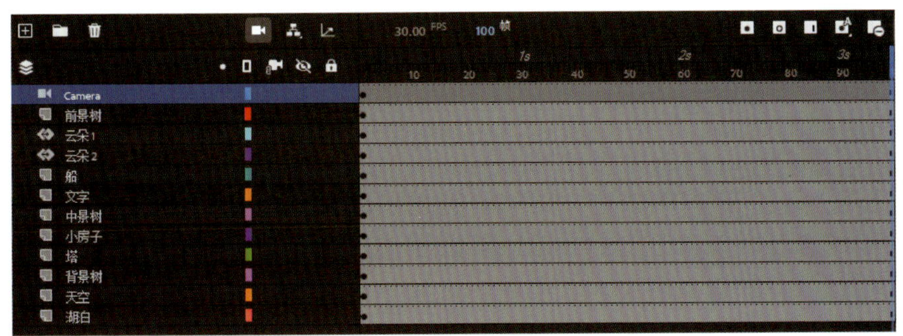


图 3-7-13　创建“摄像头”图层

5. 制作补间动画：在“云朵 1”图层的第 1 帧处右击，在菜单中选择【创建补间动画】，生成补间动画，然后在“云朵 1”图层第 90 帧处右击，在菜单中选择【插入关键帧】>【位置】，将图形“云朵 1”调整到舞台左侧，完成“云朵 1”的动画制作；在“云朵 2”图层的第 1 帧处右击，在菜单中选择【创建补间动画】，生成补间动画，然后在“云朵 2”图层第 80 帧处右击，在菜单中选择【插入关键帧】>【位置】，调整图形“云朵 2”的位置至舞台右侧，完成“云朵 2”的动画制作。

6. 制作传统补间动画：选中“船”图层的第 1 帧，移动第 1 帧对应的图形“船”到舞台右侧，选中该图层第 100 帧，按“F6”键插入关键帧，移动图形“船”到舞台左侧，如图 3-7-14 所示。

在第 1 帧位置右击，在菜单中选择【创建传统补间】，生成传统补间动画。在“云朵 2”图层第 40 帧处右击，在菜单中选择【插入关键帧】>【位置】，调整图形“云朵 2”的位置至舞台右侧。

图 3-7-14　第 1 帧和第 100 帧中图形“船”的位置

7. 插入摄像头动画：在【工具箱】中选择“摄像头”工具，此时时间轴上已经自动新建了“摄像头”图层——“Camera”图层；将播放头放置到第 100 帧处，按“F6”键插入关键帧，在舞台中单击“缩放”按钮，拖拽滑块缩放取景范围，直至缩放值为“110”，如图 3-7-15 所示，然后创建传统补间动画。

a）第 1 帧场景画面

b）第 100 帧摄像头画面

图 3-7-15　插入摄像头动画

8. 设置图层深度值：在菜单栏选择【窗口】>【图层深度】，打开【图层深度】面板。在时间轴中，可查看每个图层线条对应的颜色标识。单击“前景树”图层的第 100 帧，按“F6”键插入关键帧，设置“前景树”图层的第 100 帧的深度值为“-75”，如图 3-7-16 所示，然后给“前景树”图层创建传统补间动画，使得动画有了纵深效果。

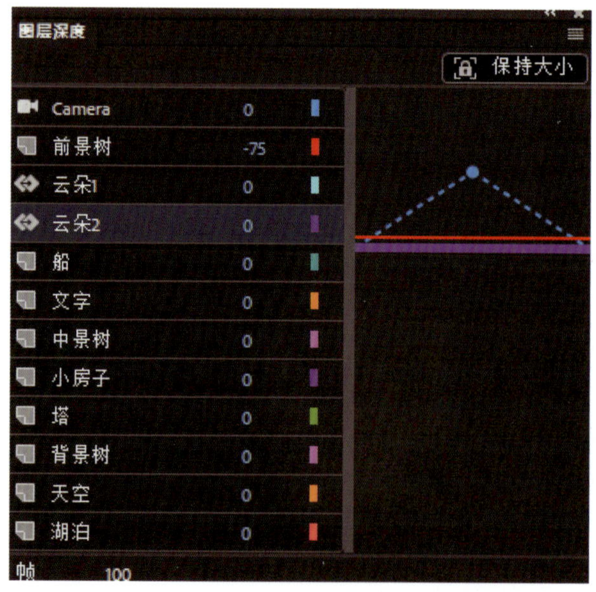


图 3-7-16　设置“前景树”图层第 100 帧的深度值

9. 制作花瓣：在菜单栏选择【插入】>【新建元件】，或按“Ctrl+F8”快捷键打开“创建新元件”对话框，设置元件名称为“花瓣”、类型为“图形”。在元件“花瓣”的舞台上绘制一个宽为 9.2 像素、高为 16.75 像素的粉色的花瓣，花瓣填充颜色值设置为“#FE89BC”，如图 3-7-17 所示。然后创建一个名为“花瓣飘落”的影片剪辑元件，如图 3-7-18 所示。

图 3-7-17　绘制花瓣

图 3-7-18　新建影片剪辑元件

10. 在“图层 _1”图层上右击，在菜单中选择【添加传统运动引导层】，为“图层 _1”图层添加运动引导层，如图 3-7-19 所示。

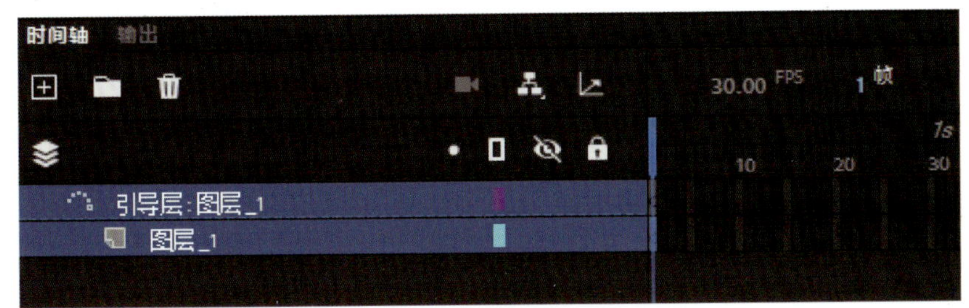

图 3-7-19　添加运动引导层

11. 选择“铅笔工具”，在【属性】面板中设置笔触颜色值为“#000000”，单击“铅笔模式”按钮，在弹出的列表中选择“平滑”，单击“引导层：图层 _1”图层的第 1 帧，在舞台上绘制一条曲线路径，然后单击引导层的第 90 帧，按“F5”键插入帧，如图 3-7-20 所示。

图 3-7-20　绘制曲线路径

12. 选择“图层 _1”图层，单击第 1 帧，将库中的元件“花瓣”拖拽到舞台中，并将其缩小放置在曲线路径上方的端点上，元件“花瓣”的对称中心点必须在曲线路径上，如图 3-7-21a 所示；在第 90 帧处按“F6”键插入关键帧，使用“选择工具”将元件“花瓣”拖拽到曲线路径下方的端点上，如图 3-7-21b 所示。

13. 在“图层 _1”图层的第 1 帧处右击，在菜单中选择【创建传统补间】，创建传统补间动画，同时，在【属性】面板勾选“调整到路径”复选框，完成引导线动画。

14. 在“花瓣飘落”影片剪辑元件编辑状态下，单击工作区左上角的按钮，如图 3-7-22 所示，返回场景 1，在时间轴的“云朵 1”图层上方，单击“新建图层”按钮新建图层，将该图层更名为“花瓣落下 1”，单击“花瓣落下 1”图层第 1 帧，将库中的元件“花瓣飘落”多次拖拽到舞台中，如图 3-7-23 所示。

a）第1帧花瓣的状态及位置　　b）第90帧花瓣的状态及位置

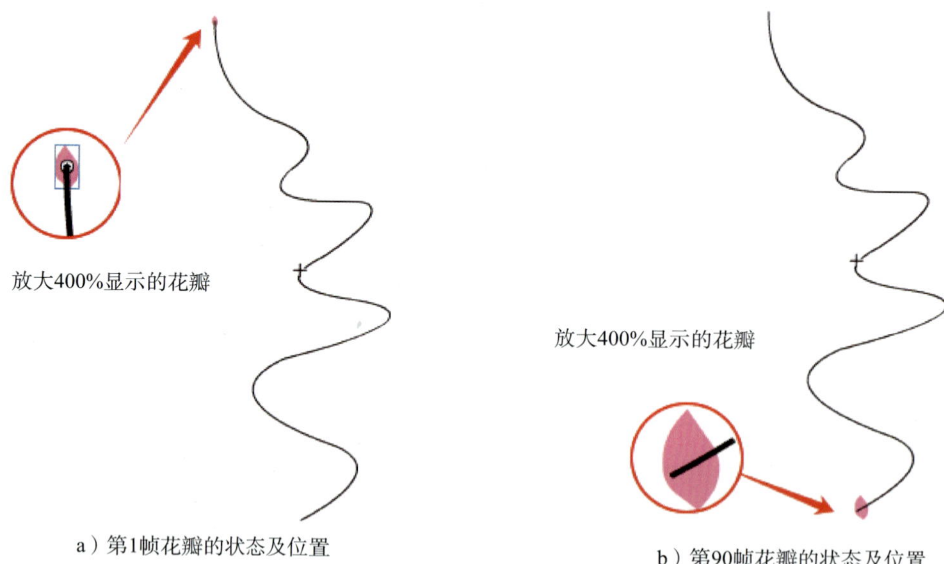

图 3-7-21　花瓣的位置及大小

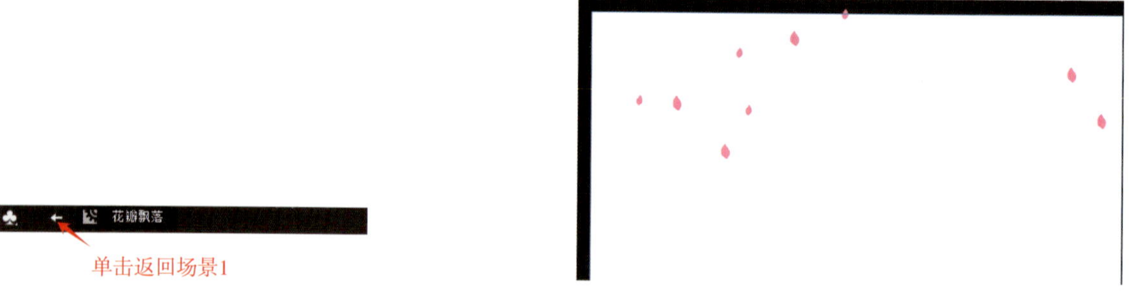

图 3-7-22　返回场景 1

图 3-7-23　多次将元件“花瓣飘落”拖拽到“花瓣落下 1”图层舞台中

15. 在“花瓣落下 1”图层上方，新建图层并命名为“花瓣落下 2”，在“花瓣落下 2”图层第 36 帧处，按“F6”键插入关键帧，将库中元件“花瓣飘落”多次拖拽到舞台中，如图 3-7-24 所示。

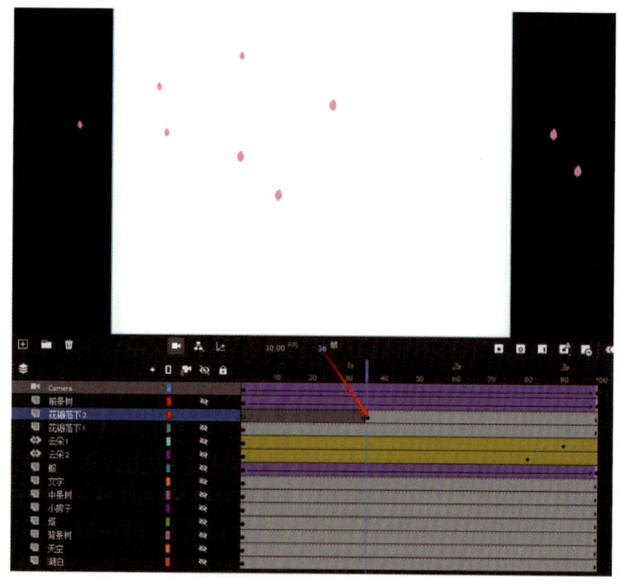

图 3-7-24　多次将元件“花瓣飘落”拖拽到“花瓣落下 2”图层舞台中

16. 在菜单栏选择【控制】>【测试】，输出观看效果，然后在菜单栏选择【文件】>【导出】>【导出影片】，在面板中调整相关参数，导出 SWF 格式影片，命名为“春日有约乐园”。

## 思考与练习

一、思考题

1. 动画画面中有深度拉伸的镜头和一般的推拉镜头有何区别？

2. 在 Animate 中最多可以添加几个摄像头图层？

二、实操练习

请运用本任务所学知识制作一个与服装产品有关的动画。要求：运用到“摄像头”工具，动画效果合理，构思明确，颜色搭配合理。

# 项目四

# 交互动画制作

艺术设计动画毕业作品展
& 优秀学生代表
作者介绍
作品展示
活动详情
时间：4月22日动画毕业展,我们不见不散!
活动内容：
1 现场派发毕业礼品！先到先得！
2 特邀优秀学生代表互动交流指导！
3 提问有机会获得特殊大礼包一份！
活动地点：幸福里设计教学楼一楼68号展厅　联系人：李老师

# 任务 1 play（ ）和 stop（ ）函数应用——美食相册制作

任务目标

1. 能熟悉【动作】面板的作用。
2. 能熟悉【代码片断】面板的使用方法。
3. 能制作“play”和“stop”动作按钮。

## 任务描述

制作一个美食相册，运用 play（ ）和 stop（ ）函数为播放和停止按钮添加脚本，以用播放和停止按钮来控制动画的播放和停止，并运用遮罩层来实现美食相册的滚动效果，如图 4-1-1 所示。

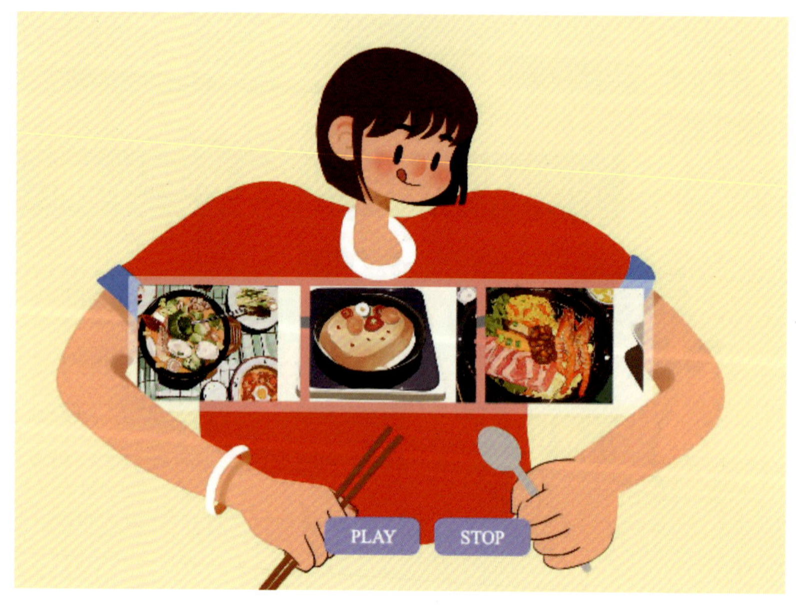


图 4-1-1　美食相册效果图

## 知识学习

在 Animate 中，要实现复杂多变的动画效果，往往需要借助动作脚本来完成。通过输入不同的动作脚本，用户可以制作出高难度的动画特效。Animate 所采用的脚本语言是 ActionScript 3.0，这是一种功能强大的面向对象的编程语言。它能够帮助用户轻松地控制动画、修改对象属性，以及对动画中的音效进行精准控制，从而满足用户各种动画制作需求。

### 一、交互式动画

在 Animate 中，交互式动画是通过整合动画效果与用户交互行为（如单击、鼠标移动、键盘输入等）精心制作的。这类动画超越了简单的线性播放模式，能够实时响应用户操作，进而提供更加生动、

互动性强且引人入胜的用户体验。

交互式动画主要适用于以下几个关键领域：

### 1. 动画控制

借助 ActionScript 编程，用户可以灵活地控制动画的播放状态，包括播放、暂停、停止等，从而实现动画与用户间的无缝交互。这一点将在本项目中的“美食相册制作”和“平板电脑视频控制”案例中得到充分展示。

### 2. 交互设计

在网页动画或交互式应用的设计过程中，ActionScript 被广泛应用于创建按钮单击、鼠标移动等交互事件，可显著提升用户体验。本项目中的“作品集动态展示制作”和“相册动态展示设计”案例便是这一应用的典范。

### 3. 游戏开发

在游戏开发领域，ActionScript 同样发挥着重要作用，它主要用于游戏逻辑实现、角色控制以及场景切换等。这一点将在本项目中的“游戏界面设计”案例中得到了充分体现。

## 二、【动作】面板

在 Animate 中，【动作】面板是一个非常重要的工具，它主要用来编写和编辑脚本，特别是 ActionScript 代码和 HTML5 使用的 JavaScript 代码。

【动作】面板基本操作方法如下：在菜单栏选择【窗口】>【动作】或按“F9”键，即可打开【动作】面板，如图 4-1-2 所示。

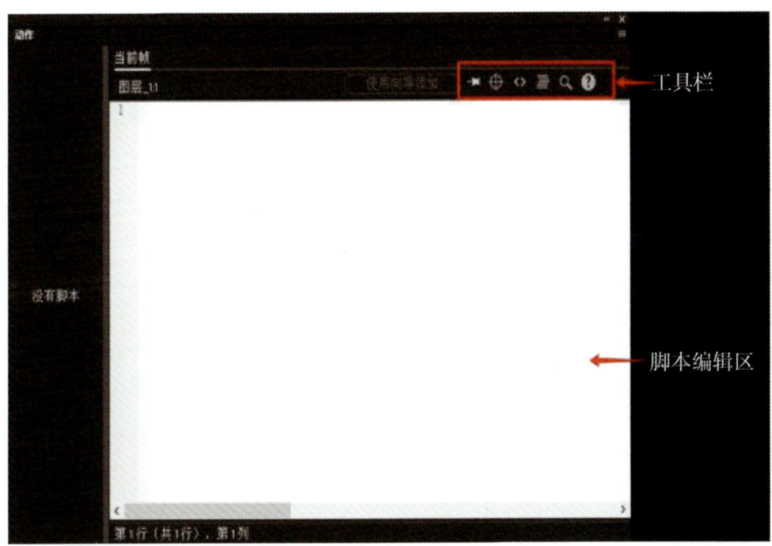


图 4-1-2 【动作】面板

### 1. 工具栏

工具栏中有创建代码时常用的一些工具的按钮：

“固定脚本”按钮 ：单击该按钮可以固定显示脚本内容。

“插入实例路径和名称”按钮 ：单击该按钮可以打开【插入目标路径】对话框，在该对话框中可以选择需添加动作脚本的对象。

“代码片断”按钮 ：单击该按钮可以打开【代码片断】面板，在该面板中可以直接将 ActionScript 3.0 代码添加到 FLA 格式的文件中，实现常见的交互功能。

“设置代码格式”按钮 ：单击该按钮可以设置脚本代码的格式。

“查找”按钮 ：单击该按钮可以对脚本编辑窗口中的动作脚本内容进行查找并替换。

“帮助”按钮 ：单击该按钮可以打开帮助页面。

### 2. 添加代码片断的步骤

（1）在菜单栏中选择【窗口】>【代码片断】，如图 4-1-3 所示。

（2）在【代码片断】面板中，单击要添加代码的文件夹的折叠按钮▶，如单击“动作”文件夹的折叠按钮，如图 4-1-4 所示。

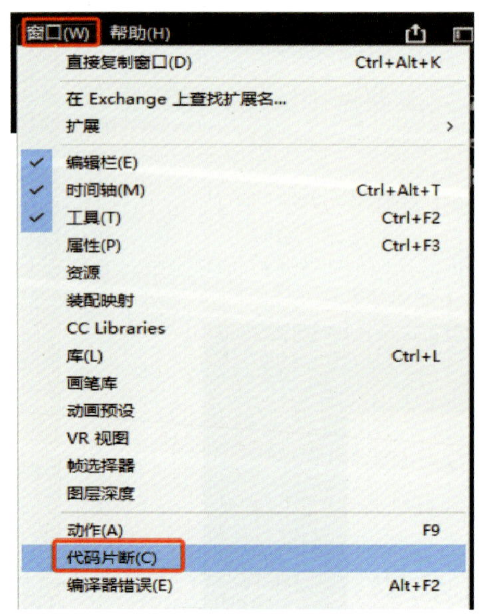

图 4-1-3 选择【代码片段】

图 4-1-4 “动作”文件夹

（3）在展开的文件夹列表中，双击要添加的代码类型，如“停止影片剪辑”，如图 4-1-5 所示。

（4）系统弹出用于添加代码的【动作】面板，此时可以看到详细的代码，这样就完成了添加代码片断的操作，如图 4-1-6 所示。

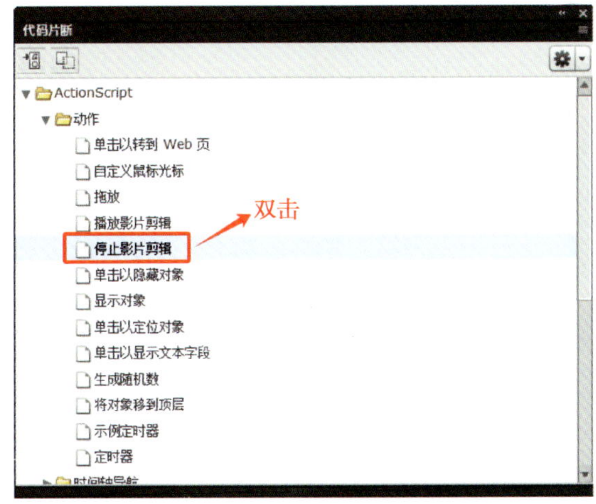


图 4-1-5　双击要添加的代码类型

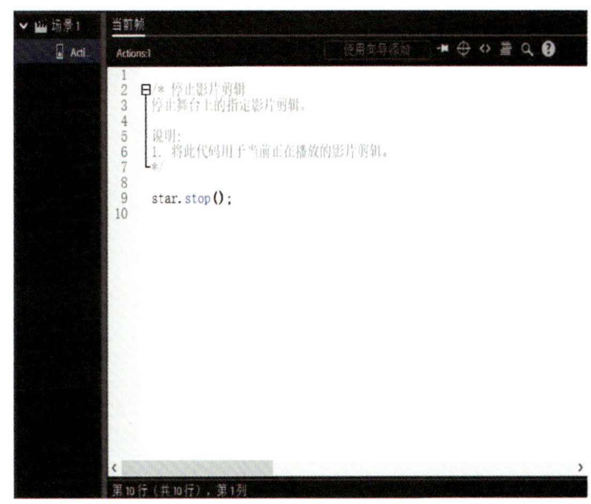


图 4-1-6　用于添加代码的【动作】面板

## 三、play ( ) 和 stop ( ) 函数的应用

在 Animate 中，通过使用 play ( ) 和 stop ( ) 函数可以实现对动画的动态控制，它们用于控制动画的播放和停止。play ( ) 函数用于播放动画，而 stop ( ) 函数用于停止动画的播放。为了实现这些功能，通常需要创建交互式按钮元件。随后，通过精心编写的 ActionScript 3.0 代码，将这些按钮的单击事件与 play ( ) 及 stop ( ) 函数相绑定。这样一来，用户便能够通过单击按钮，轻松地控制动画的播放与停止，从而实现交互式动画效果。

用户通过自定义 play ( ) 与 stop ( ) 函数来灵活控制动画的播放与停止。具体步骤如下：首先，在时间轴上精心编写代码，以确保动画能够按照预期的逻辑进行播放和停止。其次，为了增强动画的交互性，可根据需要创建按钮元件，这些按钮将作为用户与动画进行交互的接口。最后，将这些按钮与编写好的 play ( ) 和 stop ( ) 函数相关联。通过为按钮添加单击事件监听器，并指定在单击时调用的函数，可以实现用户单击按钮来控制动画的播放和停止。

### 1. play ( ) 函数

功能：从当前帧开始播放动画。

示例用法：play ( );

说明：当调用此函数时，动画将从当前帧播放至结束，或遇到停止指令时结束。

实例：

```
start_Btn.addEventListener(MouseEvent.CLICK, nowstart);
function nowstart(event: MouseEvent):void{
   play();
}
```

实例解释：

第一句：为 start_Btn（元件名称）添加了一个事件监听器，监听 MouseEvent.CLICK（即鼠标单击事件）。当 start_Btn 被单击时，会调用 nowstart 函数。

第二句：当用户单击 start_Btn 按钮时，会触发监听器，并调用 nowstart 函数。

第三句：在 nowstart 函数内部，我们调用了 play（ ）函数，从而开始播放动画。

### 2. stop（ ）函数

功能：在当前帧停止动画或执行其他类型的“停止”操作。

示例用法：stop（ );

实例：

```
stop_Btn.addEventListener(MouseEvent.CLICK, nowstop);
function nowstop(event:MouseEvent):void{
    stop();
}
```

实例解释：

当用户单击 stop_Btn 按钮时，将触发 nowstop 函数，进而调用 stop（ ）函数以停止当前正在播放的动画或进行的操作。

在 play（ ）和 stop（ ）函数使用过程中，会应用到 addEventListener（ ）函数，该函数用于为对象添加事件监听器。它的语法如下：所要接收事件的对象 .addEventListener（事件类型、事件名称、事件响应函数的名称）。

### 3. play（ ）和 stop（ ）函数的使用方法

下面我们以小球运动交互动画制作来讲解 play（ ）和 stop（ ）函数的使用方法。

（1）打开本任务教材配套素材“小球运动”。

（2）在“按钮”图层把库中的元件“play”和“stop”拖放到舞台中，如图 4-1-7 所示。

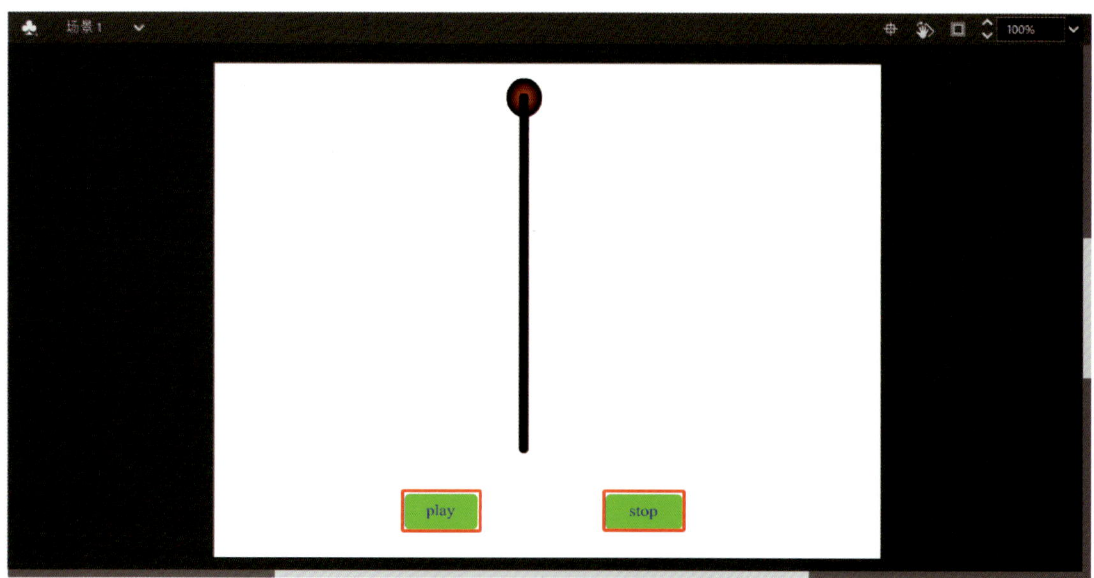


图 4-1-7　把元件“play”和“stop”拖放到舞台中

（3）在舞台中选中元件“play”，在【属性】面板的【对象】选项卡中，设置实例名称为“start_Btn”，如图 4-1-8 所示；用相同的方法将元件“停止”命名为“stop_Btn”，如图 4-1-9 所示。

（4）选中“动作脚本”图层的第 1 帧，按“F6”键插入关键帧，在菜单栏选择【窗口】>【动作】，在弹出的【动作】面板中输入 play（）和 stop（）脚本，如图 4-1-10 所示。关闭【动作】面板，在“动作脚本”图层的第 1 帧会显示一个标记“a”。

图 4-1-8　设置实例名称 1

图 4-1-9　设置实例名称 2

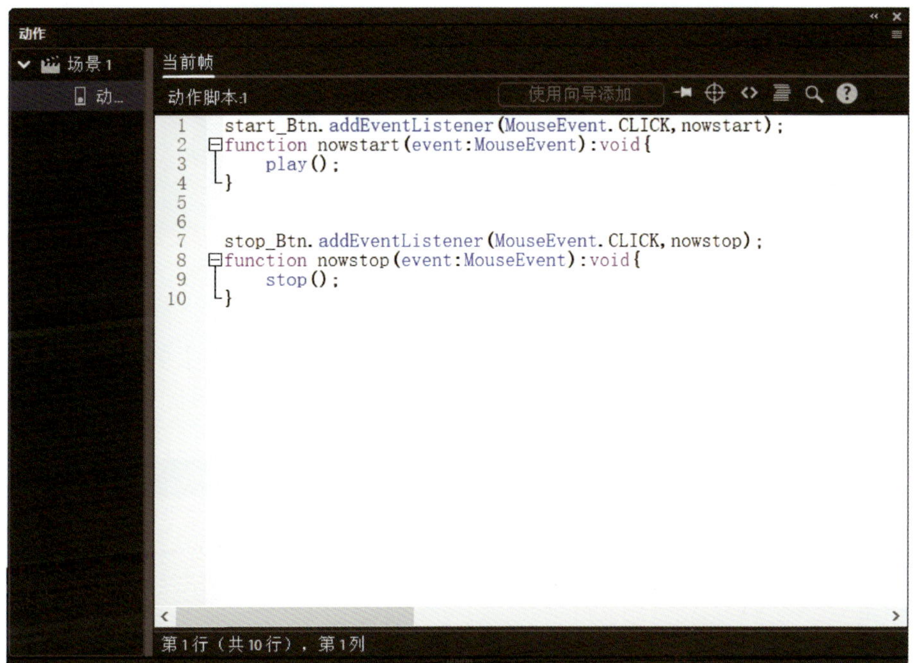


图 4-1-10　输入 play（）和 stop（）脚本

（5）在菜单栏选择【控制】>【测试】，输出观看效果。如图 4-1-11 所示，通过单击两个按钮可控制小球的停止和运动。

## 任务实施

1. 在菜单栏选择【文件】>【新建】，新建一个尺寸为 1 000 像素 × 750 像素、帧速率值为 24 的文档，设置背景颜色值为“#FF9933”，保存文件并命名为“美食相册”。

2. 将本任务教材配套素材文件夹“美食相册素材”中的 7 张图片导入库中。

3. 在菜单栏选择【插入】>【新建元件】，在弹出的【创建新元件】对话框中，设置元件名称为“照片”、类型为“图形”。

4. 将除图片“底图”外的 6 张图片拖放到舞台中，在【属性】面板中，将所有图片的 Y 的值设为“0”，X 的值保持不变，如图 4-1-12 所示。

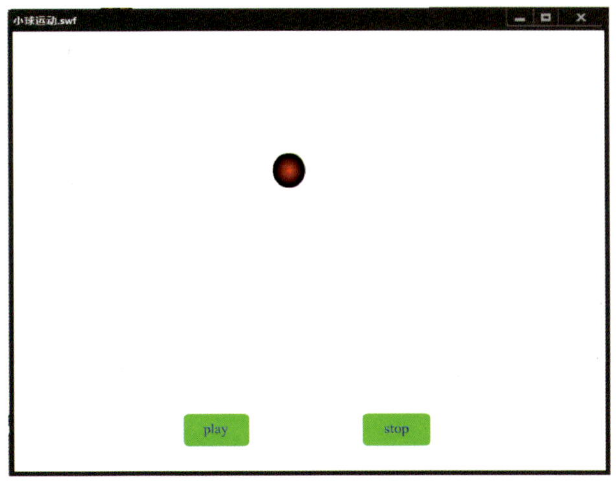


图 4-1-11　通过单击两个按钮控制小球的停止和运动

图 4-1-12　将除图片“底图”外的 6 张图片拖放到舞台中

5. 全选图片，按“Ctrl+G”快捷键，将其组合为一个组，在【属性】面板中，将 X、Y 的值设为“0”，如图 4-1-13 所示。

图 4-1-13　将所有图片组合为一个组

6. 保持图片被选中状态，按“Ctrl+C”快捷键，然后按“Ctrl+Shift+V”快捷键，将它们粘贴在原图片的最后面，在【属性】面板中将 Y 值设为“0”，如图 4-1-14 所示。

图 4-1-14　复制粘贴图片

7. 在菜单栏选择【插入】>【新建元件】，在弹出的【创建新元件】对话框中，设置元件名称为“播放”、类型为“按钮”，如图 4-1-15 所示。

8. 将“图层 _1”图层重命名为“矩形”，用“矩形工具”绘制一个圆角矩形，笔触颜色设置为无颜色，填充颜色设置为蓝色，如图 4-1-16 所示；在“指针经过”状态帧和“按下”状态帧，按“F6”键插入关键帧。

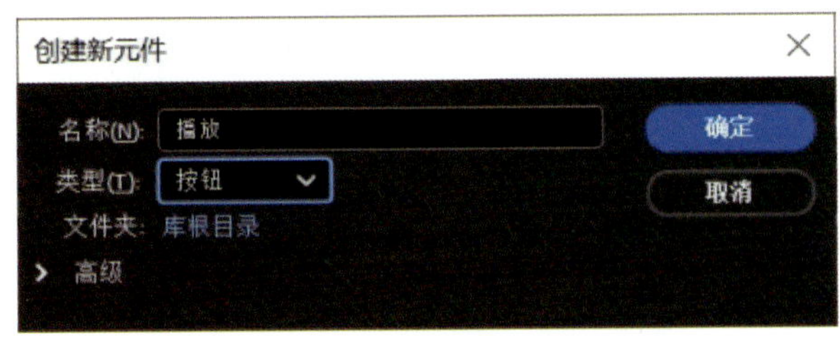


图 4-1-15　新建按钮元件“播放”

图 4-1-16　圆角矩形

9. 单击“新建图层”按钮，新建名为“文字”的图层，选择“文本工具”，字体颜色设置为白色，输入英文单词“play”，如图 4-1-17 所示。在“指针经过”状态帧和“按下”状态帧，按“F6”键插入关键帧，在“指针经过”状态帧中将字体颜色改为黄色。

10. 用同样的方法制作按钮元件“停止”，如图 4-1-18 所示。

11. 返回场景 1 中，将“图层 1”图层重命名为“底图”，将库中的图片“底图”拖入舞台中，选中“底图”图层的第 100 帧，按“F5”键插入帧。

12. 创建一个名为“底框”的新图层。选择“矩形工具”，在【属性】面板设置笔触颜色为无颜色，填充颜色为白色，不透明度为“50%”，绘制一个矩形，如图 4-1-19 所示；选中“底框”图层的第 100 帧，按“F5”键插入帧。

图 4-1-17　按钮元件“播放”

图 4-1-18　按钮元件“停止”

图 4-1-19　绘制一个矩形

13. 创建一个名为“照片”的新图层。选中“照片”图层的第 2 帧，按“F6”键插入关键帧。将图形元件“照片”拖入舞台中，如图 4-1-20 所示。

图 4-1-20　将图形元件“照片”拖入舞台中

14. 选中“照片”图层的第 100 帧，按“F6”键插入关键帧，在舞台中将元件“照片”水平向右

拖放到适当的位置，如图 4-1-21 所示；在“照片”图层的第 2 帧处右击，在菜单中选择【创建传统补间】，生成传统补间动画。

图 4-1-21　在“照片”图层创建传统补间动画

15. 创建一个名为“遮罩层”的新图层。选中“遮罩层”图层的第 2 帧，按“F6”键插入关键帧；选择“矩形工具”，在【属性】面板设置笔触颜色为无颜色，填充颜色为白色，在前边步骤中绘制的大矩形里绘制几个小矩形，如图 4-1-22 所示。

图 4-1-22　绘制几个小矩形

16. 右击“遮罩层”图层，在菜单中选择【遮罩层】，将“遮罩层”图层设为遮罩的层，“照片”图层设为被遮罩的层，舞台中的遮罩效果如图 4-1-23 所示。

图 4-1-23　舞台中的遮罩效果

17. 创建一个名为“按钮”的新图层。从库中将按钮元件“播放”和“停止”拖入舞台中并放在合适的位置，如图 4-1-24 所示。

图 4-1-24　将按钮元件“播放”和“停止”拖入舞台中

18. 选择“选择工具”，在舞台中选中元件“播放”，在【属性】面板设置实例名称为“start_Btn”，如图 4-1-25 所示；用相同的方法为元件“停止”设置实例名称为“stop_Btn”，如图 4-1-26 所示。

19. 选中“照片”图层的第 100 帧，在菜单栏选择【窗口】>【动作】，在弹出的【动作】面板中输入脚本代码，如图 4-1-27 所示。

20. 创建一个名为“动作脚本”的新图层，选中“动作脚本”图层的第 1 帧，按“F6”键插入关键帧；在菜单栏选择【窗口】>【动作】，在弹出的【动作】面板中输入脚本代码，如图 4-1-28 所示。关闭【动作】面板，在“动作脚本”图层的第 1 帧会显示一个标记“a”。

21. 在菜单栏选择【控制】>【测试】，输出观看效果，最后保存文件。

图 4-1-25　设置实例名称为“start_Btn”

图 4-1-26　设置实例名称为“stop_Btn”

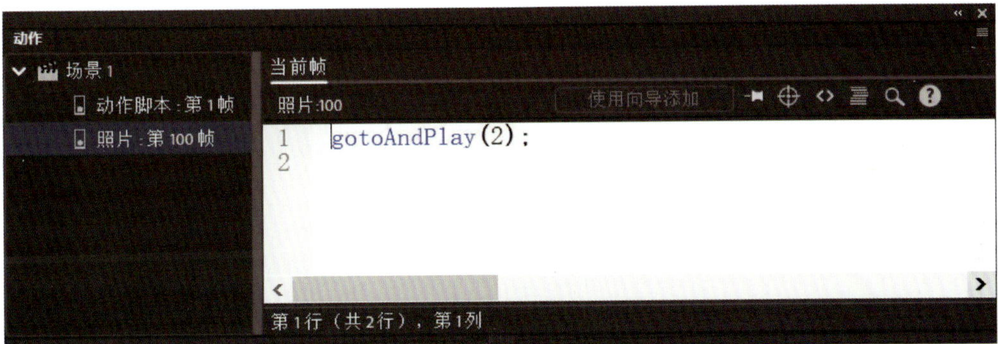


图 4-1-27　“照片”图层第 100 帧脚本代码

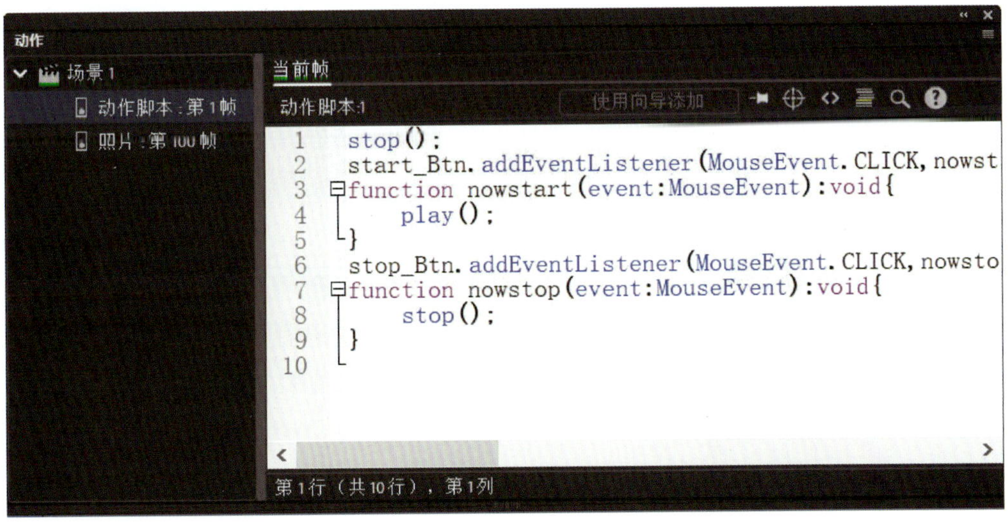

```
stop();
start_Btn.addEventListener(MouseEvent.CLICK, nowst
function nowstart(event:MouseEvent):void{
	play();
}
stop_Btn.addEventListener(MouseEvent.CLICK, nowsto
function nowstop(event:MouseEvent):void{
	stop();
}
```

图 4-1-28　“动作脚本”图层第 1 帧脚本代码

## 思考与练习

一、思考题

1. 什么是动作脚本？

2. 说一说【动作】面板的使用方法。

二、实操练习

请运用本任务所学知识制作一个通过按钮控制的动态旅游相册。

# 任务 2　gotoAndPlay（ ）和 gotoAndStop（ ）函数应用——作品集动态展示

### 任务目标

1. 了解 ActionScript 3.0 的语法规则。

2. 能叙述变量的命名规则。

3. 会使用 gotoAndPlay（ ）和 gotoAndStop（ ）函数。

## 任务描述

利用脚本动作命令和交互式按钮事件，完成艺术设计动画毕业作品集动态展示动画制作，如图 4-2-1 所示。

图 4-2-1　艺术设计动画毕业作品集动态展示动画画面

## 知识学习

ActionScript 3.0 是 Animate 的核心脚本语言，在创作具有交互性和动态效果的动画作品中扮演着至关重要的角色。通过学习其语法规则，我们能够熟练掌握这一关键工具，进而创作出内容更为丰富、吸引力更强的动画作品。ActionScript 3.0 的语法规则与众多编程语言的存在相似之处，因此，掌握 ActionScript 3.0 的语法规则不仅有助于我们培养编程思维，还能有效提升编程能力。

### 一、ActionScript 3.0 基础语法概述

#### 1. 点运算符（Dot Notation）

在 ActionScript 3.0 中，点运算符（.）被用于访问对象的属性和方法。例如，若存在一个名为 person 的对象，且该对象具有一个名为 firstName 的属性，则可通过 person. firstName 来访问对象的该属性。

#### 2. 界定符

在 ActionScript 3.0 中，界定符，即标识符，是用于标识变量、函数、类等元素的符号。界定符的构成遵循以下规则：它们通常由字母、数字、“_”和“$”组成，且不能以数字开头。例如，myVariable、myFunction 和 MyClass 均符合这些规则，是有效的界定符。

#### 3. 区分大小写

ActionScript 3.0 是一种区分大小写的编程语言。这意味着，在编写代码时，变量名、函数名、类名等界定符的大小写必须严格一致。例如，myVariable 和 myvariable 会被视为两个完全不同的界定符。

#### 4. 注释

注释在编程中扮演着重要角色，它们用于解释代码的功能或临时禁用特定的代码行。在 ActionScript 3.0 中，注释分为两种类型：

（1）单行注释。这类注释以“//”开头，从该符号起至该行末尾的所有内容均会被编译器忽略。

（2）多行注释。多行注释以“/*”开始，并以“*/”结束，这两个符号之间的所有内容，无论跨越多少行，都会被编译器忽略。

#### 5. 关键字

关键字是指在 ActionScript 3.0 等编程语言中预先定义好并被赋予特殊含义的标识符。这些关键字不能被用作变量名、函数名、类名或其他任何界定符名称。它们扮演着控制程序结构和行为的关键角色。

在 ActionScript 3.0 中，一些常见的关键字包括 var（用于声明变量）、function（用于定义函数）、class（用于定义类）等。这些关键字是编程语言的核心组成部分，确保了程序能够按照预期的逻辑正确执行。

### 6. 常量

常量是指在程序执行过程中其值保持不变的变量。在 ActionScript 3.0 中，常量通过 const 关键字进行声明。例如，“const PI：Number=3.141 59;”，这行代码声明了一个名为 PI 的常量，其数值被设定为 3.141 59，在程序运行的期间，这个值是不能修改的。

## 二、变量命名示例

### 1. currentAnimation

此变量用于表示当前正在播放的动画实例。

### 2. 状态表示

（1）playing：表示动画当前正在播放。

（2）paused：表示动画当前已暂停。

（3）stopped：表示动画当前已停止。

### 3. loopAnimation（采用小驼峰命名法）

（1）作为布尔值时，它表示动画是否应循环播放。

（2）作为函数时，它可能包含控制动画循环播放的逻辑。

### 4. currentFrame

此变量用于记录动画当前播放到的帧。

### 5. 对于二维动画，变量表示的位置

（1）startPositionX：动画开始时的 X 轴位置。

（2）startPositionY：动画开始时的 Y 轴位置。

### 6. 函数命名

（1）playAnimation：此函数用于开始或恢复动画的播放。

（2）pauseAnimation：此函数用于暂停动画的播放。

（3）stopAndResetAnimation：此函数用于停止动画的播放，并将其重置到起始状态。

### 7. 特效持续时间

（1）fadeInTime：表示淡入效果的持续时间。

（2）fadeOutTime：表示淡出效果的持续时间。

### 8. 缩放动画比例

（1）scaleStart：表示缩放动画的起始缩放比例。

（2）scaleEnd：表示缩放动画的结束缩放比例。

（3）rotationVelocity：表示旋转动画的旋转速度，单位为每秒旋转的度数。

## 三、gotoAndPlay ( ) 和 gotoAndStop ( ) 函数

在动画编程领域，gotoAndPlay ( ) 与 gotoAndStop ( ) 是两个至关重要的函数，它们常被用于调控动画的播放进程。借助这两个函数，用户能够灵活地将动画跳转至任意指定帧，并根据实际需求选择在该帧暂停播放或继续播放动画。

下面以制作美食订购网页为例来讲解 gotoAndPlay ( ) 和 gotoAndStop ( ) 函数的应用方法。

1. 打开本任务教材配套素材“美食订购网页素材”。

2. 在“按钮”图层把按钮元件“雪糕”“甜点”和“水果”拖放到舞台中，如图 4-2-2 所示。

图 4-2-2　将 3 个按钮元件拖放到舞台中

3. 在舞台中选中元件“雪糕”，在【属性】面板中设置实例名称为“xuegao”，如图 4-2-3 所示；用相同的方法分别为元件“甜点”和“水果”设置实例名称为“tiandian”和“shuiguo”，如图 4-2-4、图 4-2-5 所示。

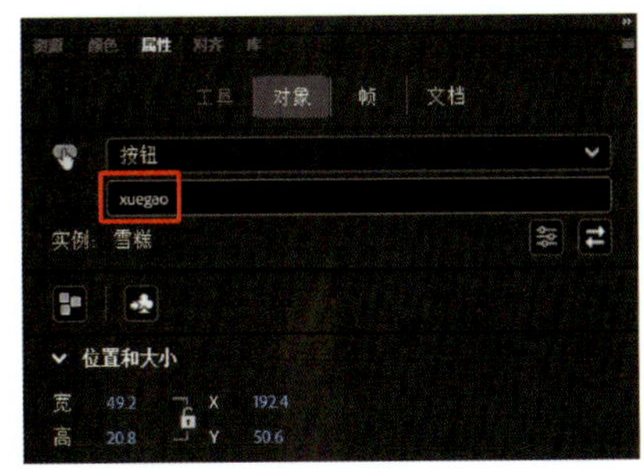


图 4-2-3　设置实例名称为“xuegao”

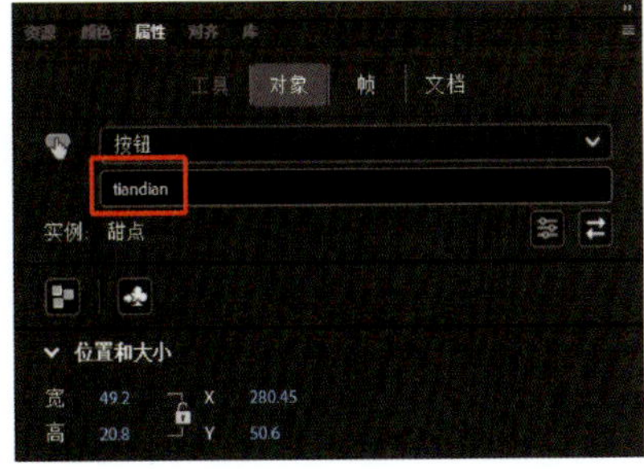


图 4-2-4　设置实例名称为“tiandian”

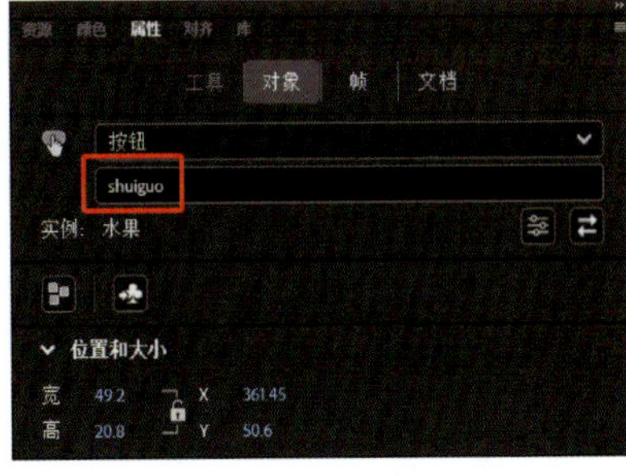


图 4-2-5　设置实例名称为“shuiguo”

4. 选中“动作脚本”图层的第 1 帧，按“F6”键插入关键帧；在菜单栏选择【窗口】>【动作】，在弹出的【动作】面板中输入 gotoAndPlay（ ）和 gotoAndStop（ ）脚本代码，如图 4-2-6 所示；关闭【动作】面板，“动作脚本”图层的第 1 帧会显示一个标记“a”。

```
stop();
xuegao.addEventListener(MouseEvent.CLICK, xg);

function xg(event:MouseEvent):void
{
	gotoAndStop(1);
}

tiandian.addEventListener(MouseEvent.CLICK, td);

function td(event:MouseEvent):void
{
	gotoAndStop(2);
}

shuiguo.addEventListener(MouseEvent.CLICK, sg);

function sg(event:MouseEvent):void
{
	gotoAndStop(3);
}
```

图 4-2-6　输入 gotoAndPlay（ ）和 gotoAndStop（ ）脚本代码

5. 在菜单栏选择【控制】>【测试】，输出观看效果。如图 4-2-7 所示，通过单击按钮可实现页面的跳转。

图 4-2-7　美食订购网页

## 任务实施

1. 在菜单栏选择【文件】>【新建】，新建一个尺寸为 1 181 像素 ×832 像素的文档，保存文件并命名为“作品集动态展示”。

2. 将本任务教材配套素材文件夹“作品集动态展示素材”中的 8 张图片导入库中。

3. 将“图层 _1”图层重命名为“底图”，把图片“底图”拖入舞台中，在【属性】面板设置图片 X 和 Y 的值均为“0”，如图 4-2-8 所示。选中“底图”图层的第 6 帧，按“F5”键插入帧。

4. 在菜单栏选择【插入】>【新建元件】，在弹出的【创建新元件】对话框中设置元件名称为“作者介绍”、类型为“按钮”，如图 4-2-9 所示；在舞台中用“矩形工具”“选择工具”和“文本工具”制作按钮元件“作者介绍”，如图 4-2-10 所示。

5. 用同样的方法新建按钮元件“作品展示”和“活动详情”，如图 4-2-11、图 4-2-12 所示。

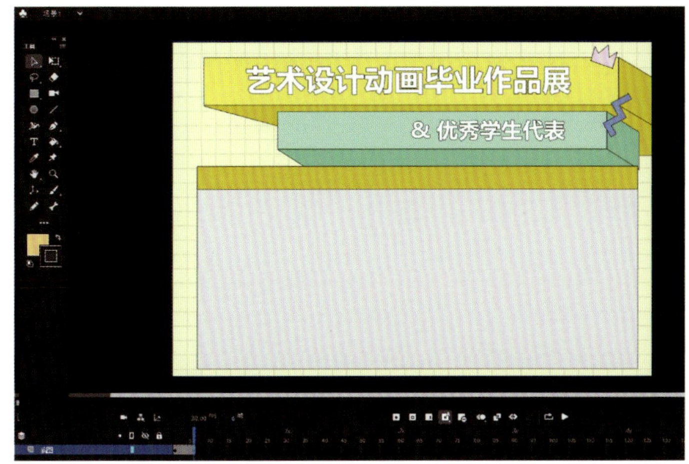


图 4-2-8　“底图”图层

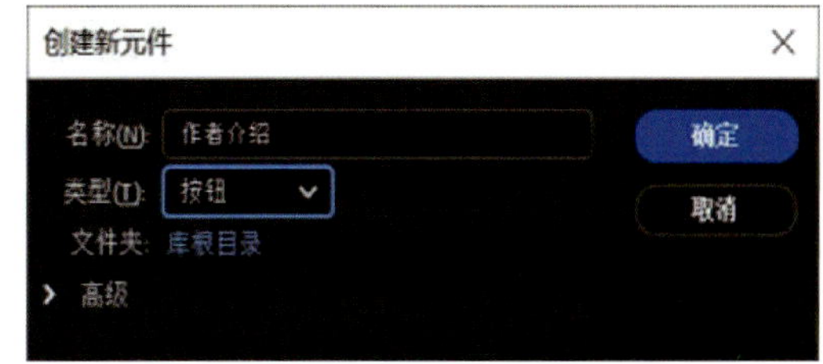


图 4-2-9　新建按钮元件“作者介绍”

图 4-2-10　按钮元件“作者介绍”

图 4-2-11　按钮元件“作品展示”

图 4-2-12　按钮元件“活动详情”

6. 在菜单栏选择【插入】>【新建元件】，在弹出的【创建新元件】对话框中设置元件名称为“上一页”、类型为“按钮”；在舞台中用“矩形工具”和“文本工具”制作按钮元件“上一页”，如图 4-2-13 所示；用同样的方法制作按钮元件“下一页”，如图 4-2-14 所示。

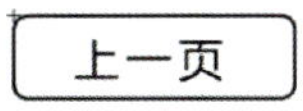

图 4-2-13　按钮元件“上一页”

图 4-2-14　按钮元件“下一页”

7. 返回场景 1 中，新建一个名为“按钮”的图层。在第 1 帧中把 3 个元件“作者介绍”“作品展示”“活动详情”拖放到舞台中，如图 4-2-15 所示。

8. 单击“选择工具”，在舞台中选中元件“作者介绍”，在【属性】面板设置实例名称为“zzjs”，如图 4-2-16 所示；用相同的方法分别给元件“作品展示”和“活动详情”设置实例名称为“zpzs”和“hdxq”，如图 4-2-17、图 4-2-18 所示。在第 2 帧、第 6 帧分别按“F6”键插入关键帧。

9. 新建一个名为“页面”的图层。在第 1 帧至第 6 帧中，分别按“F6”键插入关键帧，并依次放入图片“作者介绍”“作品展示 1”“作品展示 2”“作品展示 3”“作品展示 4”和“活动详情”，如图 4-2-19 至图 4-2-24 所示。

10. 新建一个名为“按钮 2”的图层，在第 2 帧处，按“F6”键插入关键帧，把元件“下一页”拖放到舞台适当位置，如图 4-2-25 所示；单击“选择工具”，在舞台中选中元件“下一页”，在【属性】面板设置实例名称为“down”，如图 4-2-26 所示。

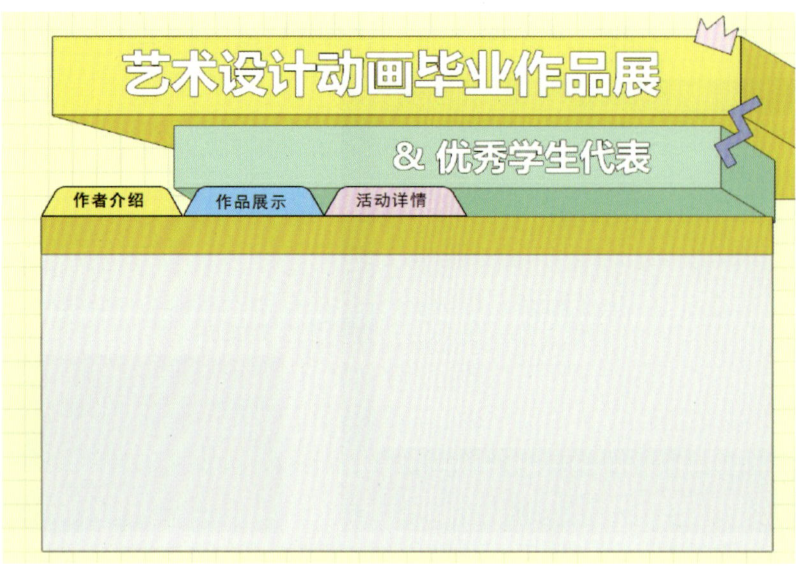


图 4-2-15　把 3 个元件“作者介绍”“作品展示”“活动详情”拖放到舞台中

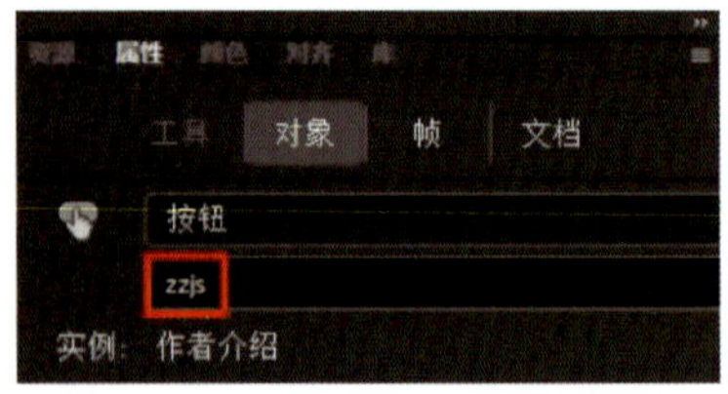


图 4-2-16　设置实例名称为“zzjs”

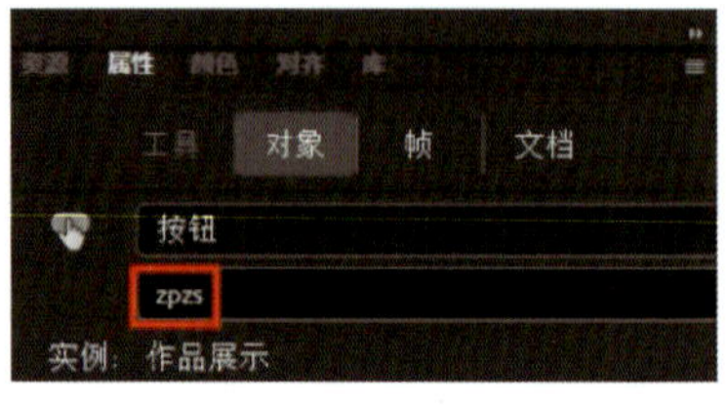


图 4-2-17　设置实例名称为“zpzs”

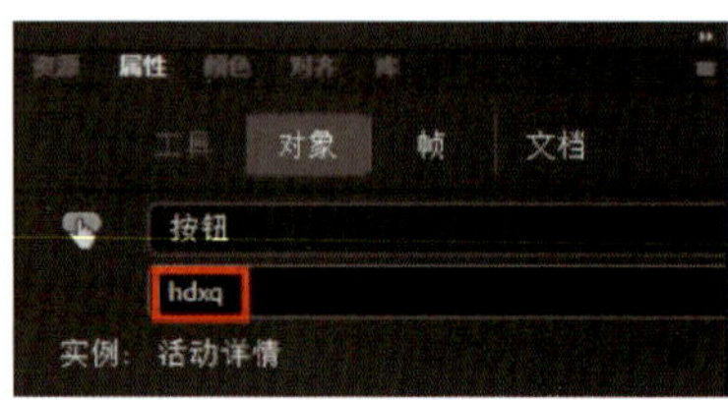


图 4-2-18　设置实例名称为“hdxq”

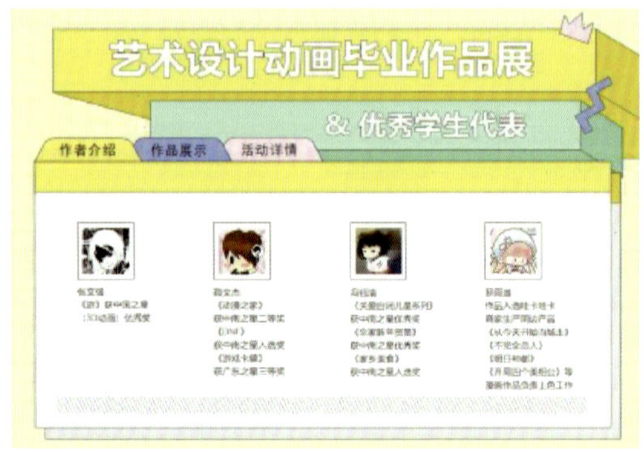


图 4-2-19　图片“作者介绍”

图 4-2-20　图片“作品展示 1”

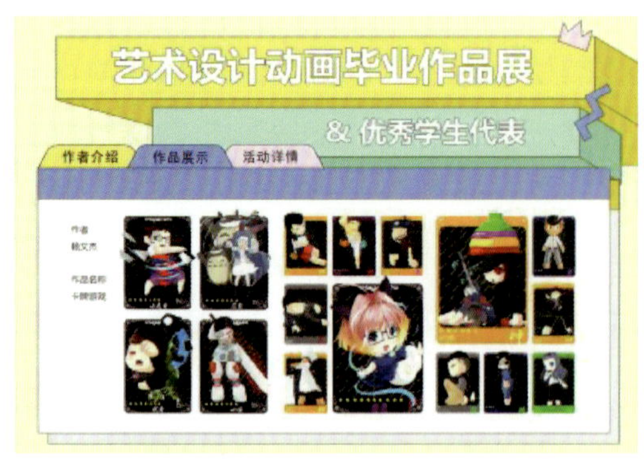


图 4-2-21　图片“作品展示 2”

图 4-2-22　图片“作品展示 3”

图 4-2-23　图片“作品展示 4”

图 4-2-24　图片“活动详情”

图 4-2-25　把元件“下一页”拖放到舞台适当位置

图 4-2-26　设置实例名称为“down”

11. 在第 3 帧处，按“F6”键插入关键帧，把元件“上一页”拖放到舞台适当位置，如图 4-2-27 所示；单击“选择工具”，在舞台中选中元件“上一页”，在【属性】面板设置实例名称为“up”，如图 4-2-28 所示。

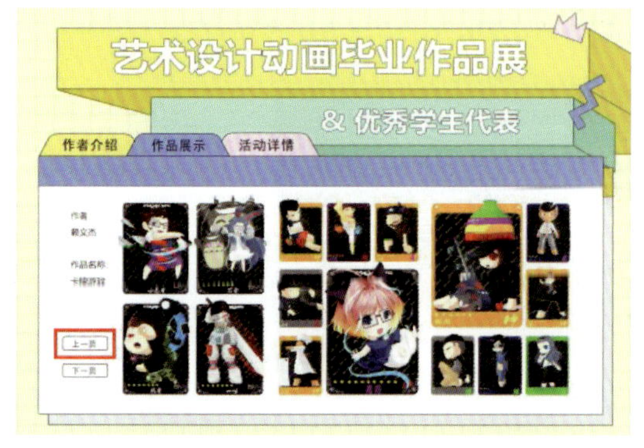

图 4-2-27　把元件“上一页”拖放到舞台适当位置

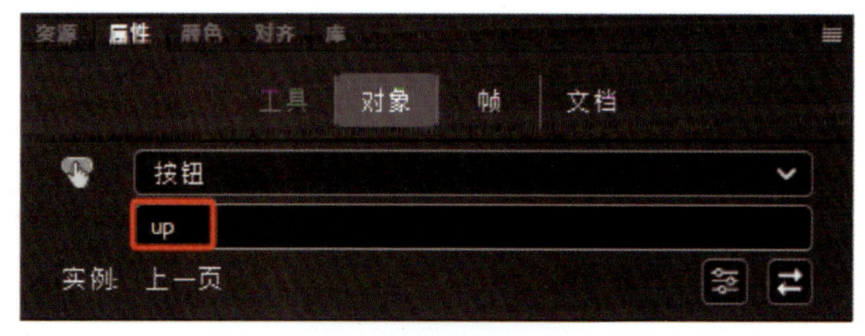

图 4-2-28　设置实例名称为“up”

12. 在第 4 帧处，按“F6”键插入关键帧，如图 4-2-29 所示；在第 5 帧处，按“F6”键插入关键帧，删除元件“下一页”，如图 4-2-30 所示；选中第 6 帧，按“F7”键插入空白关键帧。

13. 新建一个名为“鼠标”的图层，把图片“鼠标指针”拖放到舞台适当位置，如图 4-2-31 所示；选中“鼠标”图层的第 6 帧，按“F5”键插入帧。

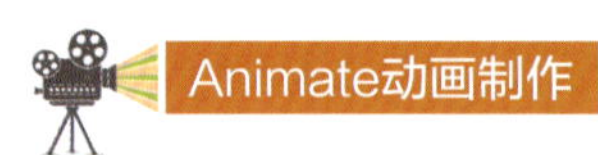

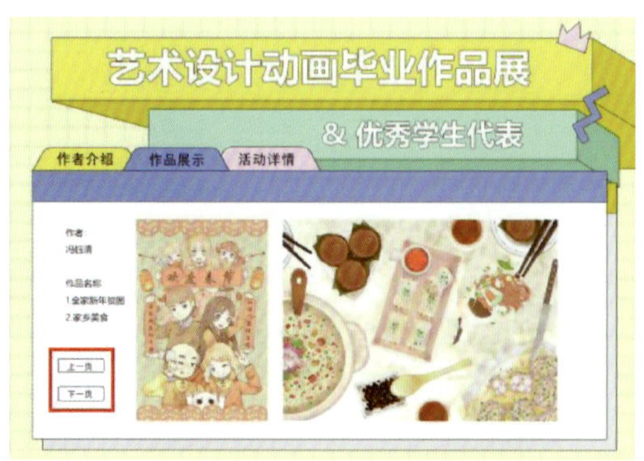

艺术设计动画毕业作品展
& 优秀学生代表
作者介绍
作品展示
活动详情

图 4-2-29　第 4 帧画面

艺术设计动画毕业作品展
& 优秀学生代表
作者介绍
作品展示
活动详情

图 4-2-30　第 5 帧画面

艺术设计动画毕业作品展
& 优秀学生代表
作者介绍
作品展示
活动详情

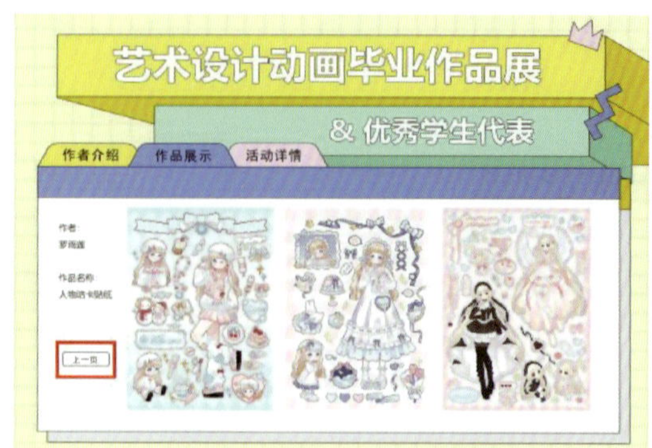

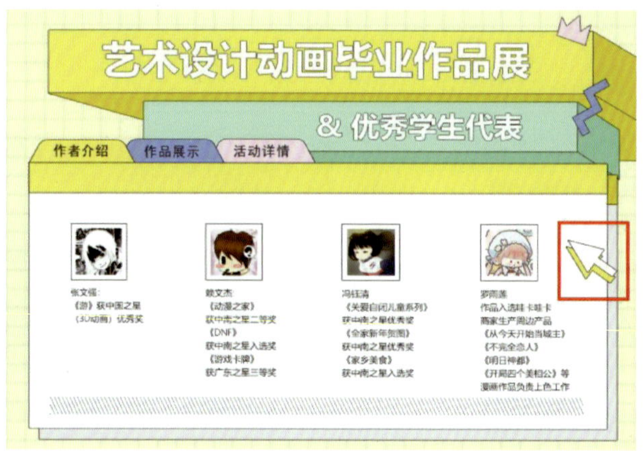

图 4-2-31　把图片“鼠标指针”拖放到舞台适当位置

14. 新建一个名为“动作脚本”的图层。在第 1 帧处，按“F6”键插入关键帧，选中“动作脚本”图层的第 1 帧，右击，在菜单中选择【动作】，在弹出的【动作】面板中输入脚本代码，如图 4-2-32 所示。关闭【动作】面板，“动作脚本”图层的第 1 帧处会显示一个标记“a”。

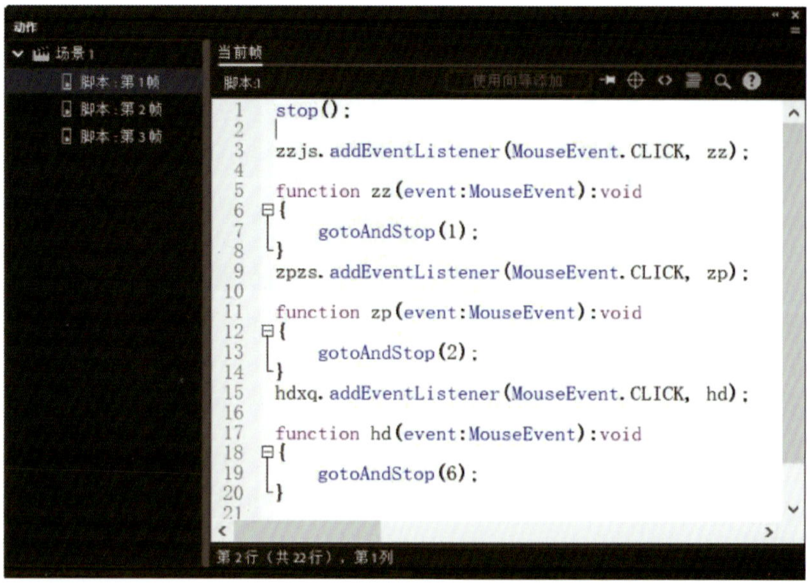

动作
场景 1
脚本：第 1 帧
脚本：第 2 帧
脚本：第 3 帧
当前帧
脚本:1
使用向导添加
stop();
zzjs.addEventListener(MouseEvent.CLICK, zz);
function zz(event:MouseEvent):void
{
gotoAndStop(1);
}
zpzs.addEventListener(MouseEvent.CLICK, zp);
function zp(event:MouseEvent):void
{
gotoAndStop(2);
}
hdxq.addEventListener(MouseEvent.CLICK, hd);
function hd(event:MouseEvent):void
{
gotoAndStop(6);
}
第 2 行（共 22 行），第 1 列

图 4-2-32　输入脚本代码

15. 在第 2 帧处，按“F6”键插入关键帧；选中第 2 帧，右击，在菜单中选择【动作】，在弹出的【动作】面板中输入元件“下一页”的脚本代码，如图 4-2-33 所示。关闭【动作】面板，在“动作脚本”图层的第 2 帧处会显示一个标记“a”。

动作
场景 1
脚本：...
脚本：...
脚本：...
当前帧
脚本:2
使用向导添加
down.addEventListener(MouseEvent.CLICK, fl_ClickToGoToNextFrame);
function fl_ClickToGoToNextFrame(event:MouseEvent):void
{
nextFrame();
}
第1行（共8行），第1列

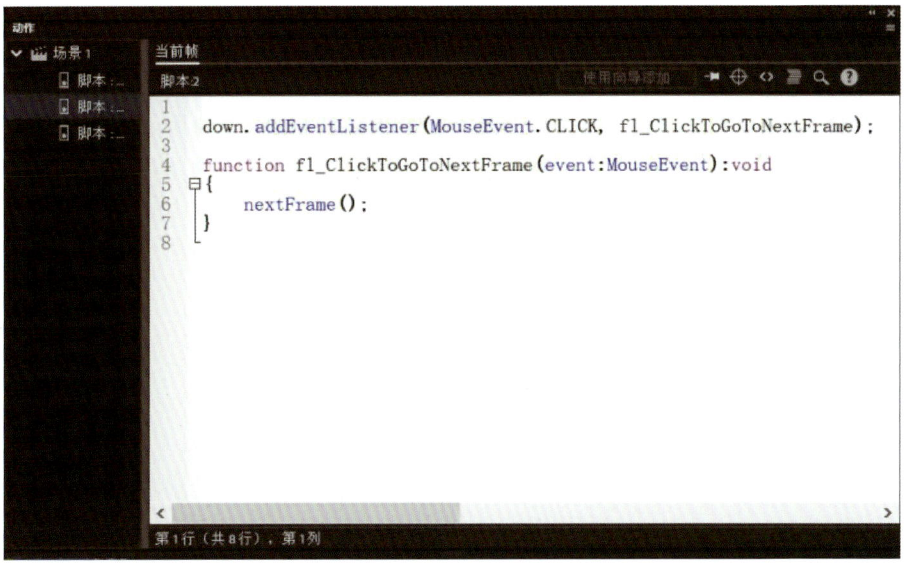

图 4-2-33　输入元件“下一页”的脚本代码

16. 在第 3 帧处，按“F6”键插入关键帧；选中第 3 帧，右击，在菜单中选择【动作】，在弹出的【动作】面板中输入元件“上一页”的脚本代码，如图 4-2-34 所示。关闭【动作】面板，在“动作脚本”图层的第 3 帧处会显示一个标记“a”。

动作
场景 1
脚本：...
脚本：...
脚本：...
当前帧
脚本:3
使用向导添加
up.addEventListener(MouseEvent.CLICK, fl_ClickToGoToPreviousFrame);
function fl_ClickToGoToPreviousFrame(event:MouseEvent):void
{
prevFrame();
}
第7行（共7行），第1列

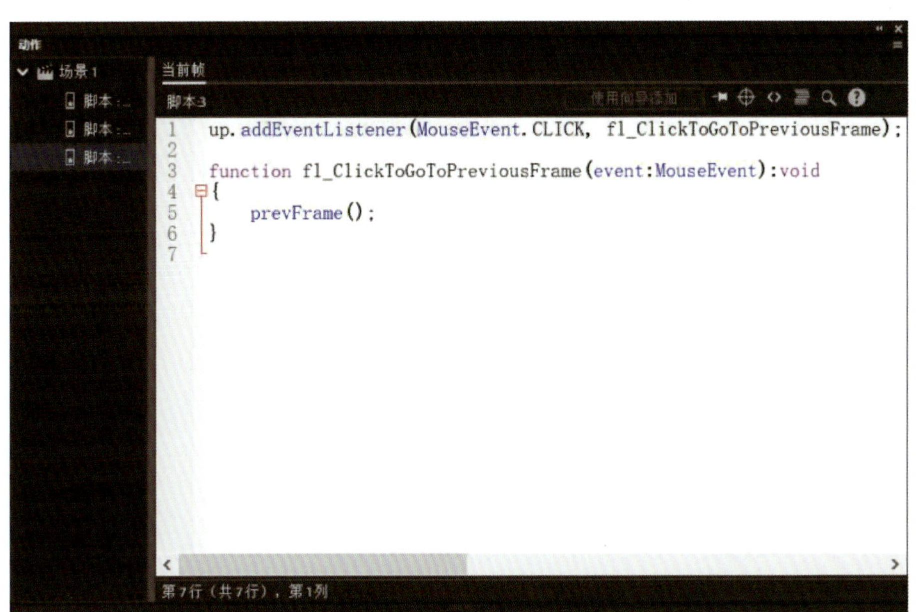

图 4-2-34　输入元件“上一页”的脚本代码

17. 在菜单栏选择【控制】>【测试】，输出观看效果，最后保存文件。

## 思考与练习

一、思考题

1. 变量和函数的在脚本中的作用是什么?

2. 常用的运算符有哪些?

二、实操练习

请运用本任务所学知识制作祝福语动态海报。要求：制作按钮元件并运用脚本代码完成交互式动画制作，并表达出主题内容。

# 项目五

# 动画视频导入和音频编辑

# 任务1　动画视频导入——平板电脑视频控制

任务目标

1. 能掌握视频导入基本操作方法。
2. 能运用播放组件加载外部视频。
3. 能在文件中嵌入视频。
4. 能熟练使用按钮控制视频。

## 任务描述

利用不同方式导入平板电脑视频，使用“椭圆工具”“多角星形工具”“矩形工具”制作播放和暂停按钮元件，编写脚本代码使得视频可通过单击按钮来控制播放和暂停，如图5-1-1所示。

图5-1-1　“平板电脑视频控制”动画画面效果

## 知识学习

Animate不仅支持导入图像和音频，还允许用户导入多种格式视频，如FLV、F4V、MP4及MOV等格式的视频。通常情况下，直接将视频作为动画场景中的元素较为少见。在制作交互式动画时，更常见的做法是将视频嵌入时间轴中，或者通过链接的方式，利用外部视频播放组件来调用并播放视频。

### 一、导入视频的方法

Animate支持将当前主流格式的视频导入文档中，这些视频格式包括FLV、F4V、MP4、MOV

等（HTML5 Canvas 文档只支持导入 MP4 格式视频），其他格式的视频则需要先转换为文档支持的格式，建议使用 Adobe Media Encoder 进行转换，该软件可以将其他格式视频转为 FLV、F4V 或 MP4 等格式的。

在 Animate 中导入与使用视频的操作方法如下：

要将视频导入文档中，可在菜单栏中选择【文件】>【导入】>【导入视频】，系统会弹出【导入视频】对话框。该对话框会指引用户选择现有的视频文件和视频导入方案，如图 5-1-2 所示。

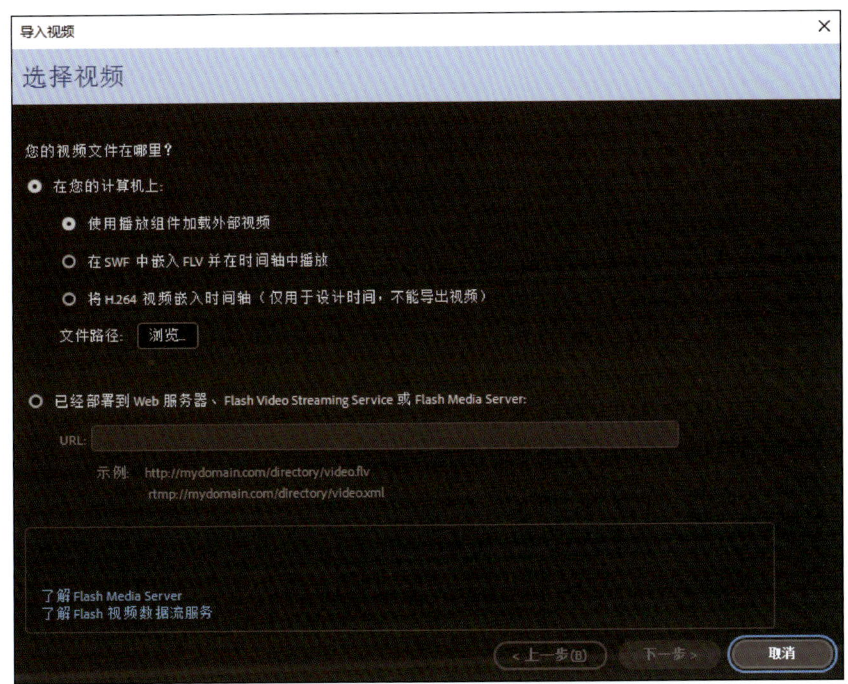


图 5-1-2 【导入视频】对话框

## 二、视频的导入方案

### 1. 使用播放组件加载外部视频

这是指导入视频并创建 FLVPlayback 组件的实例以控制视频播放。这种方法并不是真的将视频导入 Animate 文档中，而是使用内置的 FLVPlayback 组件或者编写 ActionScript 脚本在运行的 SWF 文件中加载并播放外部（本地计算机上）FLV、F4V 或 MP4 等格式视频，导入视频是指 Animate 对视频进行引用。这种方法可以让视频独立于 Animate 文档和生成的 SWF 格式文件，使 SWF 格式文件比较小，而且由于视频独立于其他 Animate 文档内容，所以更新视频内容相对容易，无须重新发布 SWF 格式文件。这是当前在 Animate 中导入视频最常用的方法。

下面详细介绍使用该方案导入视频的具体操作方法：

（1）新建一个空白文档，在菜单栏选择【文件】>【导入】>【导入视频】，如图 5-1-3 所示。

（2）系统弹出【导入视频】对话框，单击“浏览”按钮，如图 5-1-4 所示。

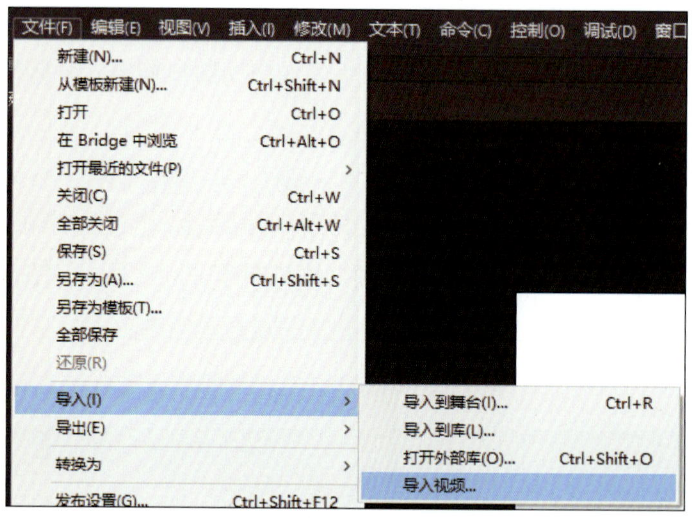


图 5-1-3　选择【导入视频】

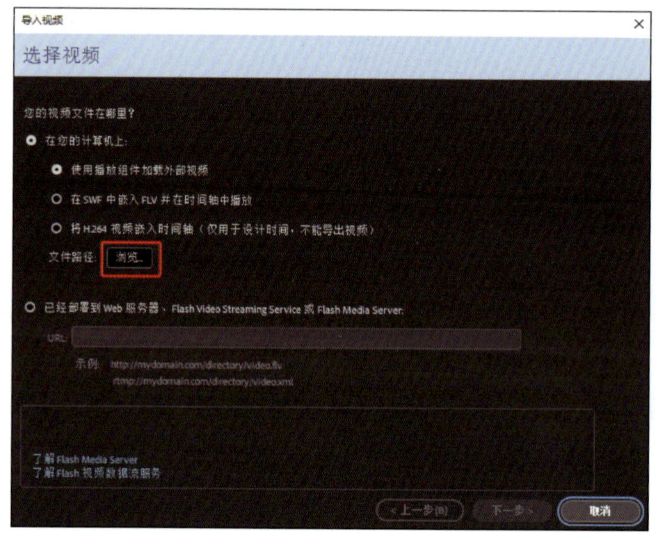


图 5-1-4　单击“浏览”按钮

（3）系统弹出【打开】对话框，选择准备导入的视频文件，单击“打开”按钮，如图 5-1-5 所示。

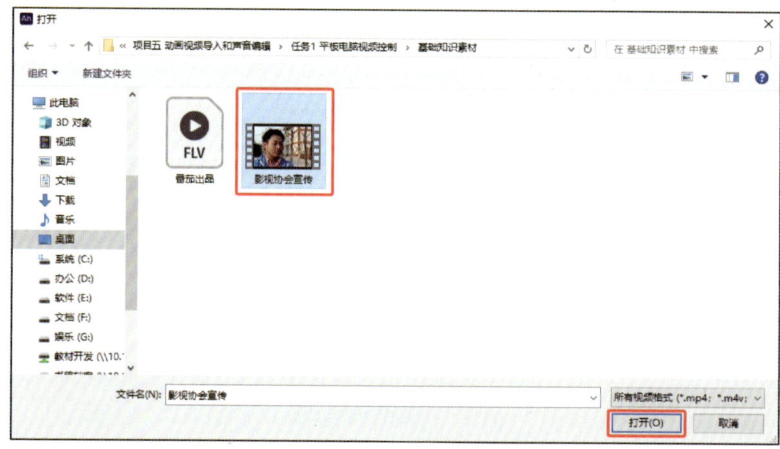


图 5-1-5　选择准备导入的视频文件

（4）系统自动返回到【导入视频】对话框中，选中“使用播放组件加载外部视频”，单击“下一步”按钮，如图 5-1-6 所示。

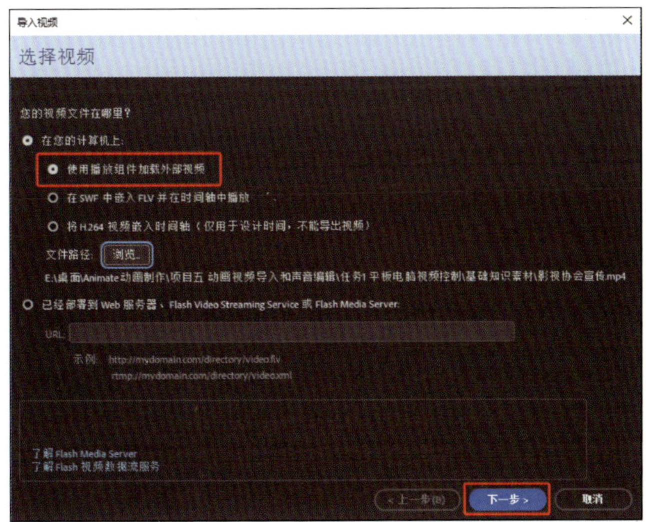


图 5-1-6　选中“使用播放组件加载外部视频”

（5）进入【设定外观】界面，选择外观样式，单击“下一步”按钮，如图 5-1-7 所示。

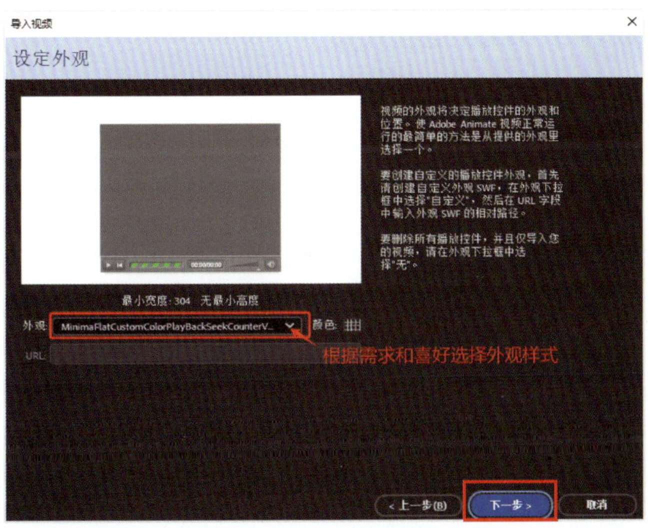


图 5-1-7　选择外观样式

（6）进入【完成视频导入】界面，可以看到视频位置等信息，单击“完成”按钮。

（7）返回到舞台中，可以看到导入的视频动画，按“Ctrl+Enter”快捷键测试影片，如图 5-1-8 所示。此时可以看到导入的视频的播放效果，这样即可完成导入视频的操作。

### 2. 在 Animate 文档中嵌入视频

在 Animate 文档中嵌入视频有两种方案：一种是在 SWF 中嵌入 FLV 并在时间轴中播放，另一种是将 H.264 视频嵌入时间轴。

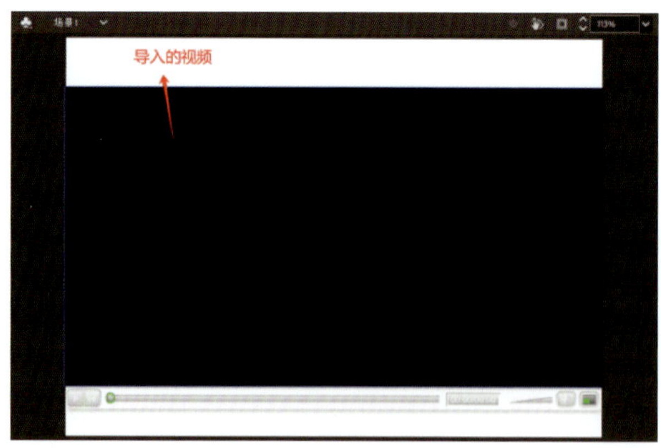


图 5-1-8 测试影片

在 SWF 中嵌入 FLV 并在时间轴中播放是指将 FLV 格式视频嵌入 Animate 文档中。这样导入视频时，该视频将被放置于时间轴中，视频会被分解为若干个视频帧，每个视频帧都由时间轴中的一帧表示，嵌入的 FLV 格式视频会成为 Animate 文档的一部分。采用该方案，生成的 Animate 文件非常大，因此建议在视频文件较小时采用该方案，如嵌入视频短于 10 s 时。

将 H.264 视频嵌入时间轴是指将 H.264 视频嵌入 Animate 文档中。采用此方案导入视频时，视频内容会出现在舞台上，以在设计阶段为动画制作提供参考。在播放时间轴的动画时，视频中的帧将呈现在舞台上，相关帧的音频也会同步播放。

下面详细介绍使用该方案导入视频的操作方法：

（1）打开【导入视频】对话框后，选中“在 SWF 中嵌入 FLV 并在时间轴中播放”或“将 H.264 视频嵌入时间轴”，单击“浏览”按钮，如图 5-1-9 所示。前一种方案支持 FLV 格式，后一种方案支持 MP4 格式，但采用后一种方案时无法导出视频，这里选择前一种方案。

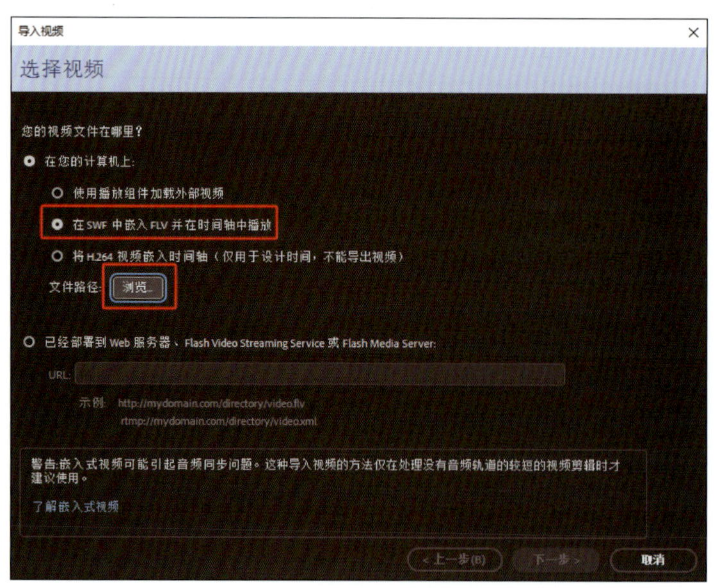


图 5-1-9 选中“在 SWF 中嵌入 FLV 并在时间轴中播放”

（2）系统弹出【打开】对话框，选择准备嵌入的视频文件，单击“打开”按钮，如图 5-1-10 所示。

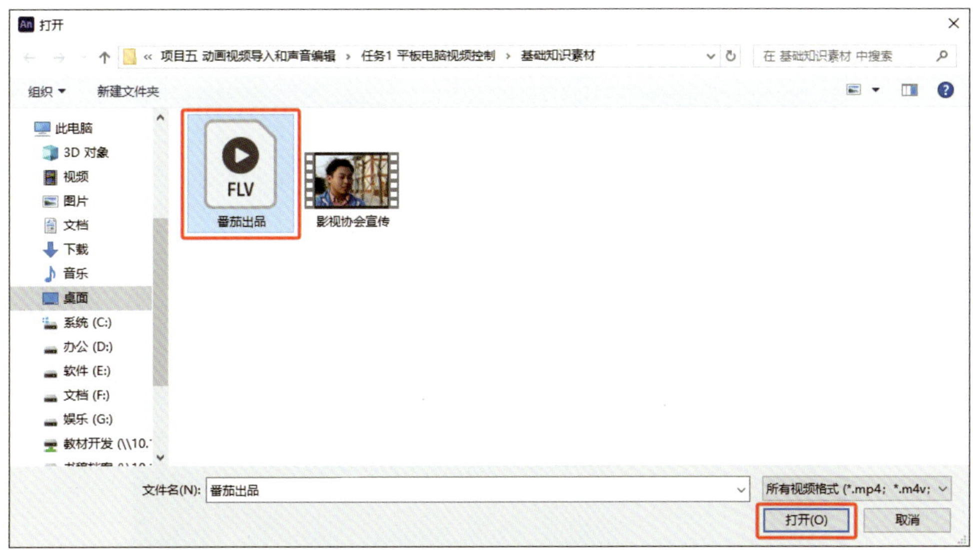


图 5-1-10　选择准备嵌入的视频文件

（3）返回【导入视频】对话框中，可以看到选择的视频文件的存储路径，单击“下一步”按钮，如图 5-1-11 所示。

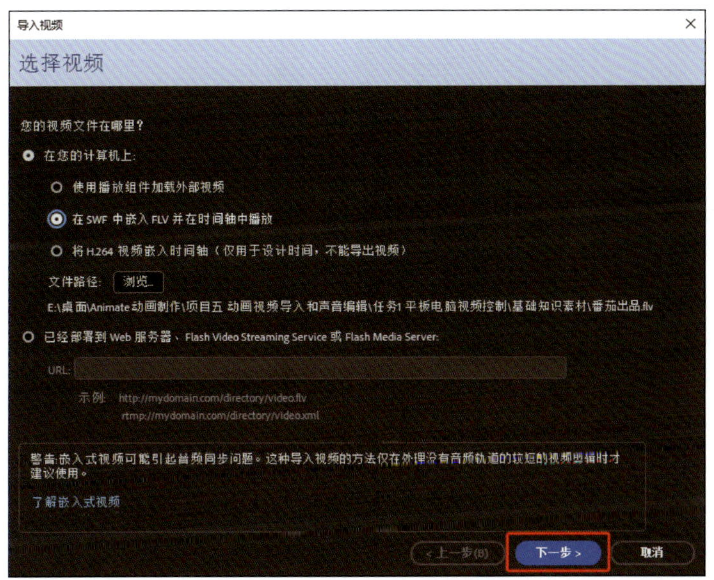


图 5-1-11　单击“下一步”按钮

（4）进入【嵌入】界面，在符号类型下拉列表中选择“嵌入的视频”，单击“下一步”按钮，如图 5-1-12 所示。

（5）进入【完成视频导入】界面，可以看到视频存储位置等信息，单击“完成”按钮，如图 5-1-13 所示。

（6）返回场景 1 中，可以看到嵌入的视频，调整好视频的位置和大小，按“Ctrl+Enter”快捷键测试影片，如图 5-1-14 所示。

（7）此时可以看到导入的视频效果，这样就完成了嵌入视频的操作，如图 5-1-15 所示。

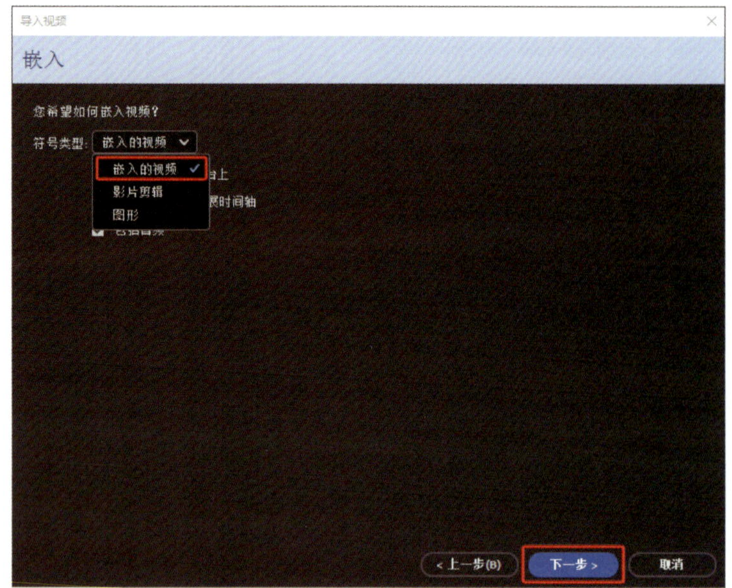


图 5-1-12　选择“嵌入的视频”

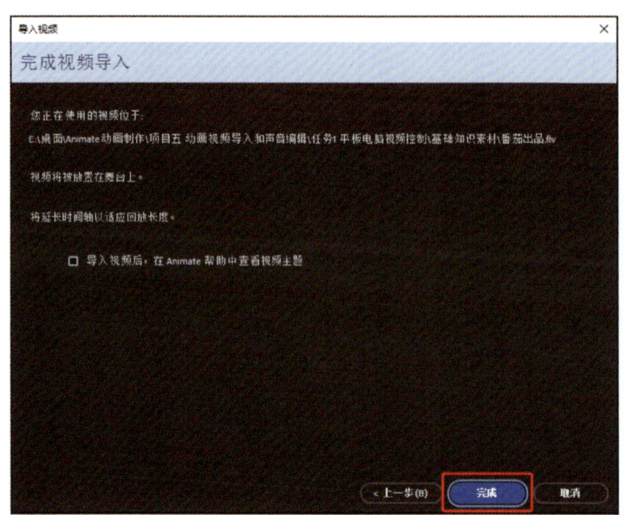


图 5-1-13 【完成视频导入】界面

图 5-1-14　测试影片

图 5-1-15　完成嵌入

在 Animate 中，嵌入的视频文件不宜过大，否则会因其占用过多资源而导致视频无法播放，嵌入舞台中的视频无法进行编辑与修改，只能重新导入视频文件，因此，导入的视频文件长度要低于 16 000 帧。如果想在非引导层或非隐藏层上发布包含 H.264 视频内容的 FLA 格式文件，系统会弹出一条警告消息，提示所选的目标平台不支持内嵌 H.264 视频。

## 任务实施

1. 在菜单栏选择【文件】>【新建】或按“Ctrl+N”快捷键，新建尺寸为 950 像素 ×600 像素、帧速率值为 30 的文档，设置舞台颜色值为“#F2F0FB”，保存文件并命名为“平板电脑视频控制”。

2. 修改“图层_1”图层名称为“平板电脑”，选中该图层，按“Ctrl+R”快捷键，在弹出的【导入】对话框中，将本任务教材配套素材“平板电脑”导入到舞台中，调整素材大小和位置，锁定图层。

3. 在菜单栏选择【插入】>【创建新元件】，在弹出的【创建新元件】对话框中设置元件名称为“播放”，类型为“按钮”，如图 5-1-16 所示。

4. 在元件舞台中，选中“椭圆工具”的同时按住“Shift”键绘制圆形，设置圆形的宽、高值均为“32”；使用“选择工具”选择圆形的笔触，按“Delete”键删除圆形的笔触；使用“多角星形工具”绘制三角形，设置三角形宽、高值均为“12”；使用“选择工具”选择三角形的笔触，按“Delete”键删除三角形三边的笔触；调整圆形和三角形的位置，完成按钮元件“播放”的制作，如图 5-1-17 所示。

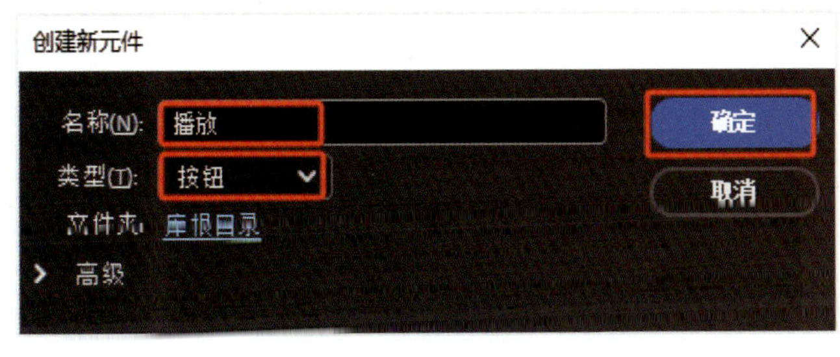


图 5-1-16 创建按钮元件“播放”

图 5-1-17 按钮元件“播放”

5. 在菜单栏选择【插入】>【创建新元件】，在弹出的【创建新元件】对话框中设置元件名称为“暂停”，类型为“按钮”，如图 5-1-18 所示。

6. 在元件舞台中，选中“椭圆工具”的同时按住“Shift”键绘制圆形，设置圆形的宽、高值均为“32”；使用“选择工具”选择圆形的笔触，按“Delete”键删除圆形的笔触；使用“矩形工具”绘制矩形，设置矩形宽值为“5”，高值为“16”；使用“选择工具”选择矩形的笔触，按“Delete”键删除矩形四边的笔触；选中绘制好的矩形，按“Alt”键复制一个矩形；调整圆形和 2 个矩形的位置，完成按钮元件“暂停”的制作，如图 5-1-19 所示。

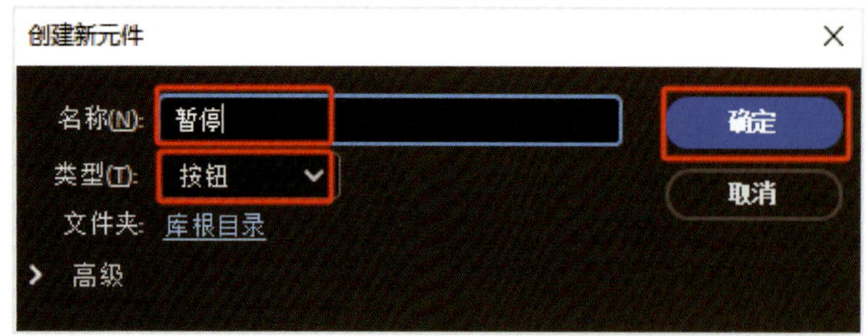


图 5-1-18　创建按钮元件“暂停”

图 5-1-19　按钮元件“暂停”

7. 返回场景 1 中，单击“新建图层”按钮，新建一个名为“按钮”的图层。选中该图层，把元件“播放”拖入舞台中，选中元件“播放”，在【属性】面板设置实例名称为“play_btn”，然后调整其位置和大小，如图 5-1-20 所示；把元件“暂停”拖入舞台中，选中元件“暂停”，在【属性】面板设置实例名称为“stop_btn”，调整其位置和大小，如图 5-1-21 所示。

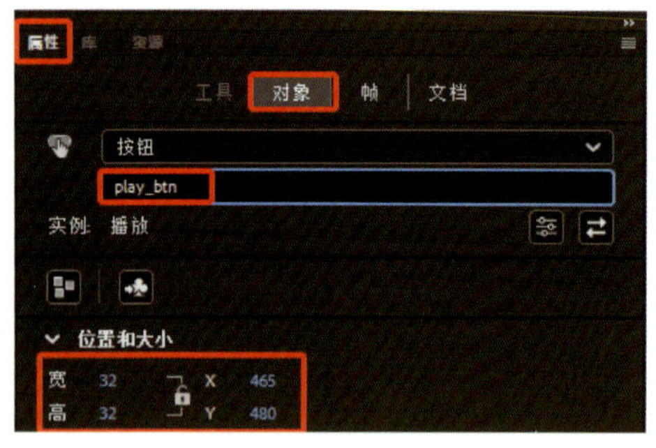


图 5-1-20　设置实例名称为“play_btn”

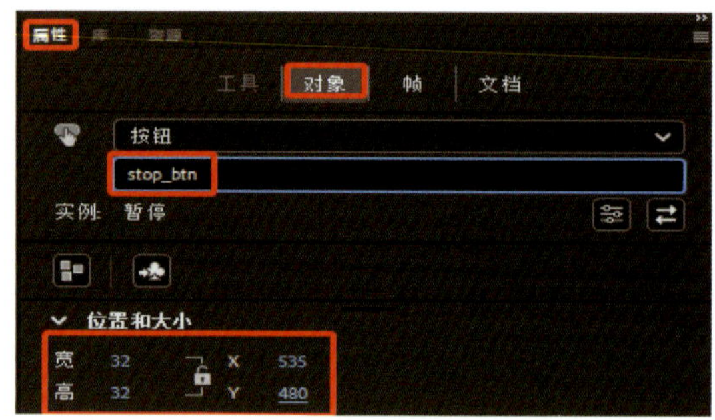


图 5-1-21　设置实例名称为“stop_btn”

8. 单击“新建图层”按钮，新建一个名为“人物”的图层。选中该图层，按“Ctrl+R”快捷键，在弹出的【导入】对话框中选择本任务教材配套素材“人物”，将素材导入到舞台中，调整其大小和位置，如图 5-1-22 所示。

图 5-1-22　将素材“人物”导入到舞台中

9. 单击“新建图层”按钮，新建一个名为“视频”的图层。选中该图层，在菜单栏选择【文件】>【导入】>【导入视频】，在弹出的【导入视频】对话框中，选中“在 SWF 中嵌入 FLV 并在时间轴中

播放”，单击“浏览”按钮，在弹出的【打开】对话框中，选择本任务教材配套素材“实例视频素材”，单击“打开”按钮，返回到【导入视频】对话框中后，单击“下一步”按钮，如图 5-1-23 所示；进入【嵌入】界面，设置符号类型为“影片剪辑”，单击“下一步”按钮，如图 5-1-24 所示；进入【完成视频导入】界面，可以看到视频存储位置等信息，单击“完成”按钮，导入视频。

10. 返回到场景 1 中，可以看到导入的视频，在时间轴上可以看到时间轴长度为 900 帧。在第 900 帧处同时选中“人物”“按钮”“平板电脑”图层的第 900 帧，按“F5”键插入帧，如图 5-1-25 所示。

11. 选中“视频”图层，在【属性】面板中设置实例名称为“Video1”，调整其位置和大小，如图 5-1-26 所示；按“Ctrl+Enter”快捷键测试影片是否能正常播放。

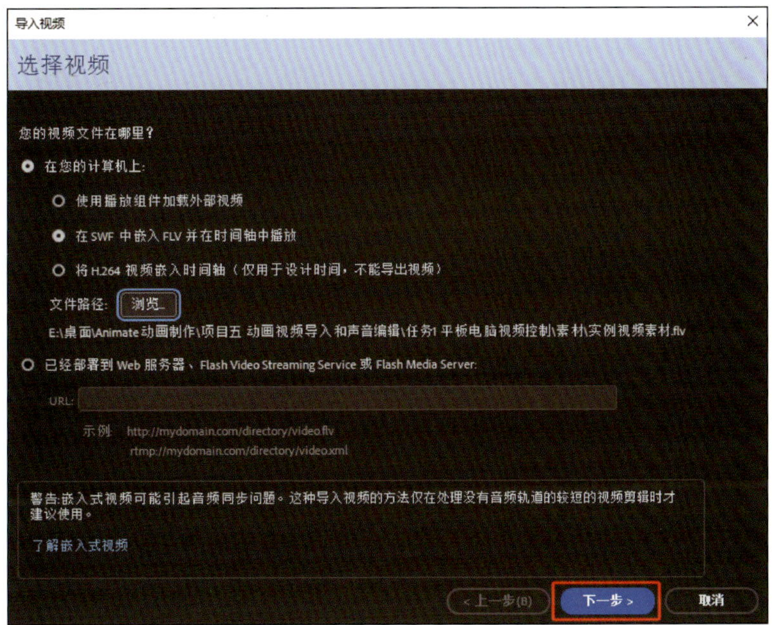

图 5-1-23　选择视频导入方案和素材

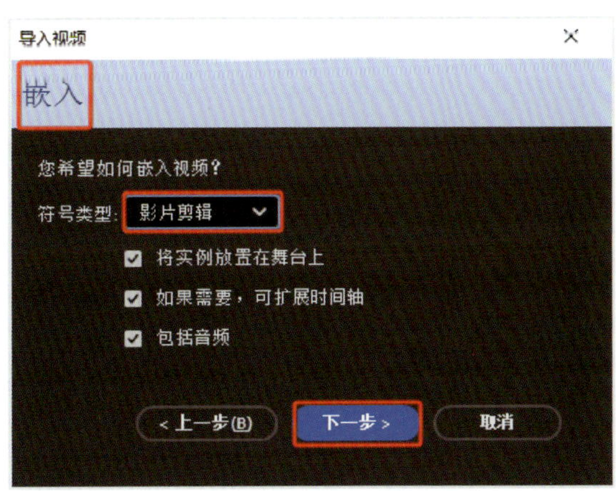

图 5-1-24　设置符号类型

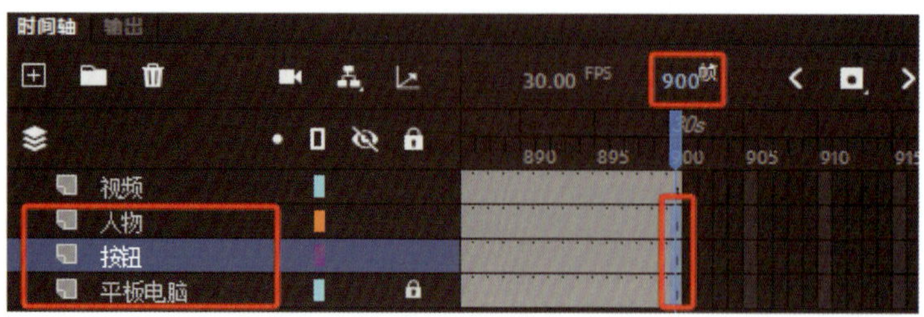


图 5-1-25　在第 900 帧处插入帧

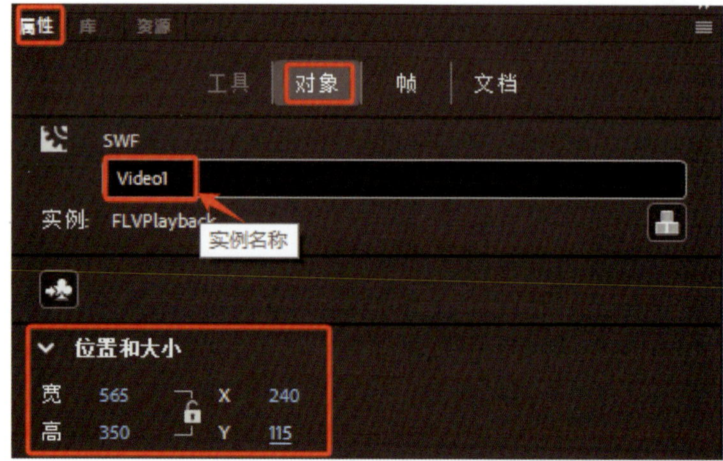


图 5-1-26　设置实例名称为“Video1”

12. 使用“选择工具”在舞台中选中“视频”图层舞台中的对象，按“F9”键，系统弹出【动作】面板，单击“代码片断”按钮，在【代码片断】面板中双击文件夹“ActionScript”以展开列表，双击“动作”文件夹以展开脚本代码列表，双击“停止影片剪辑”把脚本代码“Video1.stop ( );”加载至脚本编辑区中，如图 5-1-27 所示；设置视频在第 1 帧的位置停止播放。

13. 使用“选择工具”在舞台中选中元件“播放”，按“F9”键，在弹出的【动作】面板中单击“代码片断”按钮，在【代码片断】面板中双击文件夹“ActionScript”以展开列表，双击文件夹“音频和视频”以展开脚本代码列表，双击“单击以播放视频”，加载脚本代码至脚本编辑区中，如图 5-1-28 所示。

14. 在脚本编辑区，把“video_instance_name”修改为视频实例名称“Video1”，设置视频通过单击按钮元件“播放”而进行播放，如图 5-1-29 所示。修改后的按钮元件“播放”的脚本代码如图 5-1-30 所示。

15. 使用“选择工具”在舞台中选中元件“暂停”，按“F9”键，系统弹出【动作】面板，单击“代码片断”按钮，在【代码片断】面板中双击文件夹“ActionScript”以展开列表，双击文件夹“音频和视频”以展开脚本代码列表，双击“单击以暂停视频”加载脚本代码至脚本编辑区中，如图 5-1-31 所示。

16. 在脚本编辑区，把“video_instance_name.pause ( );”修改为“Video1.stop ( );”，设置视频通过单击按钮元件“暂停”而暂停播放，如图 5-1-32 所示；修改后按钮元件“暂停”的脚本代码如图 5-1-33 所示。

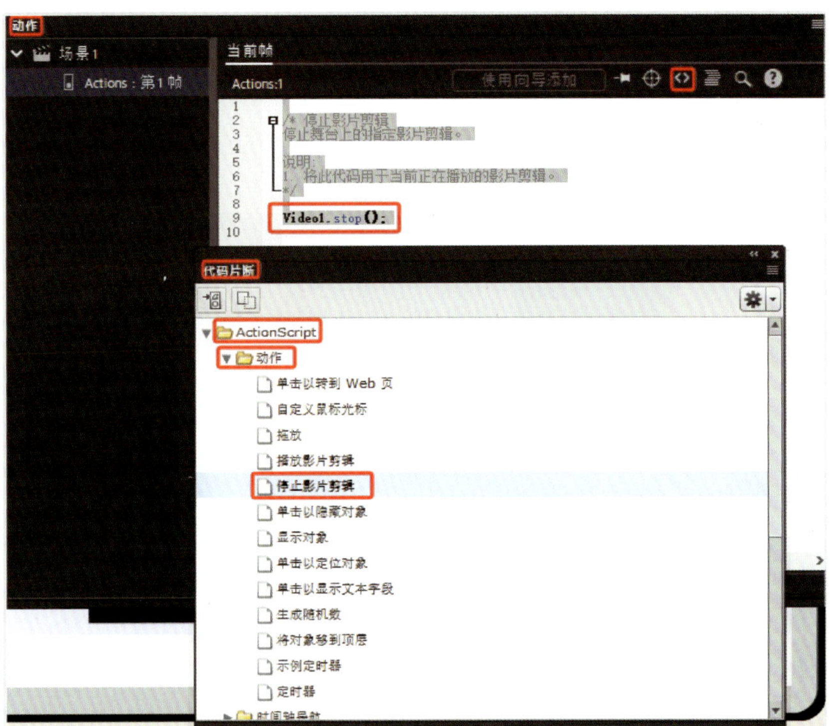


图 5-1-27　选择脚本代码 1

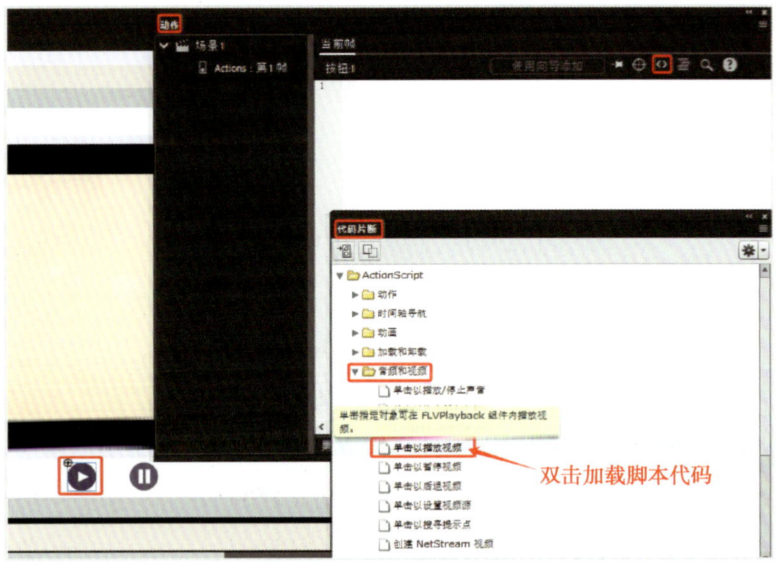


图 5-1-28　选择脚本代码 2

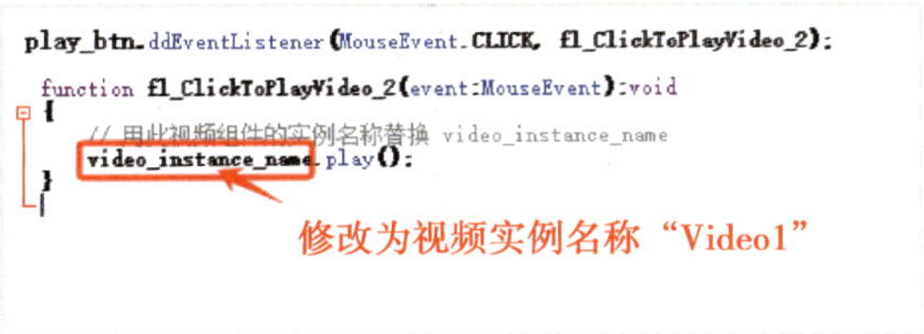

```
play_btn.ddEventListener(MouseEvent.CLICK, fl_ClickToPlayVideo_2);

function fl_ClickToPlayVideo_2(event:MouseEvent):void
{
    // 用此视频组件的实例名称替换 video_instance_name
    video_instance_name.play();
}
```

修改为视频实例名称“Video1”

图 5-1-29　载入按钮元件“播放”的脚本代码

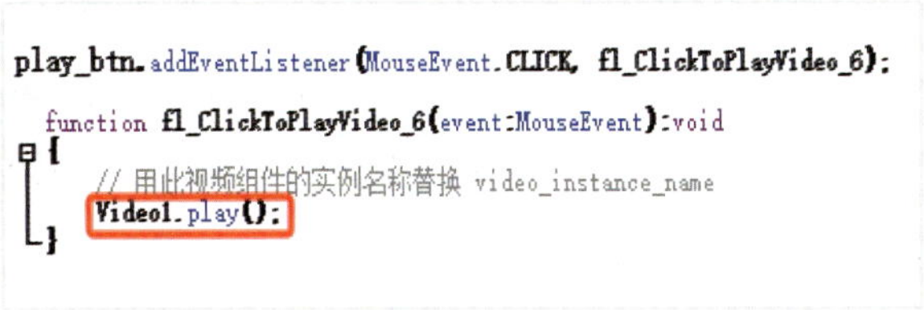

```
play_btn.addEventListener(MouseEvent.CLICK, fl_ClickToPlayVideo_6);

function fl_ClickToPlayVideo_6(event:MouseEvent):void
{
    // 用此视频组件的实例名称替换 video_instance_name
    Video1.play();
}
```

图 5-1-30　修改后的按钮元件“播放”的脚本代码

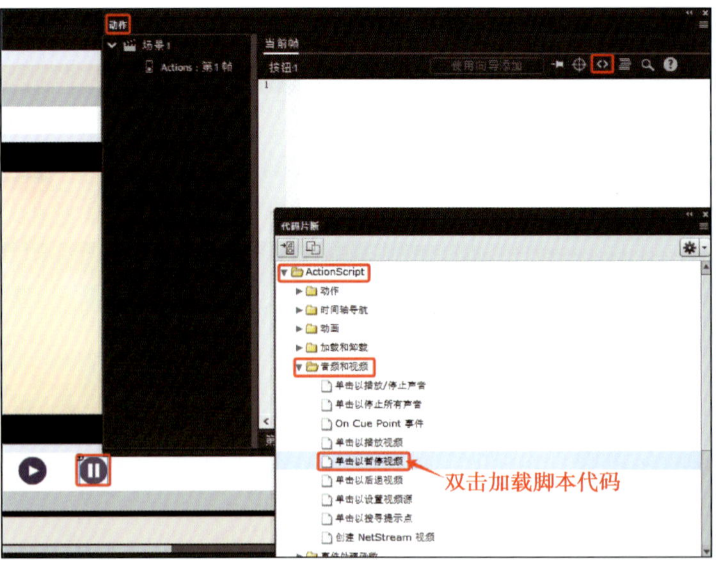


图 5-1-31　选择脚本代码 3

```
stop_btn.addEventListener(MouseEvent.CLICK, fl_ClickToPauseVideo_8);

function fl_ClickToPauseVideo_8(event:MouseEvent):void
{
	// 用此视频组件的实例名称替换 video_instance_name
	video_instance_name.pause();
}
```

修改为“Videol.stop( );”

图 5-1-32　载入按钮元件“暂停”的脚本代码

```
stop_btn.addEventListener(MouseEvent.CLICK, fl_ClickToPauseVideo_8);

function fl_ClickToPauseVideo_8(event:MouseEvent):void
{
	// 用此视频组件的实例名称替换 video_instance_name
	Video1.stop();
}
```

图 5-1-33　修改后按钮元件“暂停”的脚本代码

17. 完成后的脚本代码如图 5-1-34 所示。

```
/* 停止影片剪辑
停止舞台上的指定影片剪辑。

说明:
1. 将此代码用于当前正在播放的影片剪辑。
*/

Video1.stop();

/* 单击以播放视频（需要 FLVPlayback 组件）
单击此元件实例会在指定的 FLVPlayback 组件实例中播放视频。

说明:
1. 用您要播放视频的 FLVPlayback 组件的实例名称替换以下 video_instance_name。
舞台上指定的 FLVPlayback 视频组件实例将播放。
2. 确保您已在 FLVPlayback 组件实例的属性中分配了视频源文件。
*/

playbtn.addEventListener(MouseEvent.CLICK, fl_ClickToPlayVideo_6);

function fl_ClickToPlayVideo_6(event:MouseEvent):void
{
	// 用此视频组件的实例名称替换 video_instance_name
	Video1.play();
}

/* 单击以暂停视频（需要 FLVPlayback 组件）
单击此元件实例会在指定的 FLVPlayback 组件实例中暂停视频。

说明:
1. 用您要暂停的 FLVPlayback 组件的实例名称替换以下 video_instance_name。
*/

stopbtn.addEventListener(MouseEvent.CLICK, fl_ClickToPauseVideo_8);

function fl_ClickToPauseVideo_8(event:MouseEvent):void
{
	// 用此视频组件的实例名称替换 video_instance_name
	Video1.stop();
}
```

图 5-1-34　完成后的脚本代码

18. 按“F9”键关闭【动作】面板，然后按“Ctrl+Enter”快捷键测试影片，完成“平板电脑视频控制”动画制作，最后按“Ctrl+S”快捷键保存文件。

## 思考与练习

一、思考题

1.【视频导入】对话框提供了哪些视频导入方案？这些方案对视频格式有哪些要求？

2. 如何自定义视频播放控件的外观？

二、实操练习

请运用本任务所学知识制作一个使用按钮来控制视频播放的交互动画，如学校、系部、社团、班级等的宣传视频动画。

# 任务 2 动画音频编辑——相册动态设计

### 任务目标

1. 能掌握音频导入与编辑的基本操作方法。

2. 能为动画添加与删除音频。

3. 能设置与编辑音频的效果，以及音频的同步方式。

4. 能制作带有音效的播放按钮。

## 任务描述

本任务在导入音频后，通过添加按钮的播放、停止、跳转的脚本代码制作带有音效的按钮。当用户单击按钮时，会伴随着音乐。相册效果如图 5-2-1 所示。

图 5-2-1 相册效果图

## 知识学习

### 一、导入音频

在 Animate 中，用户可以导入 MP3、WAV 以及 AIFF 等多种格式的音频，音频导入文档后，将与位图、元件等一起保存在库中。

#### 1. 导入音频的操作方法

在菜单栏选择【文件】>【导入】>【导入到库】，在弹出的【导入到库】对话框中选择打开本任务教材配套素材“奥林匹克进行曲”，在【库】面板中可看到导入的音频，这样即完成了在 Animate 中导入音频文件的操作，如图 5-2-2 所示。

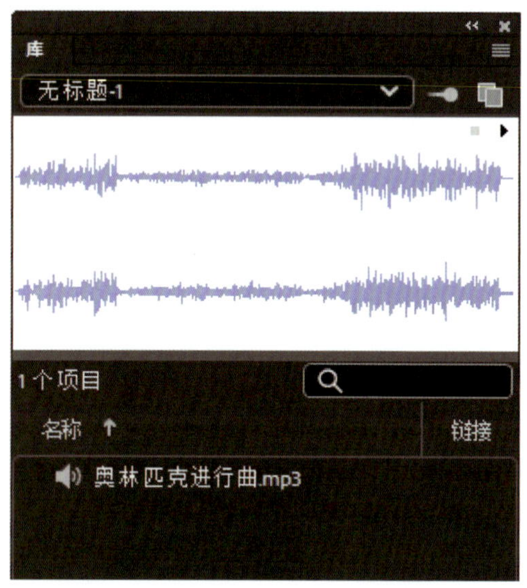


图 5-2-2 【库】面板中的音频

#### 2. Animate 支持的音频格式

在 Animate 中，无需预先安装 QuickTime 或 iTunes 即可导入或播放音频。Animate 支持多种音频格式，包括 ASND（.asnd，Adobe® Soundbooth™ 的专有格式）、WAVE（.wav）、AIFF（.aif，.aifc）、MP3，也可以导入其他格式的音频，如 SD II（.sd2）、AU（.au）、FLAC（.flac）和 Ogg（.ogg）。

### 二、为动画添加与删除音频

在 Animate 中，将音频添加到动画中，它将贯穿整个动画。当添加的音频不符合动画播放要求时，可以将其删除。下面将详细介绍为动画添加音频与删除音频的操作方法。

#### 1. 添加音频

（1）打开本任务教材配套素材“添加声音”，可以看到该音频已导入库中。在“图层 _1”图层中，选中第 1 帧，将音频文件“奥林匹克进行曲”拖拽到舞台中，如图 5-2-3 所示。

（2）“图层_1”图层的时间轴中出现了一条红色的线，为动画添加音频的操作就完成了，如图 5-2-4 所示。

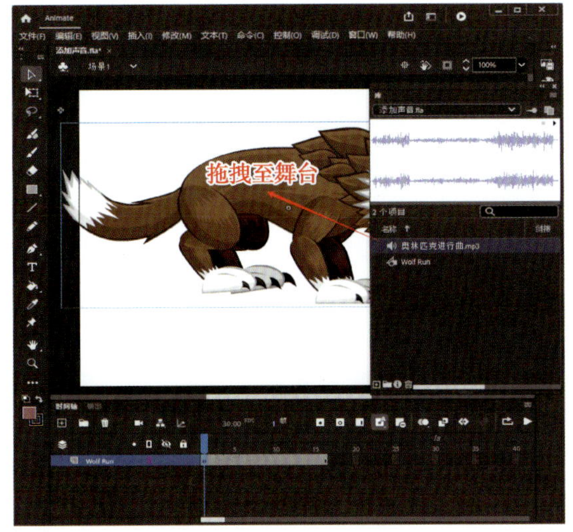


图 5-2-3　将音频文件“奥林匹克进行曲”拖拽到舞台中

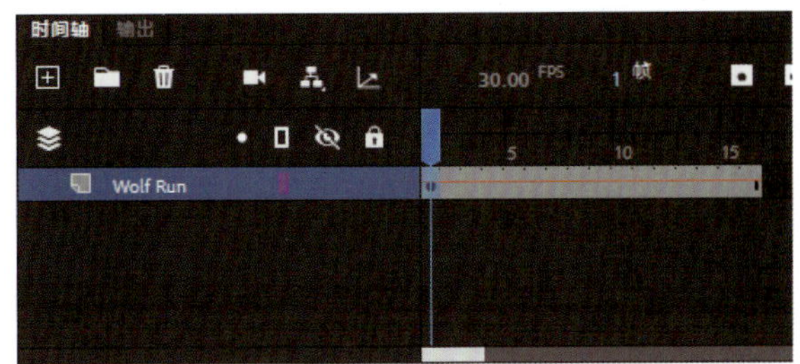


图 5-2-4　时间轴中出现了一条红色的线

## 2. 删除音频

（1）在时间轴上，单击鼠标左键选中包含音频的一个帧，如图 5-2-5 所示。

（2）打开【属性】面板，在【帧】选项卡中设置效果为“无”，这样即可完成删除音频的操作，如图 5-2-6 所示。

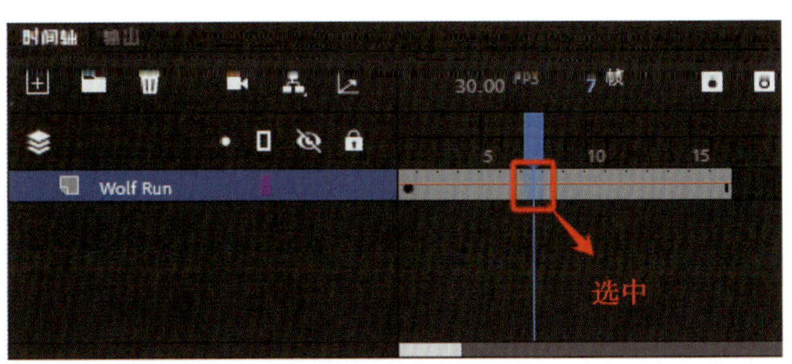


图 5-2-5　选中包含音频的一个帧

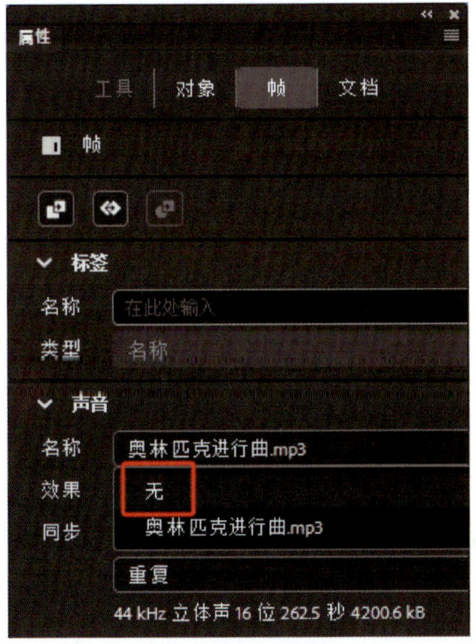


图 5-2-6　设置效果为“无”

# 三、设置与编辑音频的效果

## 1. 设置音频的效果

将音频添加到时间轴上后，用户可以对音频进行适当的设置或编辑，从而使其更符合动画制作的需要。

要编辑帧上的音频，要先选中对应的关键帧。接着，在【属性】面板【帧】选项卡的效果下拉列表中，选择音频效果，此列表中有左声道、右声道、淡入、淡出等选项，如图 5-2-7 所示。若选择“无”，则不对音频应用任何效果，且选择此选项后系统将删除先前已应用的效果；若选择“左声道 / 右声道”，可使音频仅在左声道或右声道中播放；若选择“向右淡出 / 向左淡出”，音频能够从一个声道平滑地切换到另一个声道；若选择“淡入”，音频在播放时音量逐渐增加；若选择“淡出”，音频在播放时音量逐渐减小；若需进行手动调整，可选择“自定义”，或单击“编辑声音封套”按钮，如图 5-2-8 所示。

图 5-2-7　声音效果选项

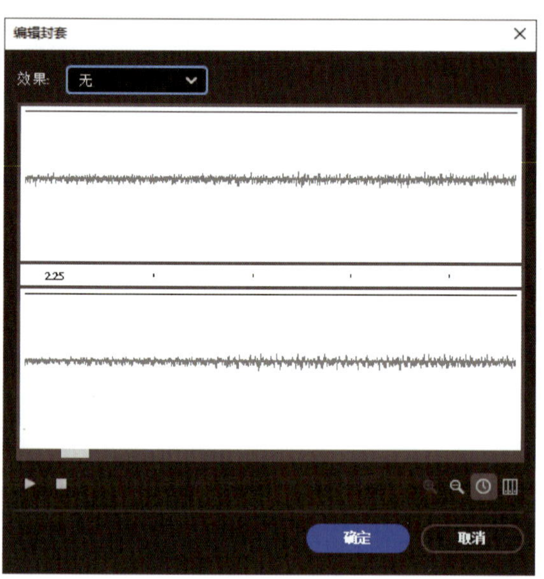


图 5-2-8　【编辑封套】对话框

### 2. 精细调整音频

在【编辑封套】对话框内，有上下两个波形图像，它们完全一致，分别代表左、右两个声道。每个声道的上方均绘制有一条直线，用以显示音量水平。通过上下拖动直线左端的小方块，用户可以方便地调整左、右声道的音量大小。此外，用户还可以在直线上任意位置单击以添加节点，进而精细调整该位置的音量，如图 5-2-9 所示。

位于两个声道波形之间的是音频的入点与出点设置区域。通过设置音频的入点与出点，用户可以精确地截取音频，即选取音频的特定段落以应用于时间轴中，如图 5-2-10 所示。

## 四、音频的同步方式

音频的同步方式决定了时间轴上音频播放的触发方式。在 Animate 中有 2 种音频类型：事件音频和流声音（数据流）。对于事件音频，必须在其完全下载后才能开始播放，且一旦播放，除非明确停止，否则会持续播放。相比之下，流声音在前几帧下载了足够的数据后即可开始播放，与时间轴完全同步。

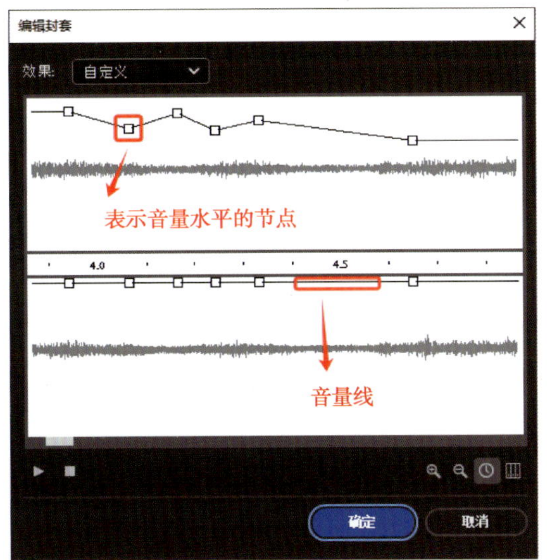

图 5-2-9　在直线上任意位置单击以添加节点

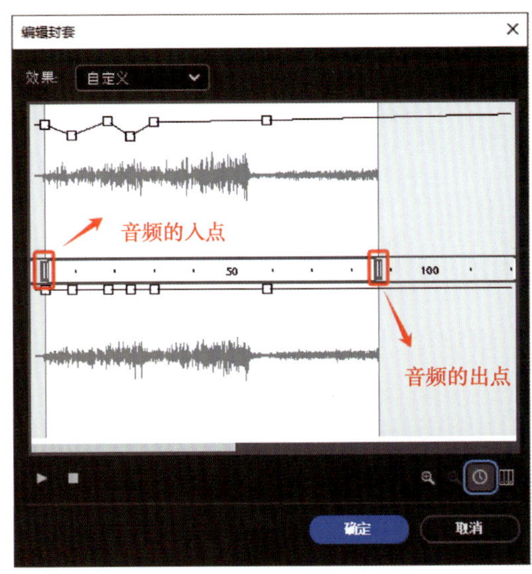


图 5-2-10　音频的入点和出点设置

要设置帧上音频的同步方式，要先选中关键帧，接着在【属性】面板中的同步下拉列表里选择一种合适的同步类型。Animate 中一共有 4 种同步类型，分别是事件、开始、停止和数据流，如图 5-2-11 所示。

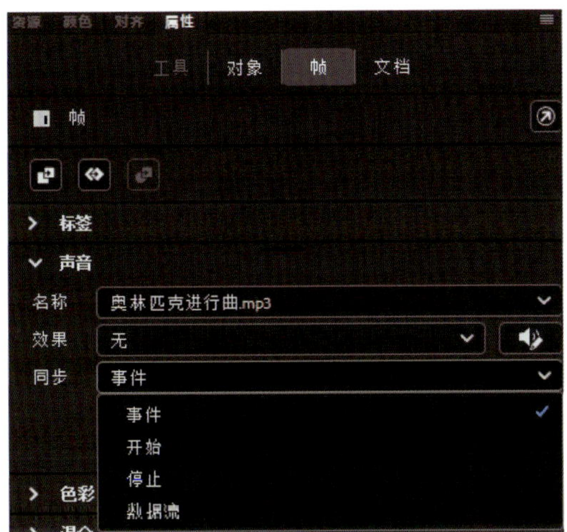


图 5-2-11　同步下拉列表

## 1. 事件

事件同步方式是指当包含事件音频的关键帧开始播放时，无论播放头在时间轴上的位置如何，该事件音频都将被完整播放。即便文档播放停止，音频也会持续至播放完毕。在播放过程中，若事件音频被再次触发（如用户重复单击按钮或播放头再次经过音频起始关键帧），则先前播放的音频实例将保持播放状态，同时新的音频实例也会开始播放，从而导致音频重叠。因此，在使用持续时间较长的音频时，应充分考虑这一点，以避免产生音频混叠效果。

事件同步方式适用于循环播放场景，以及无需与画面严格同步的背景音乐或简短音效。

### 2. 开始

开始同步方式与事件同步方式相似，但区别在于，如果音频已经开始播放，则系统不会启动播放新的音频实例。

### 3. 停止

停止同步方式用于使指定的音频停止播放。

### 4. 数据流

选择数据流同步方式，Animate 将以流的形式播放音频，会确保动画和音频流严格同步，即动画播放时音频同步播放，动画停止播放时音频也同步停止播放。如果播放动画帧的速度不足以跟上音频流，它可能会跳过某些帧。此同步方式特别适用于需要音频与画面紧密配合的场景，如动画中人物讲话或做动作时。

## 任务实施

1. 新建一个宽为 900 像素、高为 700 像素、帧速率值为 30 的文档，保存文件并命名为“夏天的独家记忆”。

2. 在菜单栏选择【文件】>【导入】>【导入到库】，将本任务教材配套素材文件夹“夏天的独家记忆素材”中的 9 个文件全部导入到库中。

3. 把“图层_1”图层重命名为“文字”，把图片“文字”拖放到舞台，放在中间的位置（见图 5-2-12），然后在第 7 帧处按“F5”键插入帧。

4. 在菜单栏选择【插入】>【新建元件】，在弹出的【创建新元件】对话框中设置名称为“元件 1”，类型为“按钮”，如图 5-2-13 所示。

图 5-2-12　把图片“文字”拖放到舞台

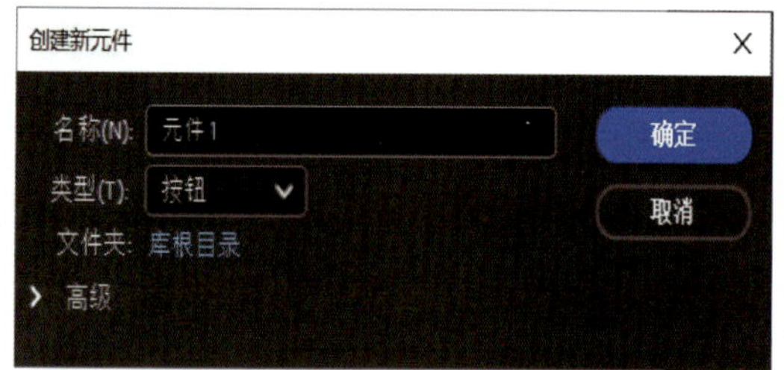

图 5-2-13　新建按钮元件

5. 把图片“1”拖放到按钮元件“元件 1”的舞台中，如图 5-2-14 所示。

6. 用同样的方法制作按钮元件“元件 2”“元件 3”“元件 4”“元件 5”“元件 6”。

7. 在菜单栏选择【插入】>【新建元件】，在弹出的【创建新元件】对话框中设置名称为“1”，类型为“影片剪辑”，如图 5-2-15 所示。

8. 把按钮元件“元件 1”拖放到舞台，在第 30 帧处按“F6”键插入关键帧，如图 5-2-16 所示。

图 5-2-14　按钮元件“元件 1”的舞台

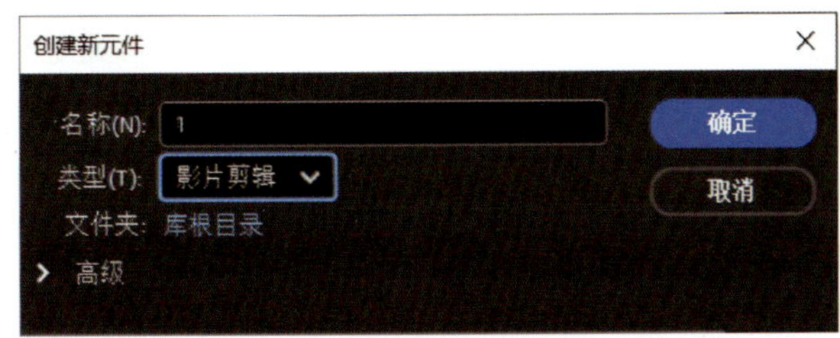


图 5-2-15　新建影片剪辑元件

9. 返回第 1 帧，在菜单栏选择【窗口】>【变形】，在【变形】面板中设置缩放宽度和高度为“75%”，旋转角度为“-44.7°”，调整按钮元件“元件 1”的大小和角度。在第 1 帧处右击，在菜单中选择【创建传统补间】，生成传统补间动画，如图 5-2-17 所示。在第 30 帧处按“F9”键，系统弹出【动作】面板，输入脚本代码“stop ( );”。

图 5-2-16　插入关键帧

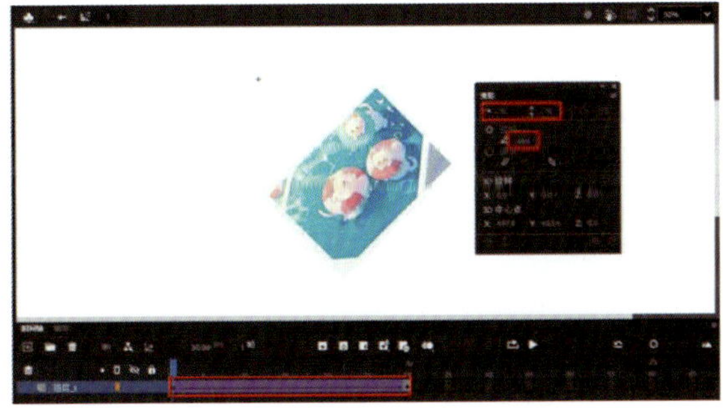

图 5-2-17　调整大小和角度

10. 用同样的方法制作影片剪辑元件“2”“3”“4”“5”“6”，参照图 5-2-1 为元件设置不同的旋转角度和位置。

11. 返回场景 1 中，在“文字”图层上方新建一个图层，命名为“记忆”。把按钮元件“元件 1”“元件 2”“元件 3”“元件 4”“元件 5”“元件 6”拖放到舞台中，调整角度和位置，如图 5-2-18 所示。

12. 选中按钮元件“元件 1”，打开【属性】面板，设置实例名称为“btn1”，如图 5-2-19 所示。用同样的方法分别设置按钮元件“元件 2”“元件 3”“元件 4”“元件 5”“元件 6”的实例名称为“btn2”“btn3”“btn4”“btn5”“btn6”。

13. 分别在“记忆”图层的第 2、3、4、5、6、7 帧处按“F6”键插入关键帧。选中第 2 帧，在舞台选中按钮元件“元件 1”并删除。把影片剪辑元件“1”拖放到原来按钮元件“元件 1”的位置，如图 5-2-20 所示。

图 5-2-18　将按钮元件全部拖放到舞台中

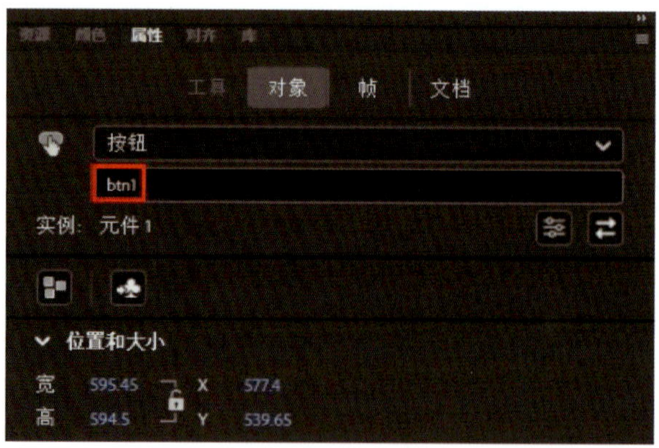


图 5-2-19　设置按钮元件“元件 1”的实例名称

14. 选中影片剪辑元件“1”，打开【属性】面板，设置实例名称为“dip1”，如图 5-2-21 所示。

15. 用同样的方法在第 3 帧、第 4 帧、第 5 帧、第 6 帧、第 7 帧处分别把按钮元件“元件 2”“元件 3”“元件 4”“元件 5”“元件 6”替换成影片剪辑元件“2”“3”“4”“5”“6”（见图 5-2-22），并分别设置元件实例名称为“dip2”“dip3”“dip4”“dip5”“dip6”。

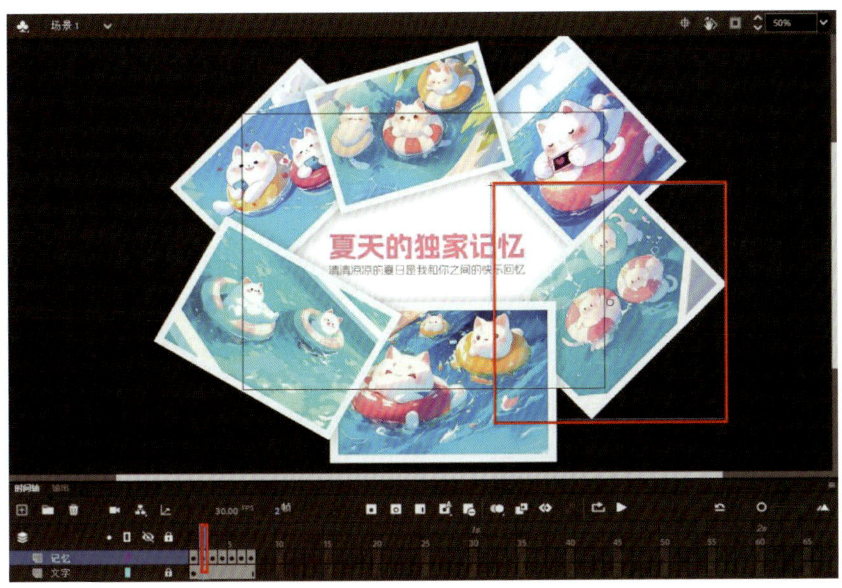


图 5-2-20　用影片剪辑元件“1”替换按钮元件“元件 1”

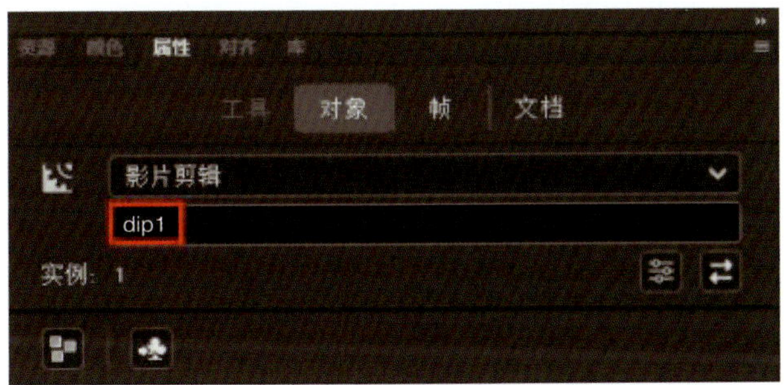


图 5-2-21　设置影片剪辑元件“1”的实例名称

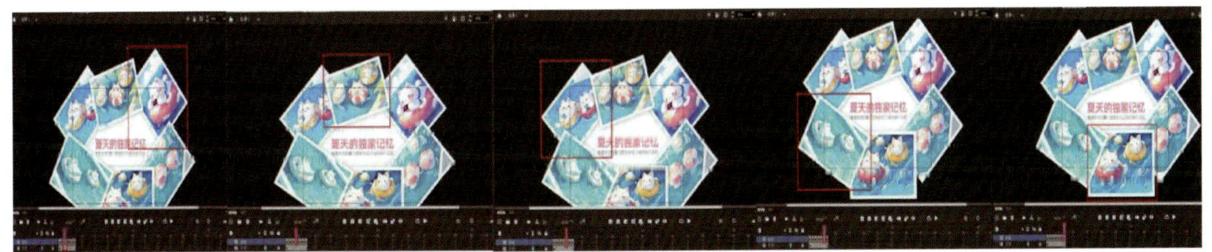

图 5-2-22　替换元件

16. 新建一个图层，命名为“海浪声”，从库中把音频“海浪大自然”拖放至舞台中。选中“海浪声”图层，在【属性】面板设置效果为“自定义”，并单击其右侧的“编辑声音套封”按钮，对音频进行自定义设置，如图 5-2-23 所示。在弹出的【编辑封套】对话框中调整左右声道的音量（见图 5-2-24），设置音频逐渐淡入并调小音量，如图 5-2-25 所示。

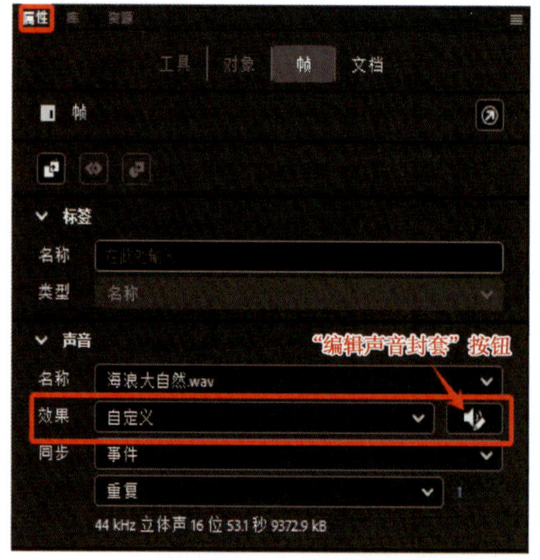


图 5-2-23 "海浪声"图层【属性】面板

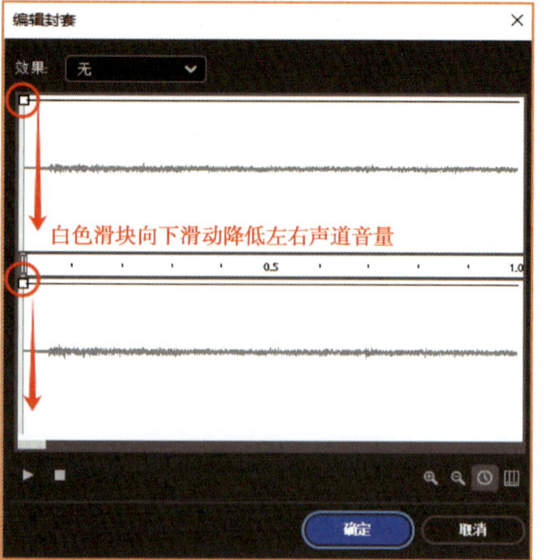


图 5-2-24 【编辑封套】对话框

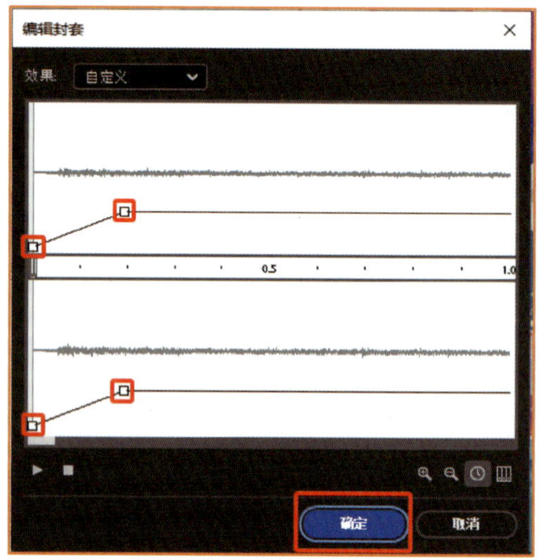

图 5-2-25 自定义设置音效 1

17. 新建一个图层，命名为"笑声"，从库中把音频"小孩儿童笑声"拖放至舞台。选中"笑声"图层，在【属性】面板中设置音频效果为"自定义"、声音循环方式为"循环"，如图 5-2-26 所示。单击"编辑声音封套"按钮，对声音进行自定义设置。在弹出的【编辑封套】对话框中设置音频逐渐淡出并调小音量，如图 5-2-27 所示。

18. 新建一个图层，命名为"脚本"，在第 1 帧处按"F9"键，在系统弹出的【动作】面板中输入脚本代码，如图 5-2-28 所示。

19. 在第 2、3、4、5、6、7 帧处，分别按"F6"键插入关键帧，并分别在它们的【动作】面板中输入脚本代码，如图 5-2-29 至图 5-2-34 所示。

20. 在菜单栏选择【控制】>【测试】或按"Ctrl+Enter"快捷键，查看效果，并按"Ctrl+S"快捷键保存文件。

图 5-2-26　设置音频效果和声音循环方式

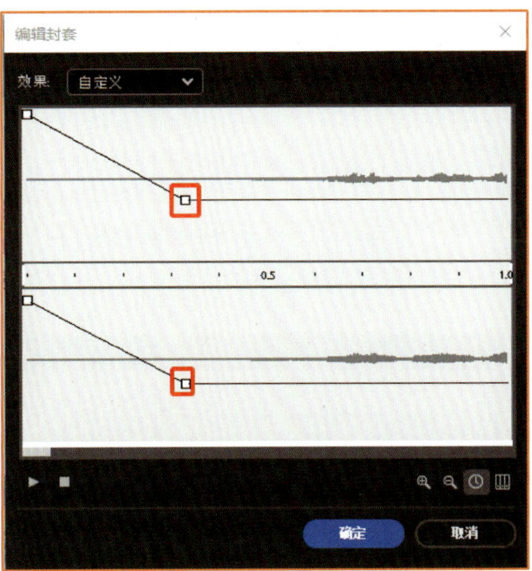


图 5-2-27　自定义设置音效 2

```
stop();

btn1.addEventListener(MouseEvent.CLICK, fl_ClickToGoToAndStopAtFrame);

function fl_ClickToGoToAndStopAtFrame(event:MouseEvent):void
{
    gotoAndStop(2);
}

btn2.addEventListener(MouseEvent.CLICK, fl_ClickToGoToAndStopAtFrame_2);

function fl_ClickToGoToAndStopAtFrame_2(event:MouseEvent):void
{
    gotoAndStop(3);
}

btn3.addEventListener(MouseEvent.CLICK, fl_ClickToGoToAndStopAtFrame_3);

function fl_ClickToGoToAndStopAtFrame_3(event:MouseEvent):void
{
    gotoAndStop(4);
}

btn4.addEventListener(MouseEvent.CLICK, fl_ClickToGoToAndStopAtFrame_4);

function fl_ClickToGoToAndStopAtFrame_4(event:MouseEvent):void
{
    gotoAndStop(5);
}

btn5.addEventListener(MouseEvent.CLICK, fl_ClickToGoToAndStopAtFrame_5);

function fl_ClickToGoToAndStopAtFrame_5(event:MouseEvent):void
{
    gotoAndStop(6);
}

btn6.addEventListener(MouseEvent.CLICK, fl_ClickToGoToAndStopAtFrame_6);

function fl_ClickToGoToAndStopAtFrame_6(event:MouseEvent):void
{
    gotoAndStop(7);
}
```

图 5-2-28　输入脚本代码

```
Actions:2
dip1.addEventListener(MouseEvent.CLICK, d1);

function d1(event:MouseEvent):void
{
    gotoAndStop(1);
}
```

图 5-2-29　第 2 帧脚本代码

```
Actions:3
dip2.addEventListener(MouseEvent.CLICK, d2);

function d2(event:MouseEvent):void
{
    gotoAndStop(1);
}
```

图 5-2-30　第 3 帧脚本代码

```
dip3.addEventListener(MouseEvent.CLICK, d3);

function d3(event:MouseEvent):void
{
    gotoAndStop(1);
}
```

图 5-2-31　第 4 帧脚本代码

```
dip4.addEventListener(MouseEvent.CLICK, d4);

function d4(event:MouseEvent):void
{
    gotoAndStop(1);
}
```

图 5-2-32　第 5 帧脚本代码

```
dip5.addEventListener(MouseEvent.CLICK, d5);

function d5(event:MouseEvent):void
{
    gotoAndStop(1);
}
```

图 5-2-33　第 6 帧脚本代码

```
dip6.addEventListener(MouseEvent.CLICK, d6);

function d6(event:MouseEvent):void
{
    gotoAndStop(1);
}
```

图 5-2-34　第 7 帧脚本代码

## 思考与练习

一、简答题

1. 如何为动画删除音频？

2. Animate 中一共有几种音频同步方式？

二、实操练习

利用本任务所学知识制作一个带有音效的播放按钮。

# 项目六

# 综合案例应用

# 任务1　节日贺卡制作——女生节贺卡

## 任务描述

以女生节作为主题，利用绘图工具，通过制作元件动画、补间动画、添加简单脚本，制作一个女生节贺卡，贺卡背景温馨、浪漫，有动态的动画衬托，并配有美妙的音乐，如图 6-1-1 所示。

图 6–1–1　节日贺卡制作——女生节贺卡效果图

## 任务实施

1. 在菜单栏中选择【文件】>【新建】，新建一个尺寸为 1 200 像素 ×600 像素的文档，命名为“女生节贺卡”。

2. 将本任务教材配套素材文件夹中的图片和元件导入库中。

3. 把“图层_1”图层重命名为“背景”，从库中把图片“背景”拖放到舞台中，在第 60 帧处按“F5”键插入帧。

4. 在菜单栏选择【插入】>【新建元件】，在弹出的【创建新元件】对话框中，设置元件名称为“1”、类型为“图形”，如图 6-1-2 所示。

5. 从库中将图片“1”拖放到图形元件“1”舞台中。

6. 用同样的方法制作图形元件“2”和“3”，如图 6-1-3、图 6-1-4 所示。

7. 返回场景 1 中，新建一个图层，命名为“底层 1”，单击第 1 帧，把图形元件“1”拖放到舞台中；单击第 5 帧，按“F6”键插入关键帧，然后返回第 1 帧，右击，在菜单中选【创建传统补间】，如图 6-1-5 所示。

8. 选中图形元件“1”，打开【属性】面板，设置颜色样式为“Alpha”，Alpha 值设置为“0”，然后锁定“底层 1”图层，如图 6-1-6 所示。

图 6-1-2　图形元件“1”

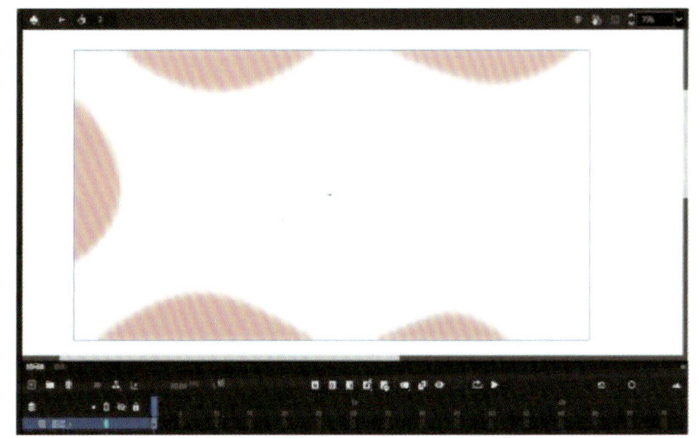

图 6-1-3　图形元件“2”

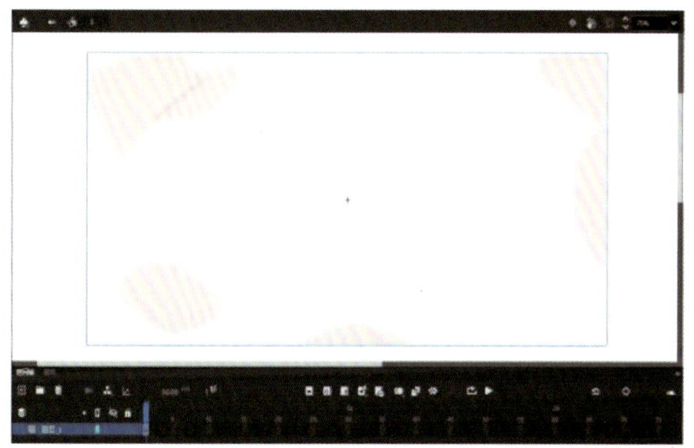

图 6-1-4　图形元件“3”

图 6-1-5　在“底层 1”图层创建传统补间动画

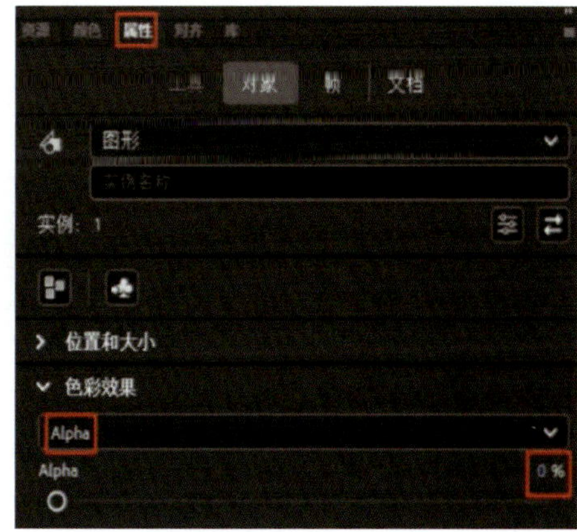


图 6-1-6　设置图形元件“1”Alpha 值为“0”

9. 新建一个图层，命名为“底层 2”，把“底层 2”图层拖放到“底层 1”图层下面；在第 5 帧处按“F6”键插入关键帧，将图形元件“2”拖放到舞台中；在第 10 帧处按“F6”键插入关键帧，然后返回第 5 帧，右击，在菜单中选择【创建传统补间】，如图 6-1-7 所示。

10. 选中图形元件“2”，打开【属性】面板，设置颜色样式为“Alpha”，Alpha 值设置为“0”，锁定“底层 2”图层，如图 6-1-8 所示。

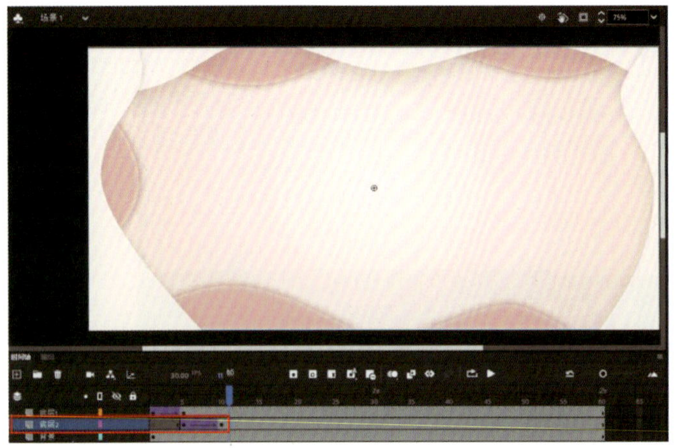

图 6-1-7　在“底层 2”图层创建传统补间动画

图 6-1-8　设置图形元件“2”Alpha 值为“0”

11. 新建一个图层，命名为“底层 3”，把“底层 3”图层拖放到“底层 2”图层下面；在第 10 帧处按“F6”键插入关键帧，把图形元件“3”拖放到舞台中；在第 15 帧处按“F6”键插入关键帧，然后返回第 10 帧，右击，在菜单中选择【创建传统补间】，如图 6-1-9 所示。

12. 选中图形元件“3”，打开【属性】面板，设置颜色样式为“Alpha”，Alpha 值设置为“0”，锁定“底层 3”图层，如图 6-1-10 所示。

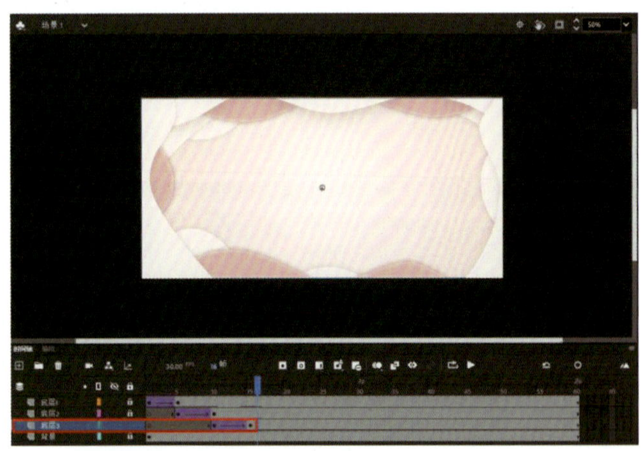

图 6-1-9　在“底层 3”图层创建传统补间动画

图 6-1-10　设置图形元件“3”Alpha 值为“0”

13. 在菜单栏选择【插入】>【新建元件】，在弹出的【创建新元件】对话框中设置元件名称为“文字”、类型为“图形”，新建图形元件“文字”，如图 6-1-11 所示。把图片“文字”拖放到元件“文字”舞台中，如图 6-1-12 所示。

14. 返回场景 1 中，在“底层 1”图层上面新建一个名为“文字”的图层。在第 15 帧处按“F6”键插入关键帧，把元件“文字”拖放到舞台；在第 20 帧处按“F6”键插入关键帧，然后返回第 15

帧，右击，在菜单中选择【创建传统补间】，如图 6-1-13 所示。

15. 选中图形元件“文字”，打开【属性】面板，设置颜色样式为“Alpha”，Alpha 值设置为“0”，如图 6-1-14 所示。

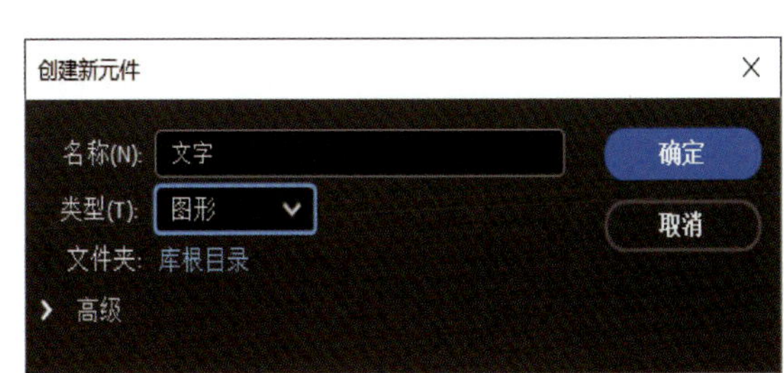


图 6-1-11 新建图形元件“文字”

图 6-1-12 把图片“文字”拖放到元件“文字”舞台中

图 6-1-13 在“文字”图层创建传统补间动画

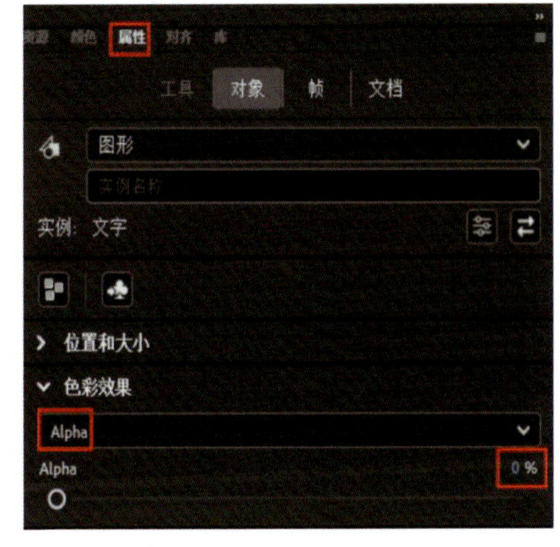


图 6-1-14 设置图形元件“文字”Alpha 值为“0”

16. 在“文字”图层上面新建一个名为“花草”的图层。在第 20 帧处按“F6”键插入关键帧，把库中影片剪辑元件“花草装饰”拖放到舞台中，在【属性】面板设置宽和高分别为“1 600”像素、“960”像素；在第 25 帧处按“F6”键插入关键帧，在【属性】面板设置宽和高分别为“1 350”像素、“828”像素，然后返回第 20 帧，右击，在菜单中选择【创建传统补间】，如图 6-1-15 所示。

图 6-1-15 在“花草”图层创建传统补间动画

17. 选中元件“花草装饰”，打开【属性】面板，设置颜色样式为“Alpha”，Alpha 值设置为“0”，如图 6-1-16 所示。

18. 在菜单栏选择【插入】>【新建元件】，在弹出的【创建新元件】对话框中设置元件名称为“花朵"、类型为"图形"，新建一个图形元件"花朵"，如图 6-1-17 所示。

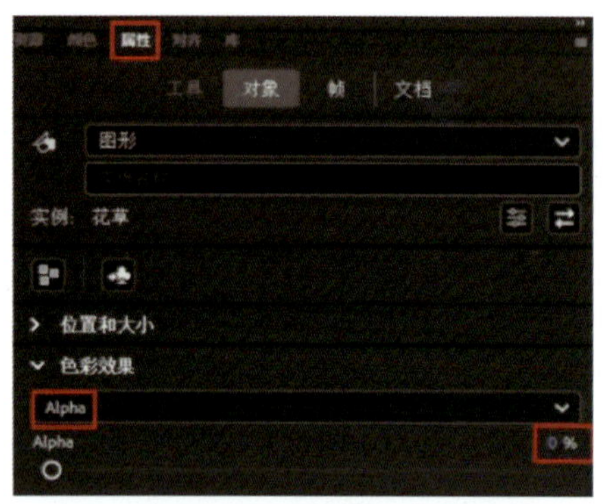


图 6-1-16　设置元件"花草装饰"Alpha 值为"0"

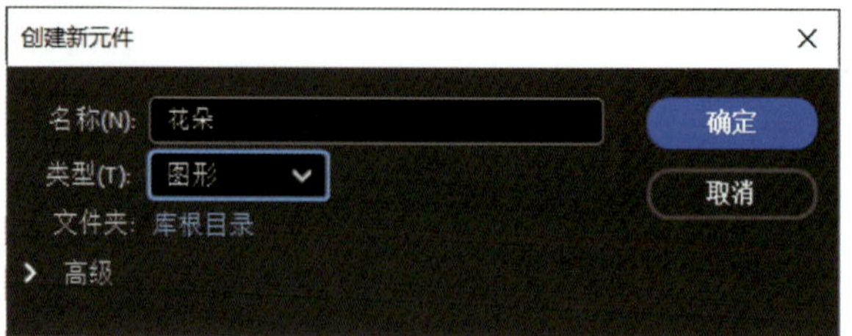


图 6-1-17　新建图形元件"花朵"

19. 用"椭圆工具""选择工具"等多种绘图工具绘制花朵，如图 6-1-18 所示。

20. 在菜单栏选择【插入】>【新建元件】，在弹出的【创建新元件】对话框中设置元件名称为"花朵旋转"、类型为"图形"，新建一个图形元件"花朵旋转"，如图 6-1-19 所示。

图 6-1-18　绘制花朵

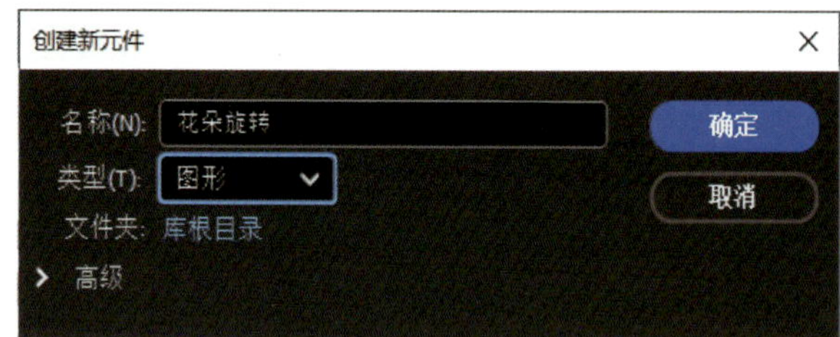


图 6-1-19　新建图形元件"花朵旋转"

21. 在第 1 帧处，把库中元件"花朵"拖放到舞台中间；在第 35 帧处，按"F6"键插入关键帧，然后返回第 1 帧，右击，在菜单中选择【创建传统补间】，如图 6-1-20 所示。

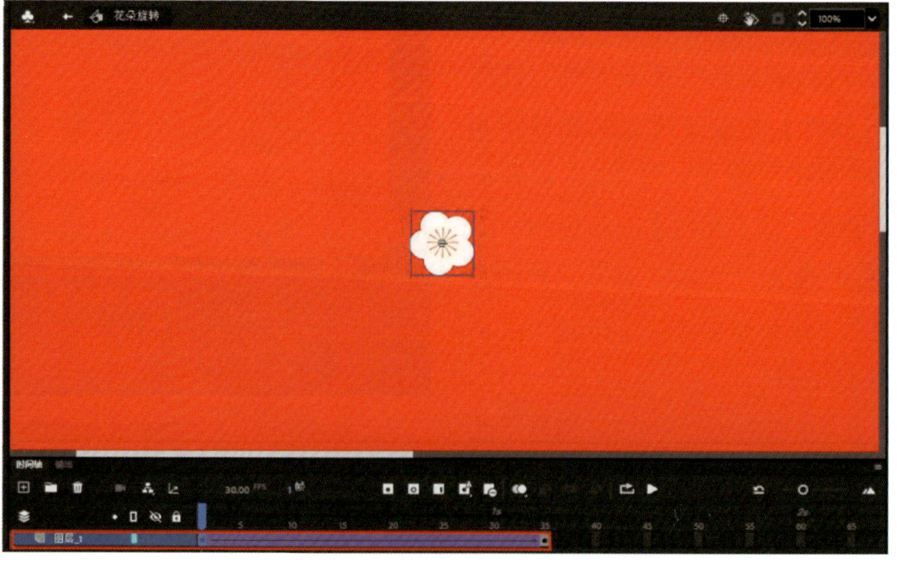

图 6-1-20　在元件"花朵旋转"中创建传统补间动画

22. 打开【属性】面板，设置旋转方向为“顺时针”、旋转次数为“1”，如图 6-1-21 所示。

23. 返回场景 1 中，在“花草”图层上面新建一个名为“小白花”的图层。在第 25 帧处按“F6”键插入关键帧，把库中元件“花朵旋转”拖放到舞台中，共拖放 5 次，将它们分别放在不同的位置并调整它们的大小和方向，如图 6-1-22 所示。

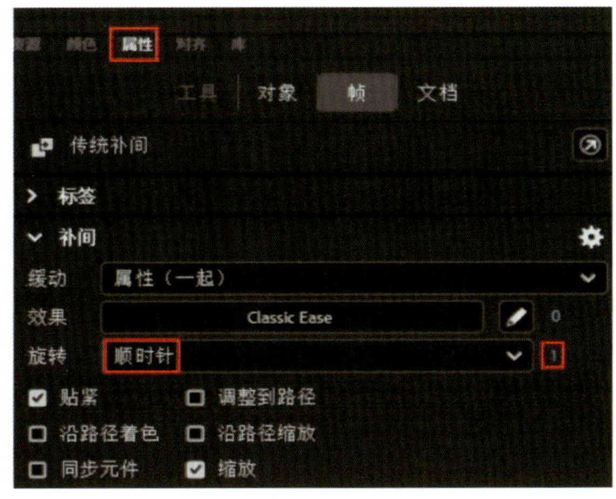


图 6-1-21　设置旋转方向

图 6-1-22　把库中元件“花朵旋转”拖放到舞台中

24. 在菜单栏选择【插入】>【新建元件】，在弹出的【创建新元件】对话框中设置元件名称为“女生眨眼”、类型为“图形”，新建图形元件“女生眨眼”，如图 6-1-23 所示。

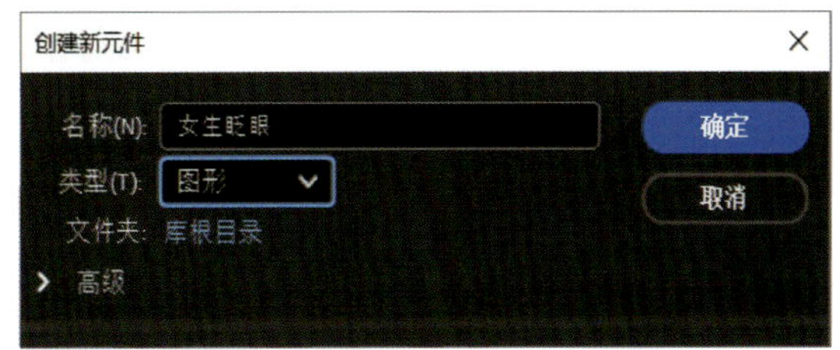


图 6-1-23　新建图形元件“女生眨眼”

25. 在第 1 帧处，把库中图片“女生睁眼”拖放到舞台中，在第 16、17、20、30 帧处，按“F6”键插入关键帧；在第 15 帧处，按“F7”键插入空白关键帧，把库中图片“女生闭眼”拖放到舞台中，然后用同样的方法，在第 19、28 帧处把图片“女生闭眼”拖放到舞台中，如图 6-1-24 所示。

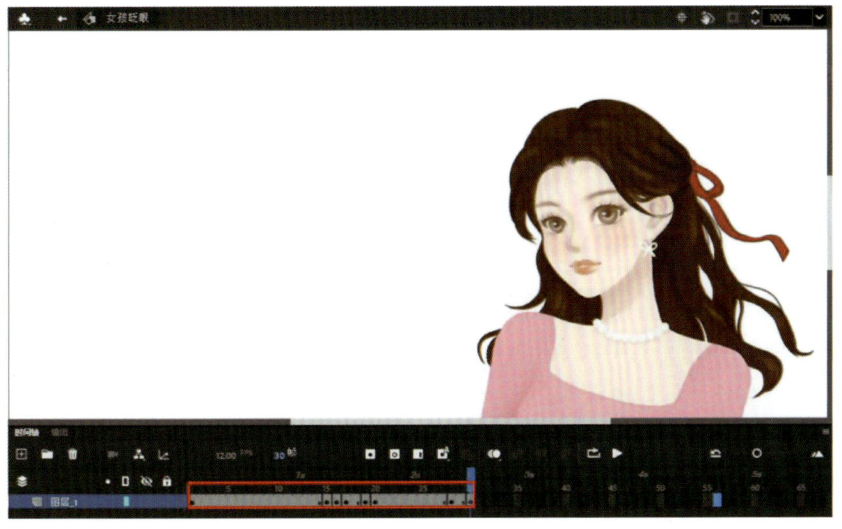

图 6-1-24　在不同帧舞台中放置图片“女生睁眼”和“女生闭眼”

26. 返回场景1中，在“小白花”图层上面新建一个名为“女生”的图层。在第30帧处，按“F6”键插入关键帧，把库中元件“女生眨眼”拖放到舞台中；在第35帧处，按“F6”键插入关键帧，然后返回第30帧，右击，在菜单中选择【创建传统补间】，如图6-1-25所示。

图6-1-25 在“小白花”图层创建传统补间动画

27. 选中元件“女生眨眼”，打开【属性】面板，设置颜色样式为“Alpha”，Alpha值设置为“0”。

28. 将本任务教材配套音频“卡通轻松欢快”导入库中。

29. 在“女生”图层上面新建一个名为“声音”的图层，把库中音频“卡通轻松欢快”拖放到舞台中，如图6-1-26所示。

30. 在“声音”图层上面新建一个名为“动作”的图层，在第60帧处，按“F6”键插入关键帧，右击，在菜单中选择【动作】，系统弹出【动作】对话框，输入脚本代码“stop ( );”，如图6-1-27所示。

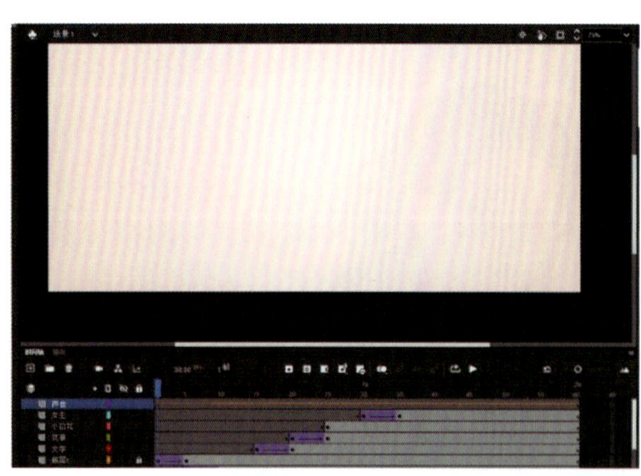

图6-1-26 把库中音频“卡通轻松欢快”拖放到舞台中

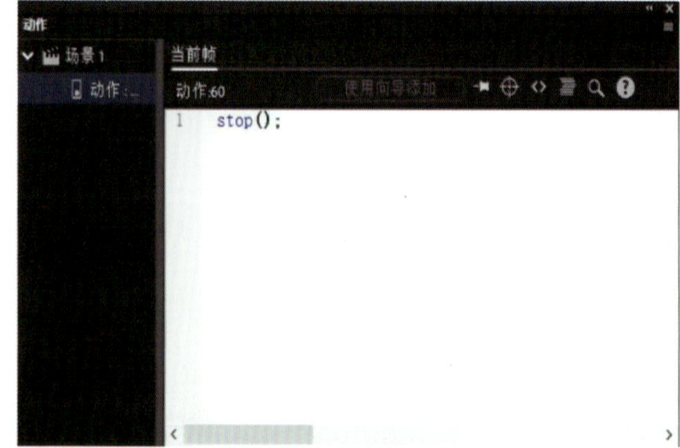


图6-1-27 输入脚本代码

31. 在菜单栏选择【控制】>【测试】，输出观看效果，最后保存文件。

# 任务 2　表情包制作——骑摩托车小动画

## 任务描述

利用元件、图层、帧等相关知识，使用绘图工具、对象编辑工具，通过制作补间动画等，制作一个生动有趣的骑摩托车动态表情包。该表情包以树、白云、蓝天为背景，男女生坐在摩托车上有不同的表情变化，如图 6-2-1 所示。

图 6-2-1　骑摩托车动态表情包效果图

## 任务实施

1. 在菜单栏选择【文件】>【新建】，新建一个尺寸为 500 像素 ×500 像素的文档，命名为“表情包 - 摩托小动画”，背景颜色设置为黑色。

2. 将本任务教材配套素材文件夹中的 4 张图片导入库中。

3. 在菜单栏选择【插入】>【新建元件】，在弹出的【创建新元件】对话框中，设置元件名称为“云朵”、类型为“图形”，新建图形元件“云朵”，如图 6-2-2 所示；在舞台上用“椭圆工具”绘制云朵，如图 6-2-3 所示。

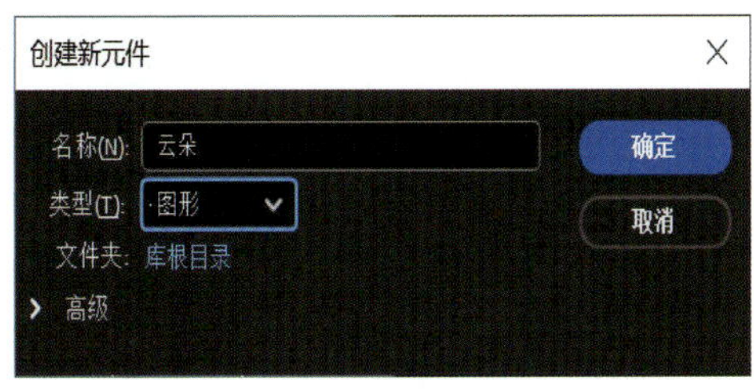


图 6-2-2　新建图形元件“云朵”

图 6-2-3　绘制云朵

4. 在菜单栏选择【插入】>【新建元件】，在弹出的【创建新元件】对话框中，设置元件名称为“云

朵运动”、类型为“图形”，新建图形元件“云朵运动”；将“图层 _1”图层重命名为“蓝天”，然后选择“矩形工具”，将笔触颜色设置为不填充，设置填充颜色类型为“线性渐变”，两个色标颜色值分别设置为“#ccffff”“#33ccff”（见图 6-2-4），绘制一个宽、高均为 500 像素的矩形；选择“颜料桶工具”，长按鼠标左键并从下往上拖拽鼠标，打造下浅上深的颜色渐变效果，如图 6-2-5 所示；选中第 30 帧，按“F5”键插入帧。

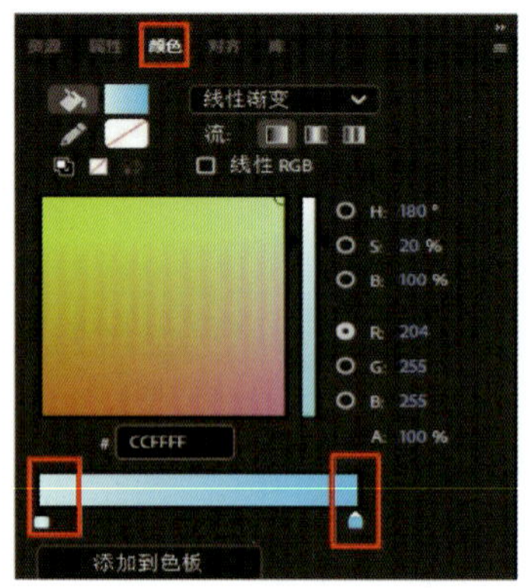


图 6-2-4　设置色标颜色值

图 6-2-5　打造下浅上深的颜色渐变效果

5. 新建一个名为“白云 1”的图层，在第 21 帧处，按“F6”键插入关键帧，把库中元件“云朵”拖放到蓝色矩形的右上方，在【属性】面板设置其宽、高的值分别为“220”“150”，如图 6-2-6 所示；在第 30 帧处，按“F6”键插入关键帧，把元件“云朵”拖放到蓝色矩形中间偏右的位置，在【属性】面板设置其宽、高的值分别为“25”“15”，如图 6-2-7 所示；选中第 21 帧，右击，在菜单中选择【创建传统补间】，如图 6-2-8 所示。

图 6-2-6　第 21 帧中的元件“云朵”

图 6-2-7　第 30 帧中的元件“云朵”

6. 新建一个名为“白云 2”的图层。在第 1 帧处，按“F6”键插入关键帧，把库中元件“云朵”拖放到蓝色矩形的左上方，在【属性】面板设置其宽、高的值分别为“220”“105”，如图 6-2-9 所示；在第 14 帧处，按“F6”键插入关键帧，把元件“云朵”拖放到蓝色矩形中间偏左的位置，在【属性】面板设置其宽、高的值分别为“60”“30”，如图 6-2-10 所示；选中“白云 2”图层的第 1 帧，右击，在菜单中选择【创建传统补间】，如图 6-2-11 所示。

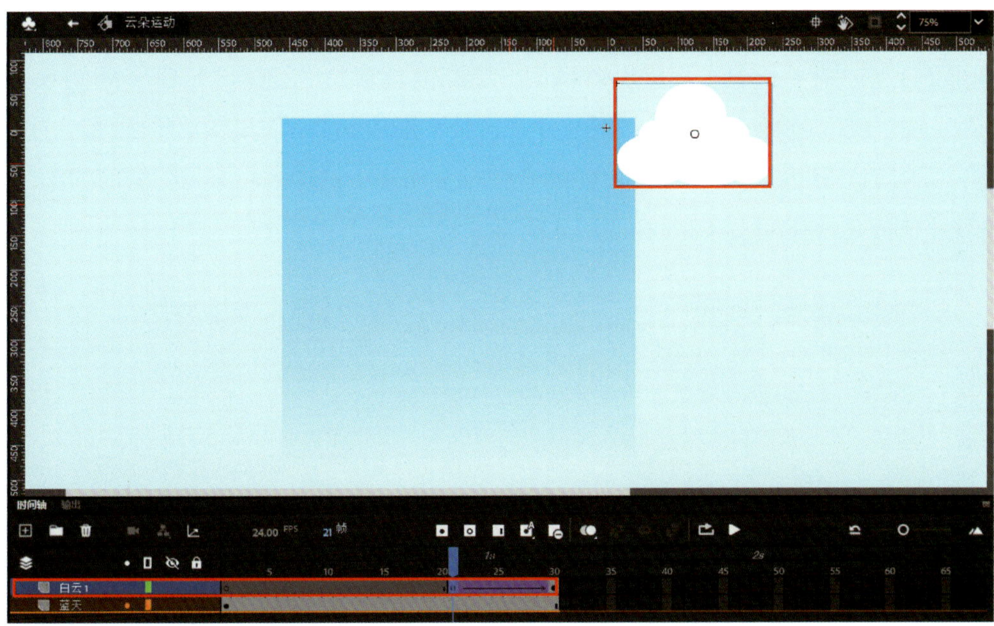

图 6-2-8　在“白云 1”图层创建传统补间动画

图 6-2-9　第 1 帧中的元件“云朵”

图 6-2-10　第 14 帧中的元件“云朵”

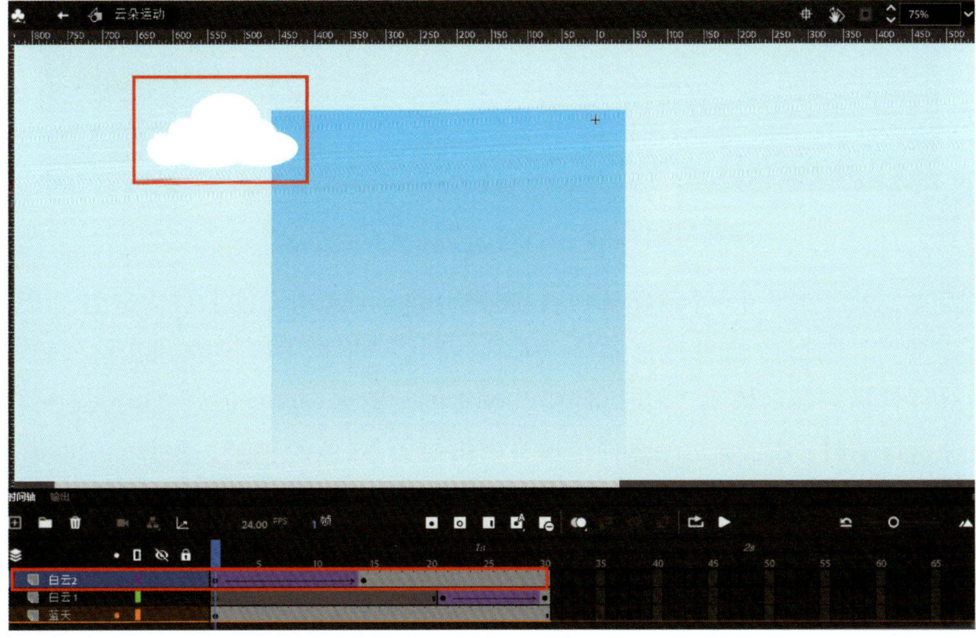

图 6-2-11　在“白云 2”图层创建传统补间动画

7. 新建一个名为“白云 3”的图层。在第 7 帧处，按“F6”键插入关键帧，把库中元件“云朵”拖放到蓝色矩形最上方，在【属性】面板设置其宽、高的值分别为“230”“150”，如图 6-2-12 所示；在第 19 帧处，按“F6”键插入关键帧，把元件“云朵”拖放到蓝色矩形中间的位置，在【属性】面板设置其宽、高的值分别为“50”“30”，如图 6-2-13 所示；选中“白云 3”图层的第 7 帧，右击，在菜单中选择【创建传统补间】，如图 6-2-14 所示。

图 6-2-12　第 7 帧中的元件“云朵”

图 6-2-13　第 19 帧中的元件“云朵”

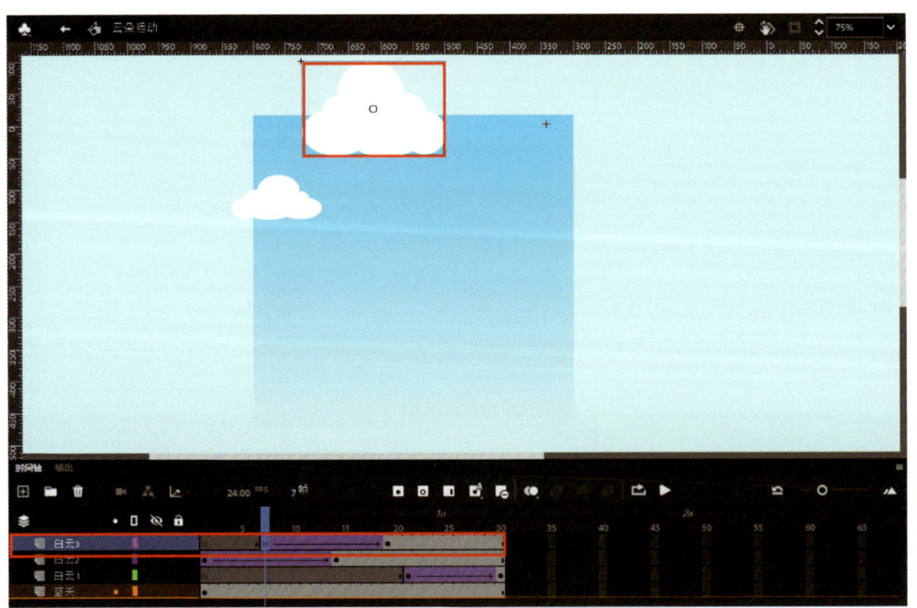

图 6-2-14　在“白云 3”图层创建传统补间动画

8. 在菜单栏选择【插入】>【新建元件】，在弹出的【创建新元件】对话框中，设置元件名称为“树 1”、类型为“图形”，新建图形元件“树 1”；利用“矩形工具”“线条工具”和“选择工具”绘制树干，树干的填充颜色值为“#E8A889”，树干的阴影填充颜色值为“#996666”；利用“椭圆工具”和“选择工具”绘制树叶，树叶的填充颜色值为“#86FDBB”，树叶的阴影填充颜色值为“#33CC99”，如图 6-2-15 所示；用同样的方法制作图形元件“树 2”，如图 6-2-16 所示。

9. 在菜单栏选择【插入】>【新建元件】，在弹出的【创建新元件】对话框中，设置元件名称为“树运动”、类型为“图形”，新建图形元件“树运动”；将“图层 1”图层重命名为“大树 2”，在第 1 帧处，按“F6”键插入关键帧，把库中元件“树 2”拖放到舞台中，在【属性】面板设置其 X、Y 值

分别为“608”“14”；在第 9 帧处，按“F6”键插入关键帧，把元件“树 2”拖放到舞台中，在【属性】面板设置其宽、高的值分别为“80”“92”，X 和 Y 的值分别为“295”“222”。选中“大树 2”图层的第 1 帧，右击，在菜单中选择【创建传统补间】，如图 6-2-17 所示；在第 30 帧处，按“F5”键插入帧。

图 6-2-15　图形元件“树 1”

图 6-2-16　图形元件“树 2”

图 6-2-17　在“大树 2”图层创建传统补间动画

10. 新建一个名为“大树 1”的图层。在第 12 帧处，按“F6”键插入关键帧，把库中元件“树 1”拖放到舞台中，在【属性】面板设置其 X 和 Y 的值分别为“-72”“0”；在第 19 帧处，按“F6”键插入关键帧，选中元件“树 1”，在【属性】面板设置其宽、高的值分别为“99”“113”，X 和 Y 的值分别为“354”“200”；选中“大树 1”图层的第 12 帧，右击，在菜单中选择【创建传统补间】，如图 6-2-18 所示；在第 30 帧处，按“F5”键插入帧。

11. 在菜单栏选择【插入】>【新建元件】，在弹出的【创建新元件】对话框中，设置元件名称为“人物身体抖动”、类型为“图形”，新建图形元件“人物身体抖动”；把库中图片“人物身体”拖放到舞台中，在【属性】面板中设置其 X 和 Y 的值均为“0”；在第 3 帧处，按“F6”键插入关键帧，在【属性】面板设置图片“人物身体”的 X 和 Y 的值分别为“0”“-1”；在第 4 帧处，按“F5”键插入帧，如图 6-2-19 所示。

图 6-2-18　在“大树 1”图层创建传统补间动画

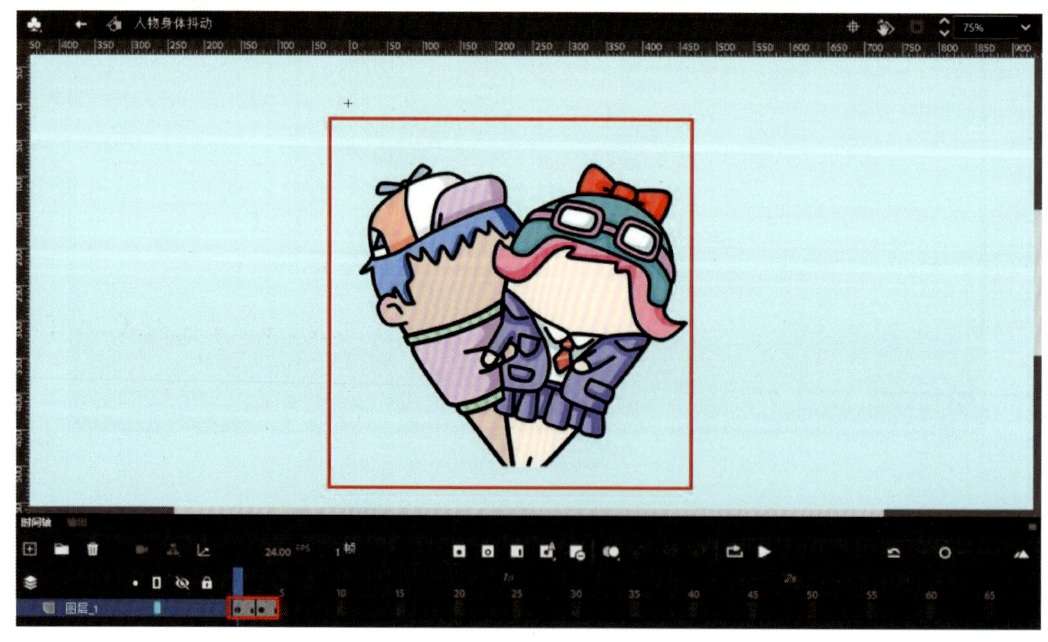


图 6-2-19　创建图形元件“人物身体抖动”

12. 在菜单栏选择【插入】>【新建元件】，在弹出的【创建新元件】对话框中，设置元件名称为“女生表情”、类型为“图形”，新建图形元件“女生表情”。把“图层_1”图层重命名为“嘴巴腮红”，把库中图片“女生表情”拖放到舞台中，如图 6-2-20 所示；在第 30 帧处，按“F5”键插入帧。

13. 新建一个图层，命名为“眼睛”，选择“椭圆工具”，笔触颜色设置为不填充，填充颜色设置为黑色，绘制瞪大的两只眼睛，如图 6-2-21 所示；在第 9 帧处，按“F7”键插入空白关键帧，用“线条工具”绘制眯起的两只眼睛，如图 6-2-22 所示。

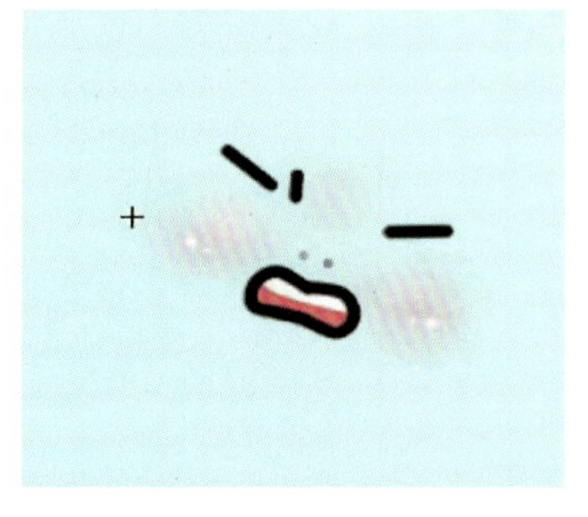

图 6-2-20　把库中图片“女生表情”拖放到舞台中

图 6-2-21　绘制瞪大的两只眼睛

图 6-2-22　绘制眯起的两只眼睛

14. 选中第 1 帧，右击，在菜单中选择【复制帧】；选中第 12 帧，右击，在菜单中选择【粘贴帧】；选中第 9 帧，右击，在菜单中选择【复制帧】；选中第 28 帧，右击，在菜单中选择【粘贴帧】；在第 30 帧处，按“F5”键插入帧，如图 6-2-23 所示。

图 6-2-23　元件“女生表情”的时间轴

15. 在菜单栏选择【插入】>【新建元件】，在弹出的【创建新元件】对话框中，设置元件名称为“男生表情”、类型为“图形”，新建图形元件“男生表情”。把“图层 _1”图层重命名为“嘴巴腮红”，把库中图片“男生表情”拖放到舞台中，如图 6-2-24 所示；在第 30 帧处，按“F5”键插入帧。

16. 新建一个名为“眼睛”的图层。选择“椭圆工具”，笔触颜色设置为不填充，填充颜色设置为黑色，绘制男生瞪大的两只眼睛，如图 6-2-25 所示；在第 22 帧处，按“F7”键插入空白关键帧，用“线条工具”绘制男生眯起的两只眼睛，如图 6-2-26 所示。

17. 选中第 1 帧，右击，在菜单中选择【复制帧】；选中第 25 帧，右击，在菜单中选择【粘贴帧】；选中第 22 帧，右击，在菜单中选择【复制帧】；选中第 29 帧，右击，在菜单中选择【粘贴帧】；在第 30 帧处，按“F5”键插入帧，如图 6-2-27 所示。

图 6-2-24　把库中图片“男生表情”拖放到舞台中

图 6-2-25　绘制男生瞪大的两只眼睛

图 6-2-26　绘制男生眯起的两只眼睛

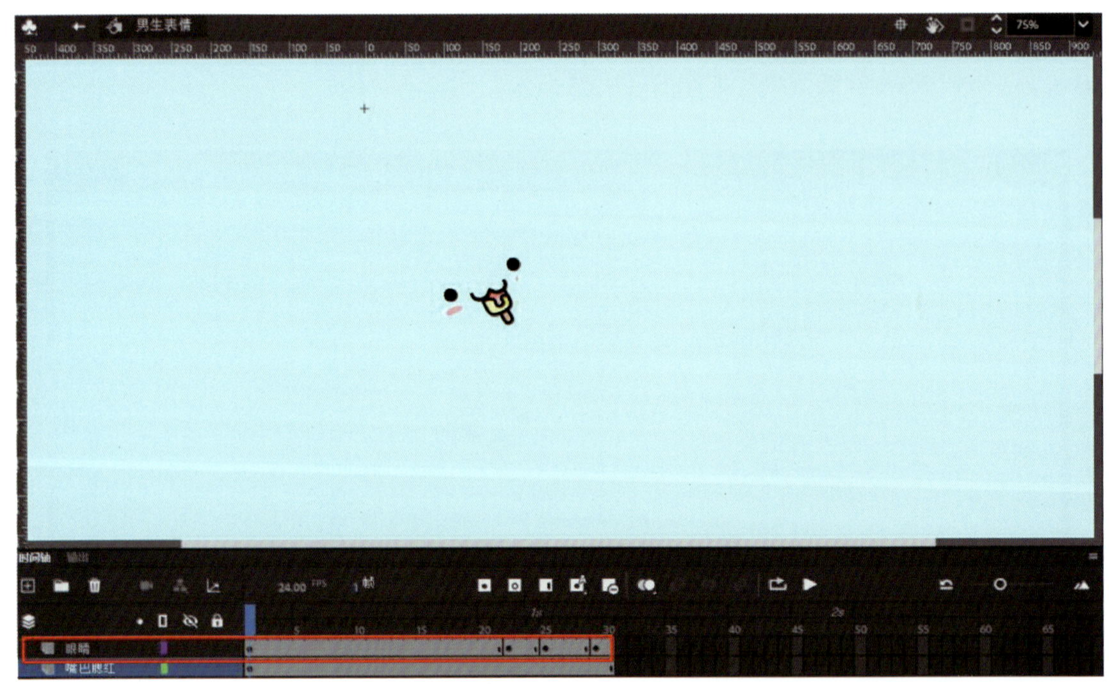

图 6-2-27　元件“男生表情”的时间轴

18. 在菜单栏选择【插入】>【新建元件】，在弹出的【创建新元件】对话框中，设置元件名称为“表情变化”、类型为“图形”，新建图形元件“表情变化”。把“图层_1”图层重命名为“男生表情”，把库中元件“男生表情”拖放到舞台中，在第 30 帧处，按“F5”键插入帧；新建一个名为“女生表情”的图层，把库中元件“女生表情”拖放到舞台中，在第 30 帧处，按“F5”键插入帧，如图 6-2-28 所示。

19. 在菜单栏选择【插入】>【新建元件】，在弹出的【创建新元件】对话框中，设置元件名称为“表情抖动”、类型为“图形”，新建图形元件“表情抖动”。把“图层_1”图层重命名为“表情抖动”，把库中元件“表情变化”拖放到舞台中，在【属性】面板将其 X 和 Y 的值分别设置为“0”“1”，在第 3、5、7、9、11、13、15、17、19、21、23、25、27、29 帧处按“F6”键插入关键帧，在第 3、7、11、15、19、23、27 帧中设置元件“表情变化”的 X 和 Y 值为“0”和“2”；在第 30 帧处，按“F5”键插入帧，如图 6-2-29 所示。

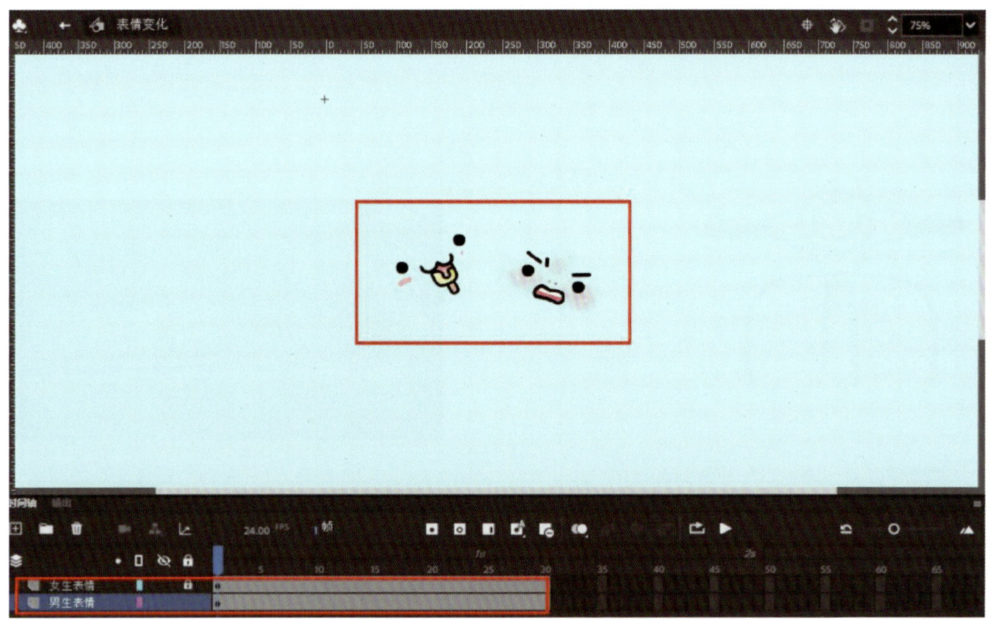

图 6-2-28　元件“表情变化”的时间轴

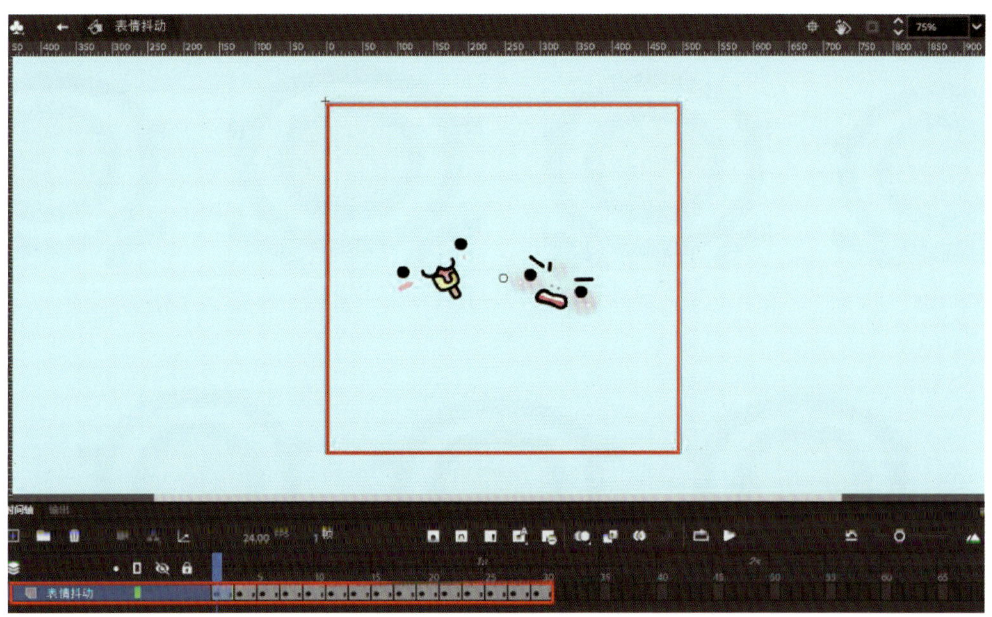

图 6-2-29　元件“表情抖动”的时间轴

20. 在菜单栏选择【插入】>【新建元件】，在弹出的【创建新元件】对话框中，设置元件名称为“摩托车”、类型为“图形”，新建图形元件“摩托车”。把库中图片“摩托车”拖放到舞台中，在【属性】面板将其 X 和 Y 的值均设置为“0”，如图 6-2-30 所示；在第 3 帧处，按“F6”键插入关键帧，在【属性】面板把图片“摩托车”的 X 和 Y 的值分别设置为“0”“-1”；在第 4 帧处，按“F5”键插入帧，如图 6-2-31 所示。

21. 在菜单栏选择【插入】>【新建元件】，在弹出的【创建新元件】对话框中，设置元件名称为“摩托车亮车灯”、类型为“图形”，新建图形元件“摩托车亮车灯”。把“图层 _1”重命名为“摩托车”，把库中元件“摩托车”拖放到舞台中，在【属性】面板设置 X 和 Y 的值均为“0”；选中第 30 帧，按“F5”键插入帧。

图 6-2-30　把库中图片“摩托车”拖放到舞台中

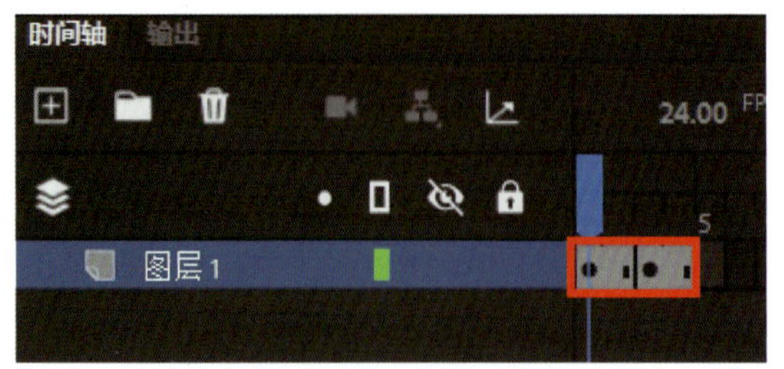

图 6-2-31　元件“摩托车”的时间轴

22. 新建一个名为“车灯”的图层，选择“椭圆工具”，设置笔触颜色为不填充、填充颜色值为“#FFFF00”，画一个小圆以表现车灯闪烁，如图 6-2-32 所示；在第 24 帧至第 29 帧处，分别按“F7”键插入空白关键帧，绘制不同图形以表现车灯闪烁的一系列变化，如图 6-2-33至图 6-2-38 所示；选中第 30 帧，按“F5”键插入帧。

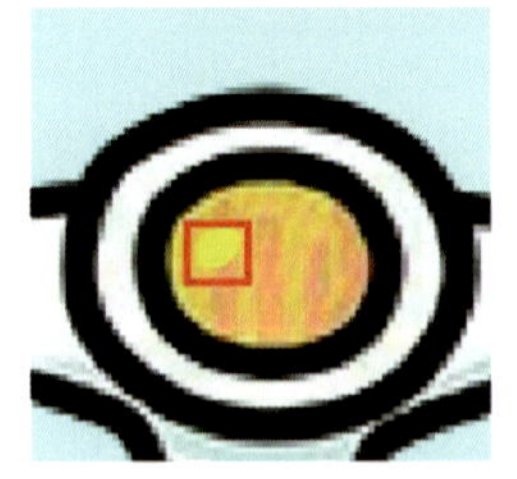
图 6-2-32　第 1 帧车灯

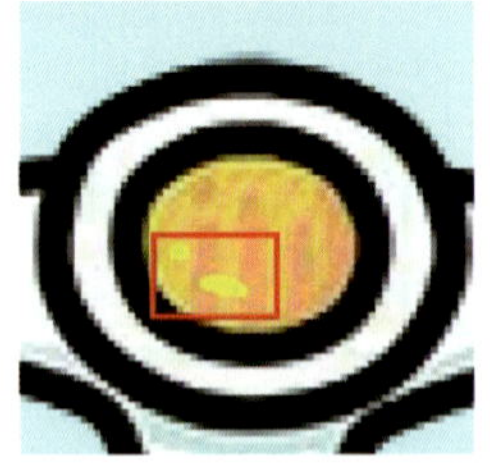
图 6-2-33　第 24 帧车灯

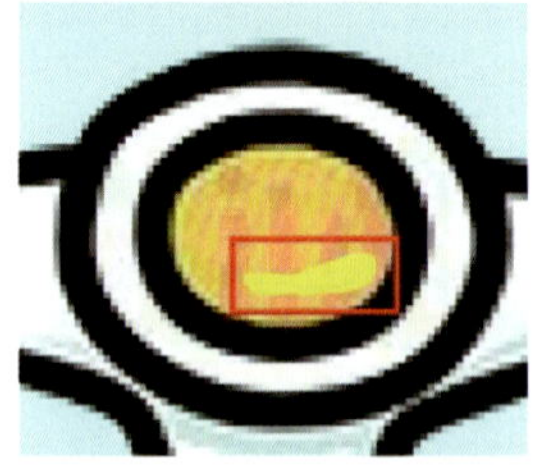
图 6-2-34　第 25 帧车灯

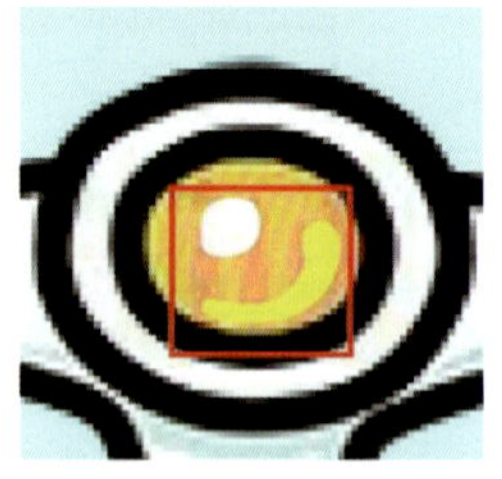
图 6-2-35　第 26 帧车灯

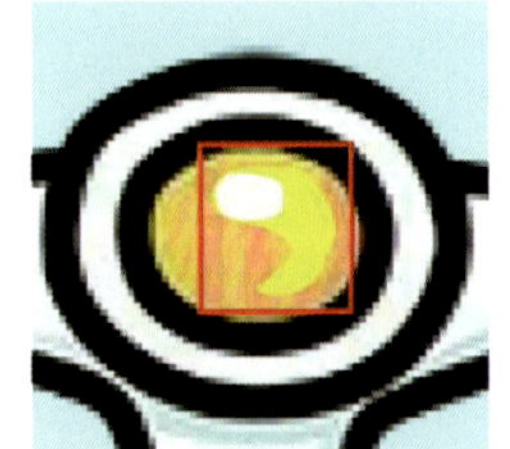
图 6-2-36　第 27 帧车灯

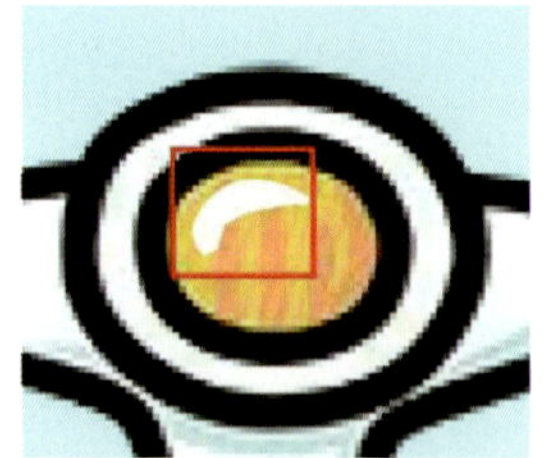
图 6-2-37　第 28 帧车灯

图 6-2-38　第 29 帧车灯

23. 在菜单栏选择【插入】>【新建元件】，在弹出的【创建新元件】对话框中，设置元件名称为“整体晃动”、类型为“图形”，新建图形元件“整体晃动”，如图 6-2-39 所示。把“图层_1”图层重命名为“人物”，把库中元件“人物身体抖动”拖放到舞台中（见图 6-2-40），在【属性】面板设置其 X 和 Y 的值均为“0”；选中第 30 帧，按“F5”键插入帧。

24. 新建一个名为“皮肤”的图层，把库中元件“表情抖动”拖放到舞台中，如图 6-2-41 所示；选中第 30 帧，按“F5”键插入帧。新建一个名为“摩托车”的图层，把库中元件“摩托车亮车灯”拖放到舞台中，如图 6-2-42 所示；选中第 30 帧，按“F5”键插入帧。

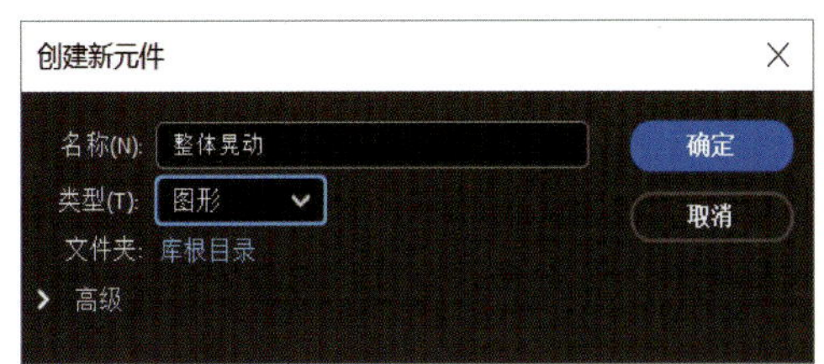


图 6-2-39 新建图形元件“整体晃动”

图 6-2-40 把库中元件“人物身体抖动”拖放到舞台中

图 6-2-41 把库中元件“表情抖动”拖放到舞台中

图 6-2-42 把库中元件“摩托车亮车灯”拖放到舞台中

25. 在菜单栏选择【插入】>【新建元件】，在弹出的【创建新元件】对话框中，设置元件名称为“水滴”、类型为“图形”，新建图形元件“水滴”。利用“椭圆工具”和“选择工具”绘制水滴图形并将其转换为图形元件“水滴图形”，如图 6-2-43 所示；在第 6 帧处，按“F6”键插入关键帧，把元件“水滴图形”拖放到左下方的位置并旋转，在【属性】面板将其 X 和 Y 的值分别设置为“-42”“37”，如图 6-2-44 所示；在第 10 帧处，按“F6”键插入关键帧，把元件“水滴图形”拖放到左下方的位置并旋转、缩放，在【属性】面板将其 X 和 Y 的值分别设置为“-75”“60”，如图 6-2-45 所示；在第 1 帧和第 6 帧处分别右击，在菜单中选择【创建补间形状】，如图 6-2-46 所示。

26. 返回场景 1 中，把“图层 1”图层重命名为“蓝天白云”，把库中元件“云朵运动”拖放到舞台中，如图 6-2-47 所示；在第 30 帧处，按“F5”键插入帧。

27. 新建一个名为“大树”的图层，把库中元件“树运动”拖放到舞台右下方，如图 6-2-48 所示；在第 30 帧处，按“F5”键插入帧。

图 6-2-43 第 1 帧中的元件“水滴图形”

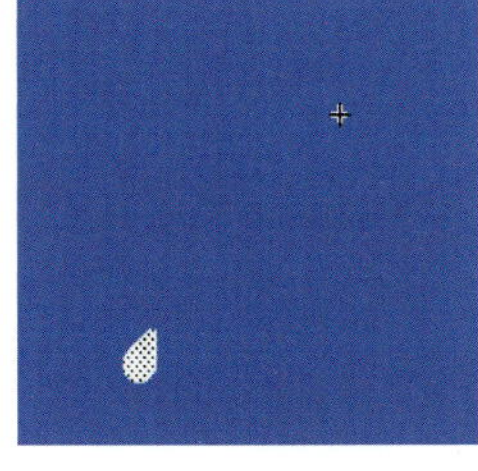

图 6-2-44 第 6 帧中的元件“水滴图形”

图 6-2-45 第 10 帧中的元件“水滴图形”

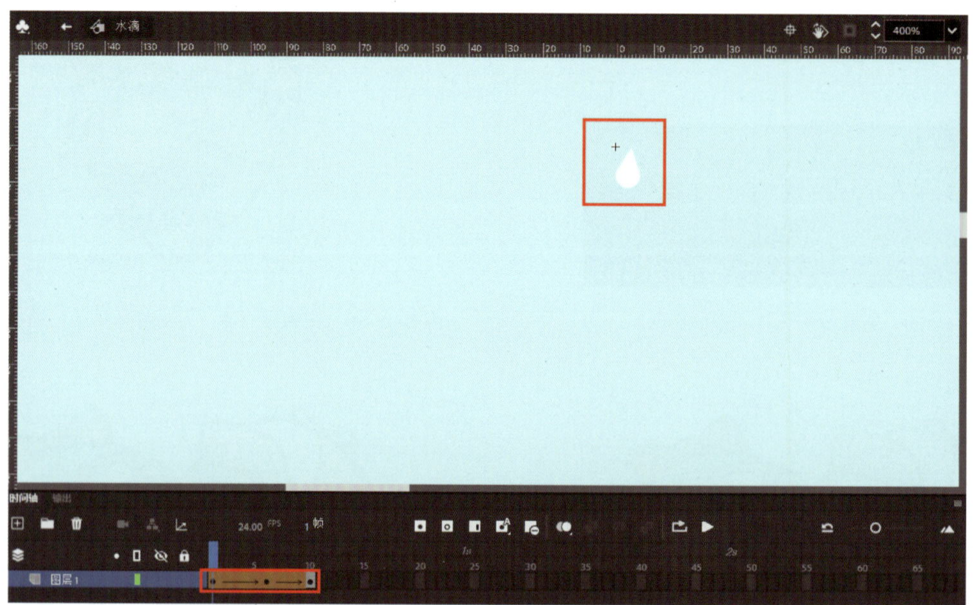

图 6-2-46　在元件“水滴”中创建补间形状动画

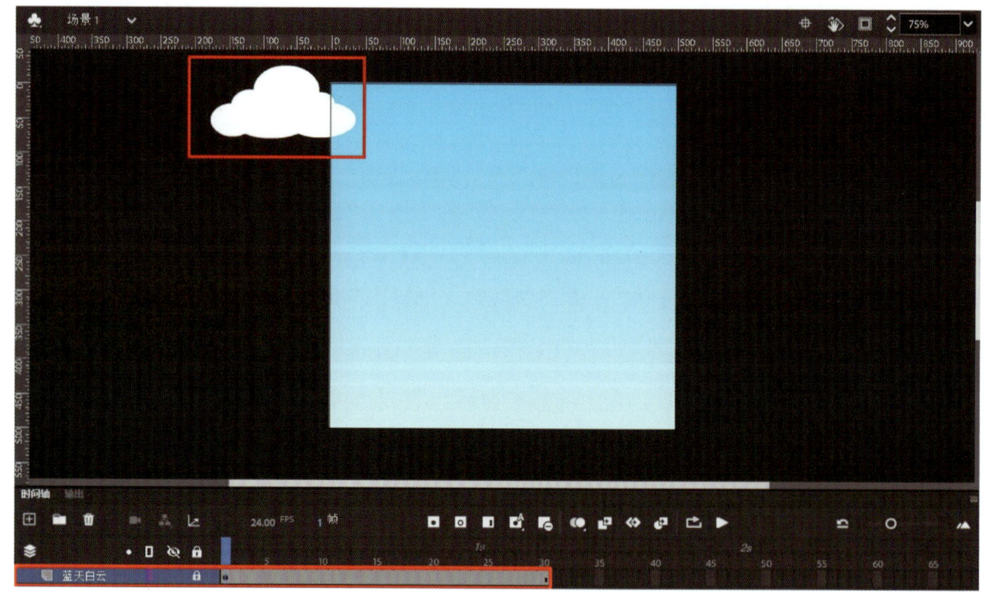

图 6-2-47　把元件“云朵运动”拖放到舞台中

28. 新建一个名为“人物”的图层，把库中元件“整体晃动”拖放到舞台中间，如图 6-2-49 所示；在第 30 帧处，按“F5”键插入帧。

29. 新建一个名为“冰激凌滴水”的图层，把库中元件“水滴”拖放到舞台中男生嘴巴旁边的位置，如图 6-2-50 所示；在第 30 帧处，按“F5”键插入帧。

30. 在菜单栏选择【控制】>【测试】，输出观看效果，然后保存文件。

31. 在菜单栏选择【文件】>【导出】>【导出动画 GIF】，系统弹出【导出图像】对话框，在左上角选择“2 栏式”，其余参数保持默认设置，如图 6-2-51 所示，单击“保存”按钮，生成一个 GIF 动画文件。

图 6-2-48　把元件“树运动”拖放到舞台右下方

图 6-2-49　把元件“整体晃动”拖放到舞台中间

图 6-2-50　把元件“水滴”拖放到舞台中

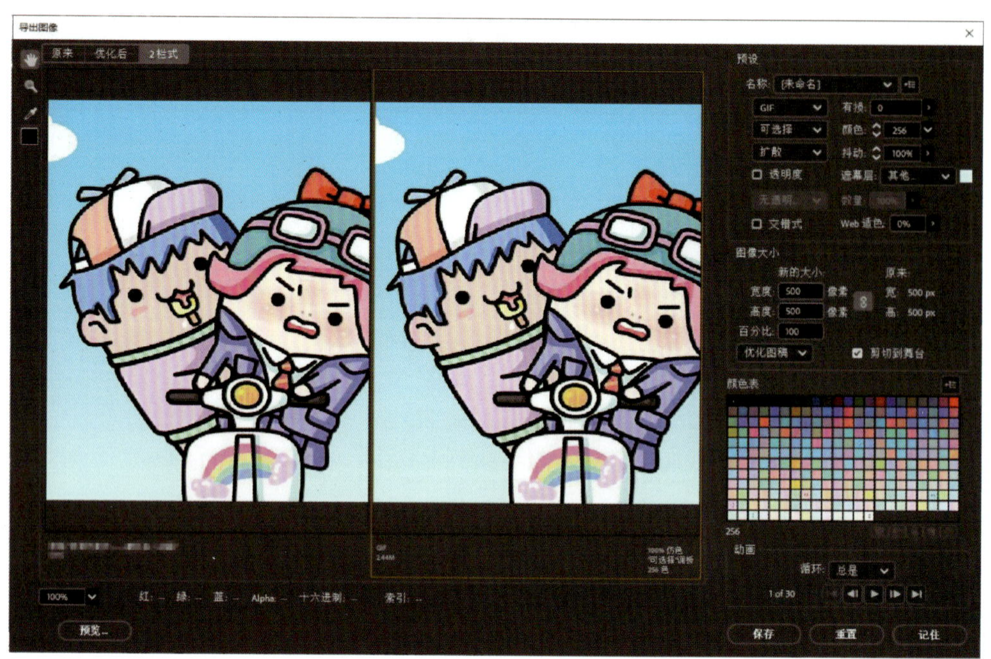


图 6-2-51 【导出图像】对话框

# 任务 3　游戏界面设计——抓泡泡游戏

## 任务描述

以池塘、青蛙为背景，绘制透明的泡泡和可爱的抓手，在游戏界面制作三个常用的按钮，用脚本语言实现动画小游戏的交互效果，制作一个抓泡泡的动画小游戏，如图 6-3-1 所示。

图 6-3-1　抓泡泡游戏效果图

## 任务实施

1. 在菜单栏选择【文件】>【新建】，新建一个尺寸为 800 像素 ×600 像素的文档，命名为“抓泡泡游戏”。

2. 将本任务教材配套素材文件夹中的图片、元件、音频导入库中。

3. 在菜单栏选择【插入】>【新建元件】，在弹出的【创建新元件】对话框中，设置元件名称为“开始”、类型为“按钮”，新建按钮元件“开始”，如图 6-3-2 所示；在“弹起”状态帧利用“椭圆工具”和“文本工具”绘制按钮元件“开始”的图形，如图 6-3-3 所示；在“指针经过”状态帧，按“F6”键插入关键帧；在“按下”状态帧，按“F6”键插入关键帧，并用“任意变形工具”调整元件大小。

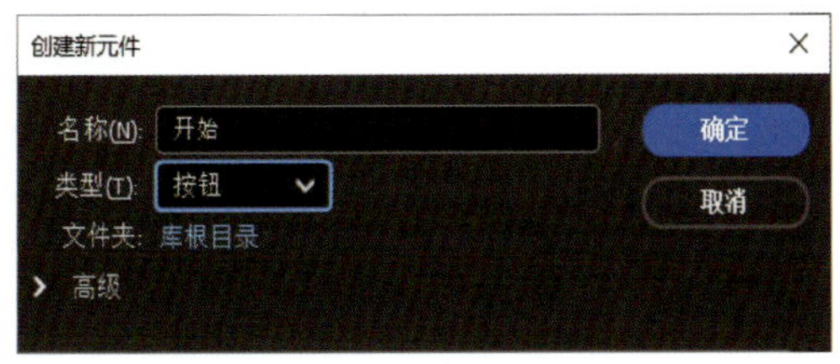


图 6-3-2　新建按钮元件“开始”

图 6-3-3　“开始”按钮

4. 用同样的方法制作按钮元件“帮助”和“结束”，如图 6-3-4、图 6-3-5 所示。

图 6-3-4　按钮元件“帮助”

图 6-3-5　按钮元件“结束”

5. 在菜单栏选择【插入】>【新建元件】，在弹出的【创建新元件】对话框中，设置元件名称为“Fly”、类型为“影片剪辑”，新建影片剪辑元件“Fly”，如图 6-3-6 所示。

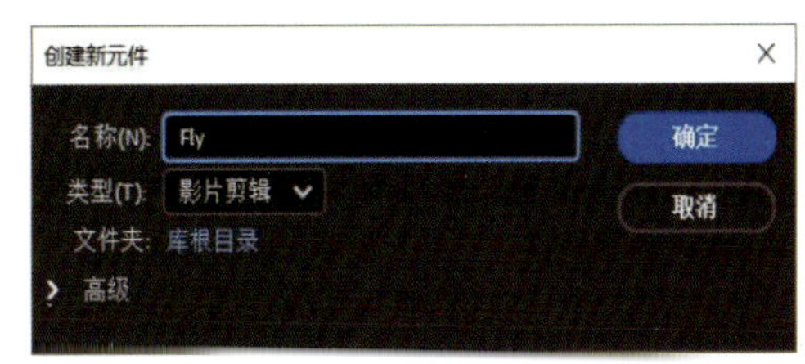


图 6-3-6　新建影片剪辑元件“Fly”

6. 在菜单栏选择【窗口】>【颜色】，打开【颜色】面板，设置笔触颜色为不填充、填充颜色为白色、颜色类型为“径向渐变”，拖动第一个色标到合适的位置，设置不透明度值为“0”，第二个色标的不透明度值设置为“70%”，如图 6-3-7 所示；选择“椭圆工具”，绘制一个宽、高均为 75 像素的圆形（泡泡），如图 6-3-8 所示。

7. 选择“椭圆工具”，设置笔触颜色为不填充、填充颜色为白色，在泡泡上绘制一个圆形；使用“铅笔工具”在泡泡上绘制两个不规则的几何图形，并设置其填充颜色为白色；将泡泡上圆形的边框线去掉，如图 6-3-9 所示。

8. 在菜单栏选择【插入】>【新建元件】，在弹出的【创建新元件】对话框中，设置元件名称为“gotgood_mc”、类型为“影片剪辑”，新建影片剪辑元件“gotgood_mc”，如图 6-3-10 所示。

9. 在第 1 帧处，把库中元件“猫爪 1”拖放到舞台中间，如图 6-3-11 所示；在第 2 帧处，按“F7”键插入空白关键帧，把元件“猫爪 2”拖放到舞台中，如图 6-3-12 所示。

图 6-3-7 【颜色】面板

图 6-3-8 宽、高均为 75 像素的圆形

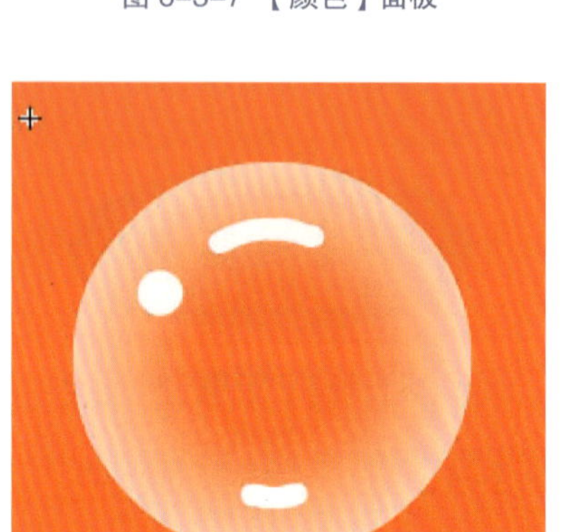

图 6-3-9 在泡泡上绘制图形

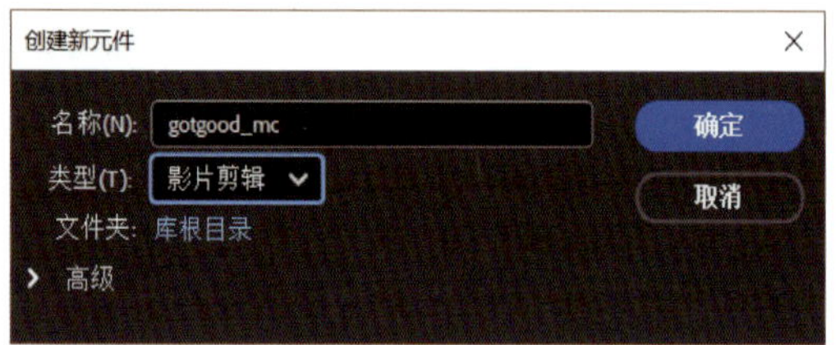


图 6-3-10 新建影片剪辑元件“gotgood_mc”

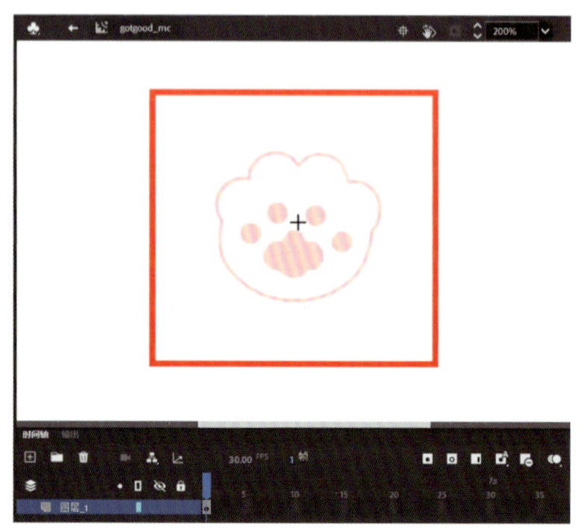

图 6-3-11 把元件“猫爪 1”拖放到舞台中间

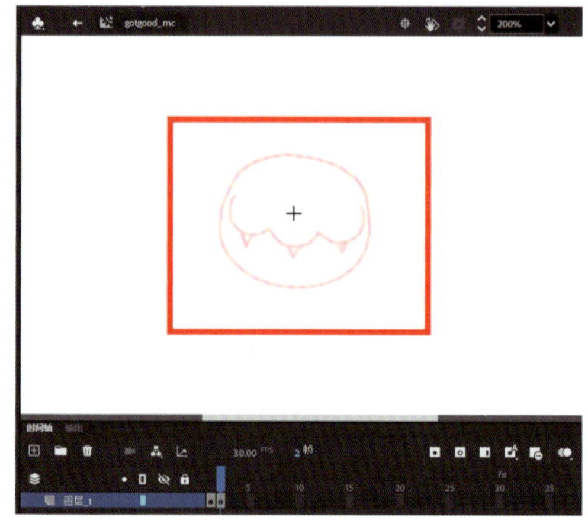

图 6-3-12 把元件“猫爪 2”拖放到舞台中

10. 新建一个图层，在第 1 帧中添加 stop ( ) 脚本；分别在“图层 _1”图层和“图层 _2”图层的第 12 帧处按“F5”键插入帧，如图 6-3-13 所示。

11. 在菜单栏选择【插入】>【新建元件】，在弹出的【创建新元件】对话框中，设置元件名称为“MouseHand”、类型为“影片剪辑”，新建影片剪辑元件“MouseHand”，如图 6-3-14 所示。

12. 将库中影片剪辑元件“gotgood_mc”拖放到舞台中，并在【属性】面板中设置其实例名称为“gotgood_mc”，如图 6-3-15 所示。

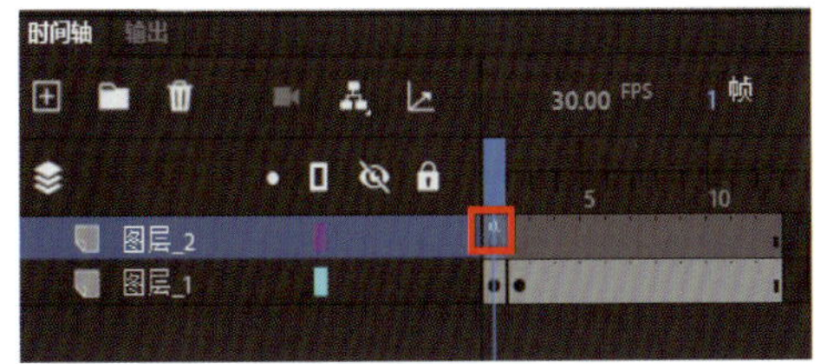


图 6-3-13　在第 1 帧中添加 stop ( ) 脚本

图 6-3-14　新建影片剪辑元件 “MouseHand”

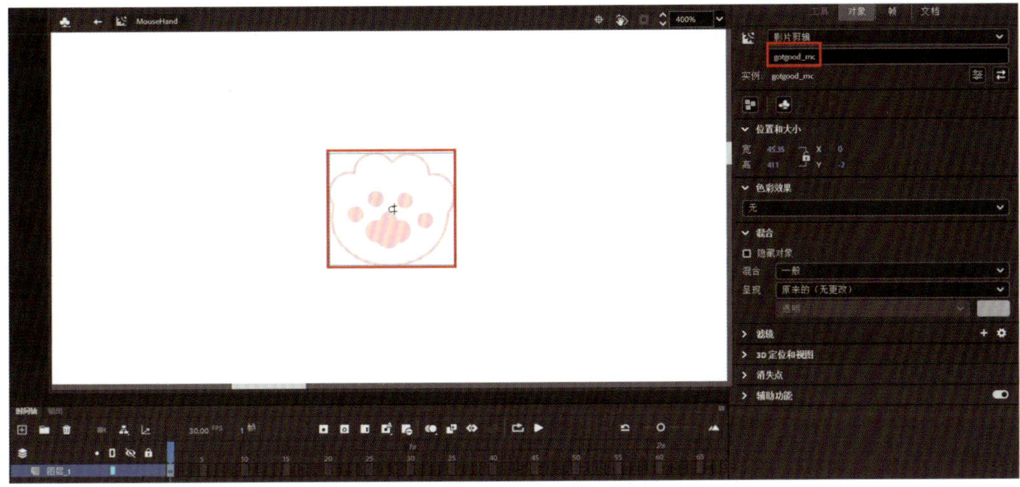

图 6-3-15　设置实例名称为 “gotgood_mc”

13. 返回场景 1，把“图层 _1”图层重命名为“背景”，把图片“打泡泡游戏”拖放到舞台中，如图 6-3-16 所示。

图 6-3-16　把图片 “打泡泡游戏” 拖放到舞台中

14. 新建一个图层，命名为“按钮”，把库中元件“开始”“帮助”和“结束”分别拖到舞台右下方的位置，如图 6-3-17 所示。

图 6-3-17　把元件“开始”“帮助”和“结束”分别拖到舞台右下方的位置

15. 在【属性】面板中将 3 个按钮元件“开始”“帮助”和“结束”的实例名称分别设置为“start_btn”“help_btn”“out_btn”，如图 6-3-18 所示。

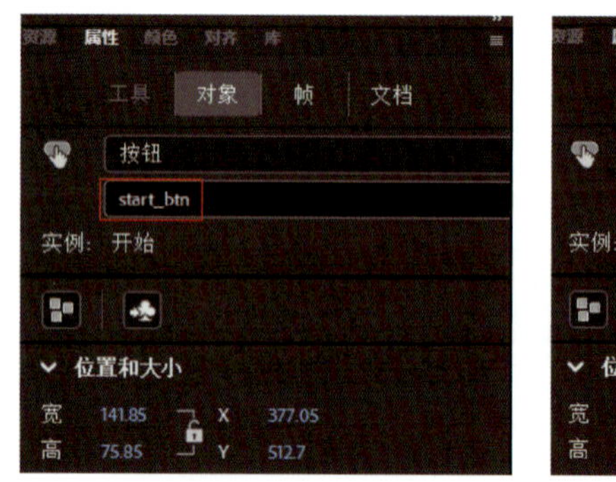


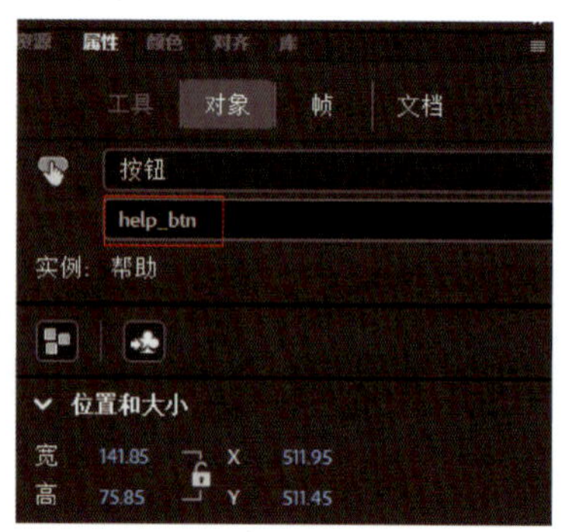


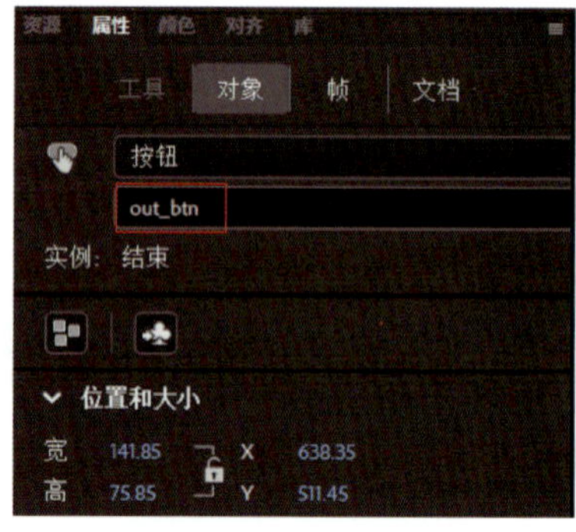


图 6-3-18　为 3 个按钮元件设置实例名称

16. 新建一个图层，命名为“成绩单”，在舞台左上角的位置，用“矩形工具”绘制一个黄色的矩形，并用“文本工具”输入“你抓到了　个泡泡”，把库中图片“成绩单”拖放到矩形内部左侧位置，并调整其大小，如图 6-3-19 所示。

17. 新建一个图层，命名为“动态文本框”，选择“文本工具”，在【属性】面板设置文本类型为“动态文本”，在黄色矩形中文字中间空白位置添加一个动态文本框，如图 6-3-20 所示。

18. 选中动态文本框，在【属性】面板中将其实例名称设置为“displayGrade_txt”，如图 6-3-21 所示。

19. 在菜单栏选择【文件】>【新建文档】，选择【高级】选项卡，设置平台为“ActionScript 文件”，脚本名称为“Fly”，单击“创建”按钮，如图 6-3-22 所示。

20. 按“Ctrl+S”快捷键，保存脚本文件（脚本文件必须和动画文件保存在同一个文件夹中），然后输入脚本代码，如图 6-3-23 所示。

图 6-3-19　把元件“成绩单”拖放到矩形内部左侧位置

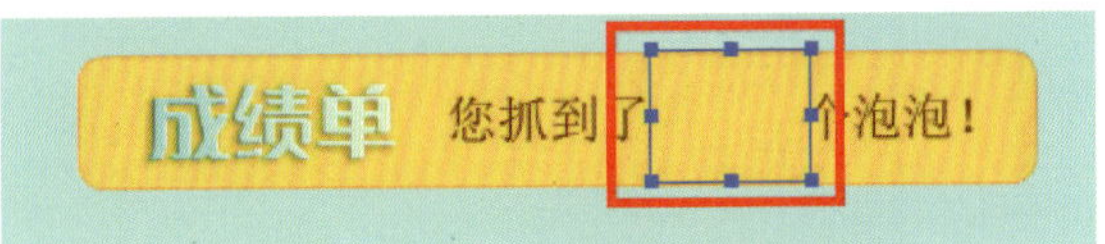


图 6-3-20　添加一个动态文本框

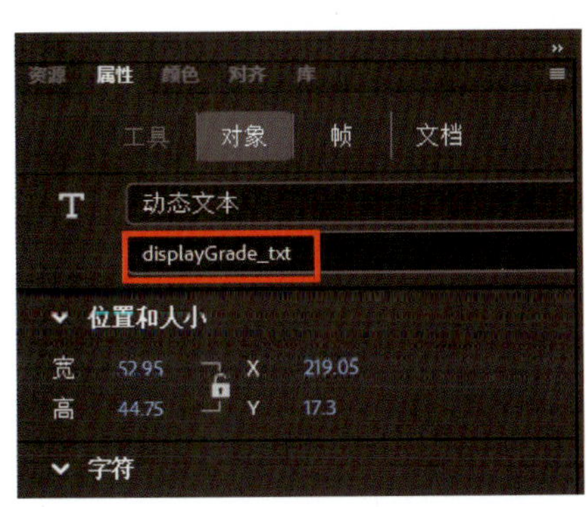


图 6-3-21　将实例名称设置为“displayGrade_txt”

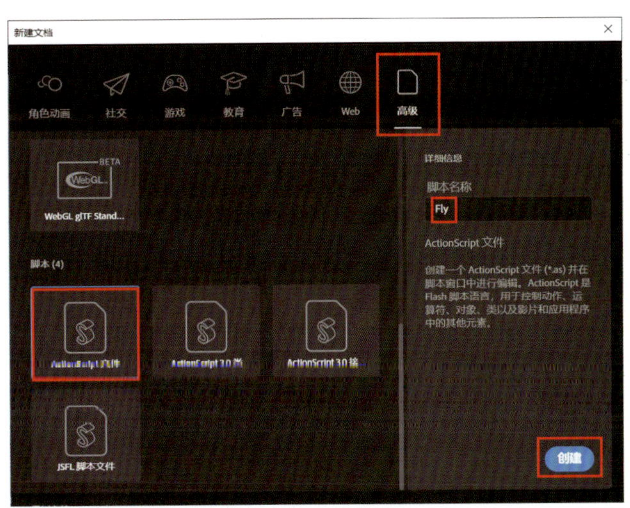


图 6-3-22　新建 ActionScript 文件

21. 使用同样的方法新建一个脚本文件（将其保存为“Main.as”），然后在其中输入图 6-3-24 所示的脚本代码。

22. 打开【库】面板，在影片剪辑元件“Fly”上右击，在菜单中选择【属性】，如图 6-3-25 所示。

23. 在【元件属性】对话框中，勾选“为 ActionScript 导出”复选框，单击“确定”按钮，如图 6-3-26 所示。

Fly.as

```
package {
    import flash.display.MovieClip;
    import flash.utils.Timer;
    import flash.events.*;

    public class Fly extends MovieClip {
        private var _speed:Number;

        public function Fly(speed) {

            _speed = Math.round(speed);
            this.addEventListener(Event.ENTER_FRAME, enterFrameHandler);
        }

        private function enterFrameHandler(event:Event):void{
            this.y -= this._speed;
        }

        public function removeTimerHandler():void {
            this.removeEventListener(Event.ENTER_FRAME, enterFrameHandler);
            trace("清除实例事件");
        }

        public function get flySpeed():Number{
            return this._speed;
        }

    }
}
```

图 6-3-23　输入脚本代码

Main.as

```
package {
    import flash.display.*;
    import flash.events.*;
    import flash.utils.Timer;
    import flash.text.TextField;
    import flash.ui.Mouse;

    public class Main extends Sprite {

        private var _grade:Number;//得分值
        public var displayGrade_txt:TextField;//得分显示
        public var start_btn:*;
        private var stageW:Number;
        private var stageH:Number;
        private var content_mc:Sprite;
        private var hand_mc:MovieClip;

        private var _timer:Timer;

        public function Main() {

            this.stageW = stage.stageWidth;
            this.stageH = stage.stageHeight;
            this.content_mc = new Sprite();
            addChild(content_mc);

            Mouse.hide();
            this.hand_mc = new MouseHand();
            hand_mc.mouseEnabled = false;
            hand_mc.gotgood_mc.mouseEnabled = false;
            addChild(hand_mc);
            stage.addEventListener(MouseEvent.MOUSE_MOVE, stageMoveHandler);
```

第32行（共133行），第77列

Main.as

```
            stage.addEventListener(MouseEvent.MOUSE_DOWN, stageDownHandler);

            init();

        }

        private function init():void{

            _grade = 0;
            displayGrade_txt.text = "0";
            start_btn.addEventListener(MouseEvent.CLICK, startGame);
        }

        private function startGame(event:MouseEvent):void {

            trace("开始游戏！");
            out_btn.visible = true;
            out_btn.addEventListener(MouseEvent.CLICK, outGame);

            _timer =new Timer(500, 0);
            _timer.addEventListener(TimerEvent.TIMER, copy);
            _timer.start();
            start_btn.visible =false;
        }

        private function outGame(event:MouseEvent):void{

            _timer.stop();
            start_btn.visible = true;
            out_btn.visible = false;

            //下面清除所有容器中的所有子项侦听和子项
            var num:uint = content_mc.numChildren;
```

第64行（共133行），第34列

```
Main.as
目标: 游戏界面

            //下面清除所有容器中的所有子项侦听和子项
            var num:uint = content_mc.numChildren;
            var _mc:MovieClip;
            for (var i:int = 0; i <num; i++) {

                _mc = content_mc.getChildAt(0) as MovieClip;
                _mc.removeEventListener(MouseEvent.MOUSE_DOWN, downHandler);
                _mc.removeEventListener(Event.ENTER_FRAME, removeDrop);
                content_mc.removeChild(_mc);
            }

            init();

        }

        private function stageMoveHandler(e:MouseEvent):void {

            this.hand_mc.x = stage.mouseX;
            this.hand_mc.y = stage.mouseY;
        }
        private function stageDownHandler(event:MouseEvent):void {
            //var _mc:MovieClip = event.target as MovieClip;
            hand_mc.gotgood_mc.gotoAndPlay(2);
        }


        private function copy(event:TimerEvent) {

            var mc = new Fly(Math.random() * 10 + 1);
            mc.x = Math.random() * this.stageW;
            mc.y = this.stageH;

            content_mc.addChild(mc);

第94行（共133行），第32列
```

```
Main.as*
目标: 游戏界面

            content_mc.addChild(mc);
            mc.addEventListener(MouseEvent.ROLL_OVER, downHandler);
            mc.addEventListener(Event.ENTER_FRAME, removeDrop);
        }
        public function refreshGrade(grade:Number = 1):void {
            this._grade += grade;
            displayGrade_txt.text = this._grade.toString();
        }

        private function downHandler(event:MouseEvent) {

            var mc = event.target;
            mc.removeTimerHandler();
            mc.removeEventListener(MouseEvent.MOUSE_DOWN, downHandler);
            mc.removeEventListener(Event.ENTER_FRAME, removeDrop);
            content_mc.removeChild(mc);

            //refreshGrade(mc.flySpeed);//按不同速度得分
            refreshGrade();//按数量
        }

        private function removeDrop(event:Event) {
            var _mc:MovieClip = event.target as MovieClip;

            if (_mc.y <= 0) {
                _mc.removeTimerHandler();
                _mc.removeEventListener(MouseEvent.MOUSE_DOWN, downHandler);
                _mc.removeEventListener(Event.ENTER_FRAME, removeDrop);
                content_mc.removeChild(_mc);
            }

        }

第127行（共132行），第10列
```

图 6-3-24　脚本文件“Main.as”的脚本代码

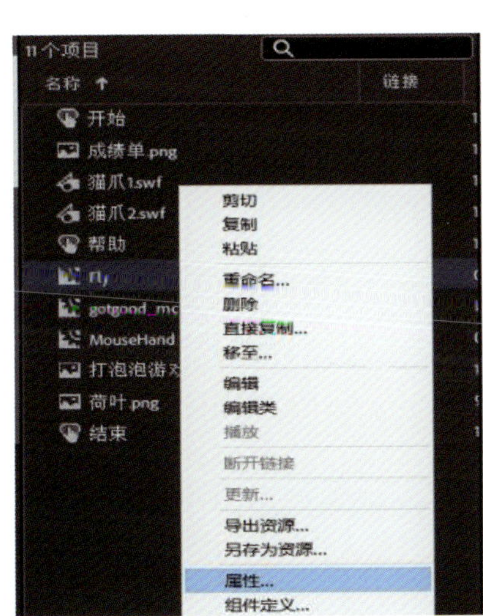


图 6-3-25　选择【属性】1

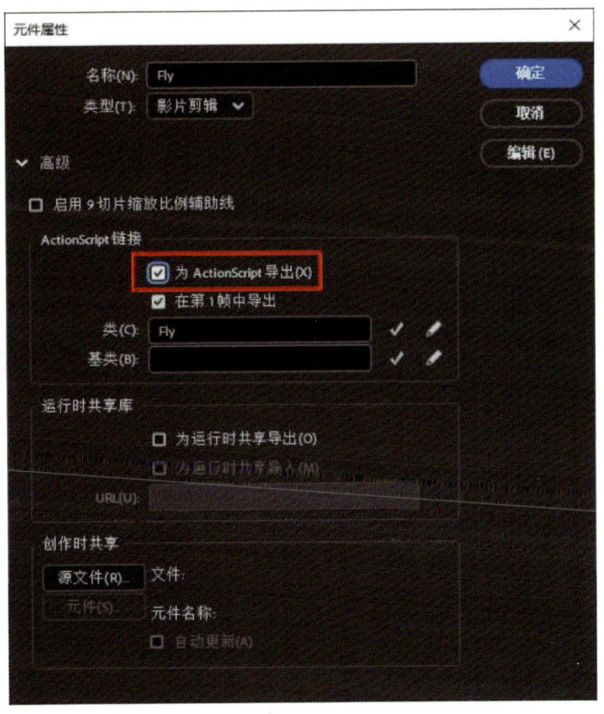


图 6-3-26　勾选“为 ActionScript 导出”复选框 1

24. 打开【库】面板，在影片剪辑元件“MouseHand”上右击，在菜单中选择【属性】。

25. 在【元件属性】对话框中，勾选“为 ActionScript 导出”复选框，单击“确定”按钮。

26. 返回场景 1 中，打开【属性】面板，单击“更多设置”按钮，如图 6-3-27 所示。

27. 在弹出的【发布设置】对话框中，单击“ActionScript 设置”按钮，系统弹出【高级 ActionScript 3.0 设置】对话框，在文档类填写框中输入“Main”，如图 6-3-28 所示。

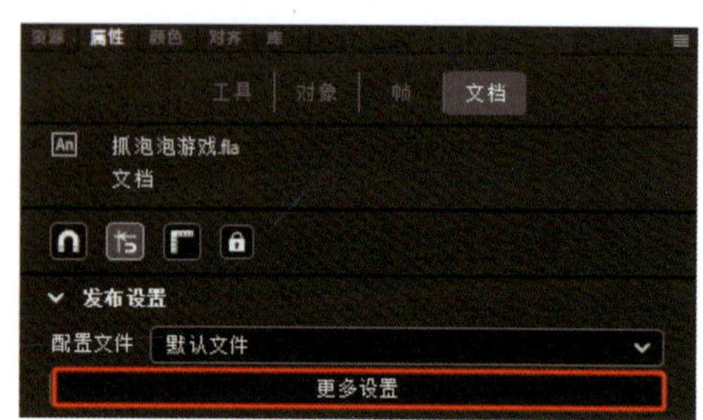


图 6-3-27 单击“更多设置”按钮

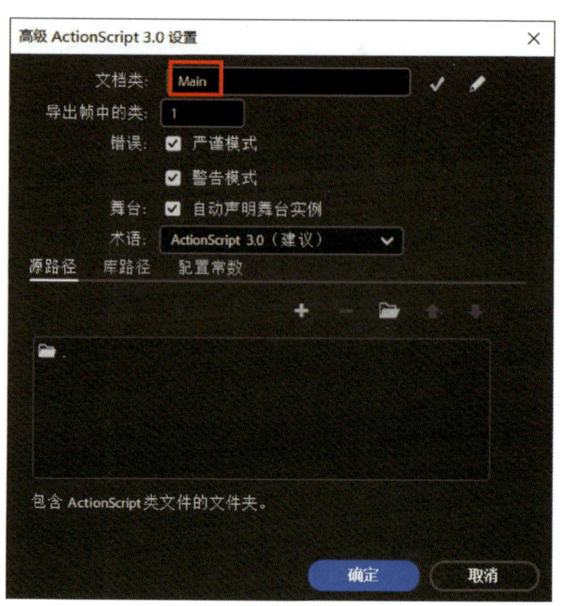


图 6-3-28 输入“Main”

28. 在菜单栏选择【控制】>【测试】，输出观看效果，然后保存文件。